机械振动与噪声分析基础
（第2版）

主　编　王孚懋　韩宝坤
副主编　鲍怀谦　仲惟燕
主　审　任勇生

国防工业出版社
·北京·

内 容 简 介

本书第2版共设9章,主要内容包括单自由度系统振动分析、多自由度系统振动分析、线性连续系统振动分析、线性振动的近似分析方法、机械噪声分析基础、机械噪声控制技术、转子系统振动分析与动平衡、MATLAB 在振动分析中的应用;在第1版的基础上增加了部分例题与习题,列出了习题参考答案。

本书适合机械工程、能源动力工程、交通运输工程、土木建筑工程等专业的本科大学生和研究生学习,也可供从事机械振动与噪声控制工程设计的专业技术人员参考。

图书在版编目(CIP)数据

机械振动与噪声分析基础/王孚懋,韩宝坤主编. —2版. —北京:国防工业出版社,2019.12
ISBN 978-7-118-12048-6

Ⅰ.①机… Ⅱ.①王… ②韩… Ⅲ.①机械振动-振动分析②机器噪声-分析 Ⅳ.①TH113.1②TB533

中国版本图书馆 CIP 数据核字(2019)第 248341 号

※

国防工辈出版社出版发行
(北京市海淀区紫竹院南路23号 邮政编码100048)
天津嘉恒印务有限公司印刷
新华书店经售

＊

开本 710×1000 1/16 印张 17¼ 字数 306 千字
2019年12月第2版第1次印刷 印数 1—4000 册 定价 40.00元

(本书如有印装错误,我社负责调换)

国防书店:(010)88540777　　发行邮购:(010)88540776
发行传真:(010)88540755　　发行业务:(010)88540717

前　言

　　自然界和人类社会中的某种量随时间或大或小的不断变化即为振动。振动是物质世界运动的一种基本形式，人类自身每时每刻都处在振动之中，离开振动人类就无法生存，但是地震是人类最大的自然灾害之一。声音是由物体振动而产生的声波，听力是人类语言交流的基本功能，人类的生存同样离不开声音，但是噪声危害了人类的身体健康。

　　随着现代工业和交通的不断发展，机械工程中的振动与噪声问题越来越多。一方面，机器的功率不断增大、转速逐步提高；另一方面，新材料的应用使机器重量减轻、外壳变薄，振动与噪声问题更加突出。过大的振动不仅影响机器正常运转，还会因强度问题引起破坏；而过高的噪声不仅造成工人听力损伤，还会引起环境污染纠纷，影响社会稳定。在日益激烈的市场竞争中，机械振动与噪声对工程质量、产品精度及其可靠性等性能指标的影响愈来愈大。毫无疑问，降低动力机械产品的振动与噪声在经济上具有重要意义，有关振动与噪声理论已经成为工程技术人员正确进行产品设计、结构优化、机械加工与制造、机器运行状态诊断等必备的基础知识。因此，机械振动与噪声分析理论已经成为高等工科院校机械工程类学生必修的专业基础课之一。

　　本书编写的基本原则如下。

　　(1) 从工程应用出发，将机械振动与噪声概念融于一体，强调声波与固体振动之间的内在联系，倡导从动力机械源头上采取措施控制振动与噪声的危害。

　　(2) 以单自由度振动系统为主线，以多自由度振动系统为主体，力求物理概念和数学原理阐述明确，内容安排由浅入深、循序渐进、重点突出，注重应用振动与噪声理论分析解决工程实际问题。

　　(3) 在满足机械类专业本科教学需要基础上，考虑不同专业对内容要求差异，各章保持相对的独立性，适当增加选讲或学生自学内容。

　　(4) 加强实践与创新能力培养，理论知识点与实验相结合，设置矩阵运算、数值计算和软件编程训练的计算机应用大作业,为后续专业课学习奠定基础。

本书适合机械工程、能源动力工程、交通运输工程、土木建筑工程等专业的本科生和研究生学习,也可为从事机械振动与噪声控制工程设计的专业技术人员提供参考。

本书第2版共9章,包括单自由度系统振动分析、多自由度系统振动分析、线性连续系统振动分析、线性振动的近似分析方法、机械噪声分析基础、机械噪声控制技术、转子系统振动分析与动平衡、MATLAB在振动分析中的应用,增加了部分例题与习题,列出了习题参考答案。全书课堂教学30~36学时,实验4~8学时,计算机应用2学时,可根据专业需求进行选讲。

本书融入了作者30多年的教学与工程实践经验。第2版修订由王孚懋教授统稿,任勇生教授主审。其中,第1章、第3章、第8章由王孚懋教授编写,第6章、第7章由韩宝坤教授编写,第2章、第9章由鲍怀谦副教授编写,李红艳副教授参与了第5章编写,李丽君副教授参与了第6章编写,第4章、第5章由仲惟燕讲师编写。研究生郭晓斌、金宇、关旭东、张兰青、兰同宇、张玉环等参与了文字校对与习题答案整理,在此一并表示感谢。

编者

2019年6月

于青岛

目 录

第1章 绪论 ··· 1
1.1 机械振动与噪声研究意义 ··· 1
1.1.1 振动与波动现象 ··· 1
1.1.2 振动与噪声危害 ··· 3
1.2 机械振动与噪声分析方法 ··· 3
1.2.1 振动分析方法 ·· 4
1.2.2 振动分析的一般步骤 ··· 4
1.2.3 噪声分析方法 ·· 7
1.2.4 振动与噪声控制 ··· 7
1.3 机械振动与噪声分类 ··· 8
1.3.1 振动分类 ·· 8
1.3.2 噪声分类 ·· 9
1.4 本书学习目的与方法 ··· 9

第2章 单自由度系统振动分析 ··· 11
2.1 单自由度系统力学模型 ·· 11
2.2 振动微分方程的建立 ··· 12
2.2.1 牛顿第二定律 ·· 12
2.2.2 动静法(达朗伯原理) ·· 13
2.2.3 质点系动量矩定理 ·· 13
2.2.4 机械能守恒定律(能量方法) ····································· 14
2.3 无阻尼单自由度系统的自由振动 ···································· 17
2.4 等效单自由度振动系统 ·· 19
2.4.1 等效质量 ·· 19
2.4.2 等效刚度 ·· 20
2.5 具有黏性阻尼系统的自由振动 ······································· 22

2.6 有阻尼单自由度系统的受迫振动 …………………………………… 26
2.7 机械振动的隔离与减振 …………………………………………… 31
　2.7.1 主动隔振系统 ………………………………………………… 32
　2.7.2 被动隔振系统 ………………………………………………… 35
2.8 非简谐周期激励下的响应 ………………………………………… 37
2.9 任意激励下的响应 ………………………………………………… 38

第3章 多自由度系统振动分析 ……………………………………… 41
3.1 二自由度系统振动微分方程 ……………………………………… 41
　3.1.1 两质体二自由度系统振动微分方程 ………………………… 41
　3.1.2 单质体二自由度系统振动方程 ……………………………… 46
3.2 多自由度系统振动方程的一般形式 ……………………………… 48
　3.2.1 作用力方程的一般形式及其矩阵表达式 …………………… 48
　3.2.2 位移方程的一般形式及其矩阵表达式 ……………………… 49
　3.2.3 影响系数法列振动方程 ……………………………………… 50
3.3 多自由度振动系统的固有特性 …………………………………… 53
　3.3.1 固有频率与固有振型 ………………………………………… 53
　3.3.2 特征值与特征向量 …………………………………………… 59
　3.3.3 振型正交性与主坐标 ………………………………………… 61
　3.3.4 正则坐标 ……………………………………………………… 65
3.4 无阻尼多自由度系统的自由振动响应 …………………………… 67
3.5 无阻尼多自由度系统的受迫振动响应 …………………………… 70
3.6 有阻尼多自由度系统的受迫振动响应 …………………………… 73
　3.6.1 多自由度系统阻尼 …………………………………………… 73
　3.6.2 有阻尼多自由度系统的简谐激振响应 ……………………… 76
3.7 动力吸振器 ………………………………………………………… 79
　3.7.1 无阻尼动力吸振器 …………………………………………… 79
　3.7.2 阻尼动力吸振器原理 ………………………………………… 84
　3.7.3 霍戴尔阻尼器 ………………………………………………… 88

第4章 线性连续系统振动分析—固体中的弹性波 ………………… 89
4.1 杆的纵向振动 ……………………………………………………… 89
4.2 梁的横向振动 ……………………………………………………… 94
　4.2.1 运动微分方程 ………………………………………………… 94

4.2.2　方程求解 …………………………………………………… 96
　　4.2.3　主振型函数的正交性 ……………………………………… 98
　　4.2.4　受迫振动响应分析的振型叠加法 ………………………… 99
　4.3　薄板的横向振动 ………………………………………………… 101

第5章　线性振动的近似分析方法 …………………………………… 104
　5.1　瑞利法 …………………………………………………………… 104
　　5.1.1　单自由度系统 ……………………………………………… 104
　　5.1.2　多自由度系统 ……………………………………………… 105
　　5.1.3　连续系统 …………………………………………………… 108
　5.2　瑞利—里兹法 …………………………………………………… 110
　5.3　子空间迭代法 …………………………………………………… 113
　5.4　有限元法 ………………………………………………………… 116
　　5.4.1　单元刚度矩阵与质量矩阵 ………………………………… 117
　　5.4.2　总体刚度矩阵和总体质量矩阵 …………………………… 118
　　5.4.3　有限元分析软件 …………………………………………… 120
　5.5　传递矩阵法 ……………………………………………………… 122

第6章　机械噪声分析基础 …………………………………………… 126
　6.1　声波波动方程 …………………………………………………… 126
　　6.1.1　声波概念 …………………………………………………… 126
　　6.1.2　声场基本方程 ……………………………………………… 127
　　6.1.3　声波波动方程 ……………………………………………… 130
　　6.1.4　声速 ………………………………………………………… 130
　6.2　声场类型 ………………………………………………………… 131
　　6.2.1　平面声场 …………………………………………………… 131
　　6.2.2　球面声场 …………………………………………………… 133
　　6.2.3　柱面声场 …………………………………………………… 133
　6.3　声场描述 ………………………………………………………… 134
　　6.3.1　声压、声强、声能密度、声功率 ………………………… 134
　　6.3.2　声压级、声强级、声功率级 ……………………………… 136
　　6.3.3　噪声叠加 …………………………………………………… 138
　　6.3.4　噪声频谱 …………………………………………………… 141
　6.4　声源特性 ………………………………………………………… 145

  6.4.1　声源模型 …………………………………………………… 145
  6.4.2　声波的反射、透射与绕射 ………………………………… 150
 6.5　室内声场 ……………………………………………………………… 151
  6.5.1　吸声系数及房间吸声量 …………………………………… 152
  6.5.2　扩散声场的声强 …………………………………………… 154
  6.5.3　混响时间 …………………………………………………… 155
  6.5.4　空气吸收对混响时间的影响 ……………………………… 156
  6.5.5　封闭空间的稳态声场 ……………………………………… 157
 6.6　室外(自由场)声传播 ………………………………………………… 160
 6.7　噪声的评价 …………………………………………………………… 162
  6.7.1　噪声对人的影响 …………………………………………… 162
  6.7.2　人耳等响曲线 ……………………………………………… 162
  6.7.3　频率计权 …………………………………………………… 164
  6.7.4　噪声基本评价量 …………………………………………… 165
  6.7.5　噪声标准 …………………………………………………… 168

第7章　机械噪声控制技术 …………………………………………………… 170
 7.1　噪声源识别与控制 …………………………………………………… 170
  7.1.1　噪声源识别 ………………………………………………… 170
  7.1.2　噪声源控制 ………………………………………………… 172
 7.2　吸声降噪 ……………………………………………………………… 175
  7.2.1　多孔吸声材料 ……………………………………………… 175
  7.2.2　薄板共振结构 ……………………………………………… 177
  7.2.3　穿孔板吸声结构 …………………………………………… 178
  7.2.4　微穿孔板吸声结构 ………………………………………… 178
  7.2.5　吸声降噪量计算 …………………………………………… 179
 7.3　隔声技术 ……………………………………………………………… 182
  7.3.1　单层板隔声量 ……………………………………………… 183
  7.3.2　吻合效应 …………………………………………………… 185
  7.3.3　单层板隔声特性曲线 ……………………………………… 186
  7.3.4　双层板隔声量 ……………………………………………… 186
  7.3.5　组合结构隔声量 …………………………………………… 187
  7.3.6　隔声罩 ……………………………………………………… 188
  7.3.7　声屏障 ……………………………………………………… 192

7.4 消声器 …… 193
 7.4.1 阻性消声器 …… 194
 7.4.2 抗性消声器 …… 197
 7.4.3 微穿孔板消声器 …… 201
7.5 阻尼减振降噪 …… 201
 7.5.1 黏弹性阻尼 …… 201
 7.5.2 复合阻尼钢板及阻尼合金 …… 204
 7.5.3 阻尼应用实例 …… 204

第8章 转子系统振动分析与动平衡 …… 206
8.1 旋转机械转子不平衡与临界转速 …… 206
 8.1.1 转子系统动不平衡问题 …… 206
 8.1.2 转子临界转速 …… 207
8.2 刚性转子动平衡原理 …… 211
 8.2.1 刚性转子双面动平衡 …… 211
 8.2.2 刚性转子动平衡实验 …… 215
8.3 柔性转子动平衡原理 …… 216
8.4 柔性转子的平衡条件 …… 219
8.5 振型平衡法 …… 222
8.6 求临界转速的 Riccati 传递矩阵法 …… 226

第9章 MATLAB 在振动分析中的应用 …… 230
9.1 MATLAB 数据输入格式 …… 230
9.2 矩阵运算 …… 231
9.3 求特征值和特征向量 …… 232
9.4 模态分析法求解多自由度振动方程 …… 233
9.5 传递矩阵法求柔性转子弯曲振动 …… 238
9.6 有限元法求解悬臂梁的弯曲振动 …… 240

附录 习题与参考答案 …… 246

参考文献 …… 265

第1章 绪 论

1.1 机械振动与噪声研究意义

1.1.1 振动与波动现象

世界统一于物质,波动是物质运动的最基本形态。例如,月亮的圆缺、潮汐的涨落、水面的振荡、地壳的震动等是自然界的波动实例,心脏与脉搏的跳动、肺脏的收缩与扩张、血液的循环流动、耳膜与声带的振动等是人体的波动现象,人口的增长与降低、股市的攀升与跌落、经济的繁荣与衰退等是社会科学的波动问题,这些波动的特征是各种物理量呈现周期性变化。如果将物质的直线运动视为零赫兹频率的振荡运动,则自然界中的物质处于波动状态。因此,在物理学的光、声、力、电及原子理论中,我们会处处碰到波动过程。

振荡(Oscillation)是自然界中某种物理状态随时间发生的反复变化,或是物体随时间而作的反复运动。物质的宏观运动形式是机械运动,**振动**(Vibration)是一种特殊形式的机械运动,指机器或结构物在其静平衡位置附近随时间作往复振荡运动。意大利物理学和天文学家伽俐略是世界上最早研究机械振动的科学家,在1582年,他注意到教堂里的吊灯摆动后,虽然幅度越来越小,但每摆动一次所需的时间几乎相等。

波动(Wave)是一系列质点在各自平衡位置附近振动。人类在远古时代就认识了波动,将彼此相随运动的峰和谷的交替现象称为"波"。如投石入池,平静的水面上就产生了波。后来,"波"应用于声学、光学等学科。在物理学中,任何物理量(如物质密度、电场强度、温度)的最大、最小值在空间随时间作交替振荡变化都称为波。

机械波是机械振动在媒质中的传递过程。机械振动在结构物中传播形成固体波,又称结构声。**地震波**(Earthquake)是机械振动在地壳中的传播,起因是地球表层的板块运动,又称弹性波。机械振动在空气中的传播形成声波,即为人们所说的声音(Sound),是人类交流信息的重要途径。敲击音叉,钢板就会发生谐和振动,产生特定频率的有调声音(Voice)。和谐的声音是音乐(Music),而人们将不需要的声音称为**噪声**(Noise)。

一位著名男高音歌唱家的声音信息如图1-1所示。图(a)是声波的时域声谱图,图线非常密集;图(b)是将声波时域声谱图放大几十倍的效果,横坐标取毫秒级;图(c)是频域声谱图,采用傅里叶数据变换,将某个时间段的时域信号变成频域信号,揭示了声波的泛音与强弱;图(d)是将声波在一段时间内的时域图画到频谱图上,得到三维瀑布图,揭示了歌手的高频泛音音色。这种全信息频谱分析方式对于设备故障诊断同样有效,把复杂的时间历程波形,分解为若干单一的谐波分量来研究,以获得信号的频率结构、谐波和相位信息。

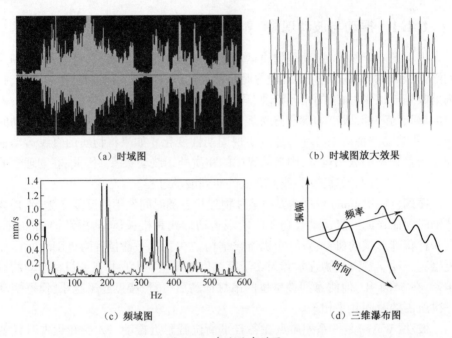

图 1-1 声波的声谱图

机械运动使我们感受到力,温度升降使我们感受到冷热,昼夜轮回使我们感受到光,雷雨交加使我们感受到声与磁,地震使我们感受到波。随着科学技术的不断发展,人类对实质上不相同的物理现象之间的联系与一般规律性的认识日益深刻,振动与波动学应运而生。波具有形态美,它周而复始、永无止境地运动,体现着大自然的谐和与美妙。波具有德行美,它含而不露、锲而不舍的境界,揭示着大自然的广博与深邃。

波动蕴藏着巨大的能量。在人类历史上,海啸掀起的巨大海浪曾经把数十万人口的城市夷为平地,它能把万吨巨轮斩为两截。屹立在海边的狰狞巨石,也会被海浪琢成表面光滑的艺术品。地震给人类带来灾难,使房屋倒塌、桥梁毁坏、公路瘫痪。

总的来说,许多波动现象是造福人类的,例如,光和电磁波的激发,乐器的发声以及超声波诊断与治疗等。再如,振动给料机、振动输送机、振动整形机、振动筛、振动离心脱水机、振动干燥机、振动冷却机、振动冷冻机、振动破碎机、振动球磨机、振动光饰机、振动压路机、振动摊铺机、振动夯土机、振动沉/拔桩机、振捣器和激振器等振动利用机器,在工程中获得了广泛应用。

1.1.2 振动与噪声危害

对于多数机器和结构来说,机械振动带来某些不良的影响。机械振动降低了机器的动态精度和性能,如机床振动降低工件的加工精度、军械振动影响瞄准、起重机振动使装卸困难、汽轮发电机组振动造成断轴停机等。机械振动会使运行的机器产生巨大的交变载荷,这将导致机器使用寿命的降低甚至酿成灾难性的破坏事故,如大桥因共振而毁坏,烟囱因风振而倒塌,飞机因颤振而坠落等,虽属罕见,但文献也时有记载。若对造成事故的原因不能作出正确的分析,设计人员往往为了安全而加大结构的断面尺寸,增加了机器重量并浪费了材料。为了解决这些振动问题,需提高机器本身的制造精度,或者设置专门的装置或引入复杂的控制系统,增加了产品成本。

此外,机械振动产生噪声公害,不仅危及机器操作人员的身心健康,还影响环境安全和社会稳定。根据生物工程的研究,人体各器官对于 $1\sim20Hz$ 的低频振动(次声)感到特别不适,而高频振动同样会使人感到烦躁、厌倦和疲劳。

人体是一个复杂的弹性体,各器官都有其固有相应频率,一般为 $3\sim14Hz$。当外来振动频率与人体器官的固有频率一致时,会引起共振,对相应器官产生较大的影响。振动波在人体组织内传播,由于各组织的结构不同,传导的快慢程度也不同,按大小顺序依次排列为骨、结缔组织、软骨、肌肉、腺组织和脑组织。人体接触强烈的振动,可造成内脏器官损伤或位移,改变周围神经和血管功能,导致组织营养不良,出现足部疼痛、下肢疲劳、足背脉搏动减弱、皮肤温度降低等症状;还可造成人的前庭功能障碍,导致内耳调节平衡功能失调,出现脸色苍白、恶心、呕吐、出冷汗、头疼、头晕、呼吸浅表、心率和血压降低等症状。

由此可见,研究机械振动与噪声问题对机器的使用和设计都具有极其重要的实际意义。随着现代机器的高速、轻质、柔性化及复杂程度的不断增加,这种研究的迫切性也大大增加了。

1.2 机械振动与噪声分析方法

机械振动与噪声分析是识别与控制振动源的重要环节。与其他工程应用学科一样,解决振动与噪声问题的途径或者说研究方法,不外乎理论分析和实验研究两个方面。随着电子计算机的日益发展和普及,振动与噪声问题的数值计算可以解决规模很大(自由度很高)的问题并可达到很高的精度。同时,由于电子测试仪器的发展和完善,振动与噪声实验已发展成为一种独立的解决问题的手段。这两者互为补充并相互促进,为解决复杂的工程振动与噪声问题提供了有效手段。

1.2.1 振动分析方法

在机械振动分析中,一般将所研究的对象(如机器)称为**系统**(System),将外界对系统的作用或机器运动产生的力称为**激励**(Excitation)或输入(Input),将机器在激励作用下产生的动态行为称为**响应**(Response)或输出(Output)。振动系统分析框图如图1-2所示,研究内容就是确定激励—系统—响应三者间的相互联系,根据其中二者去研究第三者。

图1-2 振动系统分析框图

根据图1-2,可将机械振动分析问题归纳为以下几类。

(1) 响应分析。已知输入和系统的参数,求系统的响应。通过对振动位移、振动速度和振动加速度响应的分析,判断系统是否满足强度、刚度、允许振动水平的要求。

(2) 动态设计或系统辨识。已知系统的激励,设计合理的系统参数,满足预定要求的动态响应。

(3) 系统识别。在已知输入和输出的情况下求系统参数,以便了解系统的特性。或者通过现代化测试手段,对已有的系统进行激振,测得激振下的动态响应,然后识别系统的结构参数。

(4) 环境预测。已知系统的输出和系统的参数,即已知系统特性和响应,确定系统的输入,以判别系统的振动环境特性。

实际振动问题往往是非常复杂的,可能会同时包括分析、识别和设计等有关内容。如动态设计有赖于响应分析问题的解决,实际工程设计问题是将二者交替进行的。

1.2.2 振动分析的一般步骤

机械振动分析的一般步骤如图1-3所示。振动问题的研究离不开理论分析和实验研究两个方面,二者相辅相成。力学是在大量工程实践与科学实验基础上建立起来的理论体系,理论分析结论既可以指导实践,又必须通过实践来验证。通过实验方法识别出的系统特性,需要用理论模型进一步分析。

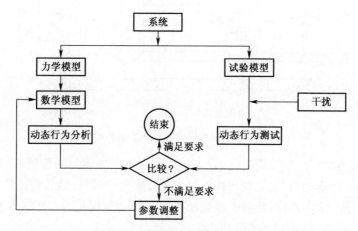

图 1-3 机械振动分析的一般步骤

工程中的振动分析问题,一般应包括以下几个步骤。

1. 建立力学模型

在工程振动分析中,往往需要根据所研究系统的实际情况,分析载荷、运动学与动力学等特征,抓住符合事物本质的主要影响因素,忽略那些次要的影响因素,将系统进行合理的简化与抽象,得到一个由若干基本元件组成的便于进行数学计算的动力学模型,简称为**力学模型**(Mechanical Model)。

从实际的机械系统或结构抽象出力学模型是一个复杂的过程,也是振动分析十分重要的第一步。力学模型的简化程度取决于系统本身的复杂程度和对分析结果的精度要求等。当然,简化后的力学模型的振动特性必须与实际系统等效,模型分析结果还需经过实验(或试验)验证。

以弹性安装的柴油发电机组为例,结构模型如图 1-4(a)所示,它由机组、衬垫和基础三部分组成,机组包括柴油发电机、联轴器与底座(支架)等。当讨论机组对基础产生的动压力时,需要考虑机组与基础之间的垂向运动关系,将整个机组视为一个刚体,质量集中在机组重心 G_0 处,忽略其内在的弹性。衬垫质量与机组相比小得多,可忽略不计,视为无质量的支承弹簧。衬垫本身的内摩擦及其基础和周围约束之间的摩擦起着阻尼作用,总体上等效为一个阻尼器。通过上述简化,就得到一个只作垂直方向振动的隔振设计模型,力学模型如图 1-4(b)所示,三个力学元件分别是质量 m、弹簧 k 和阻尼器 c。当需要分析发电机本身的振动时,需要将机壳、轴或轴承视为弹性体,发电机本身可视为一个离散系统。

例如,一个船舶柴油机推进轴系的扭转振动问题,结构如图 1-5(a)所示。

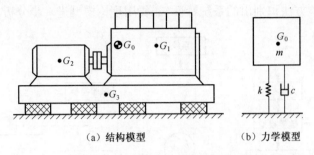

(a) 结构模型　　　　　　(b) 力学模型

图 1-4　弹性安装的柴油发电机组

此时,不能再将整个柴油机简化为一个集中质量,而要将每一组活塞、连杆和曲轴等效成一个集中惯量,飞轮和螺旋桨也等效成集中惯量,然后将轴的弹性用扭转弹簧表示。这样,六缸柴油机推进轴系扭转振动就简化为一个 8 个自由度振动系统,力学模型如图 1-5(b)所示。

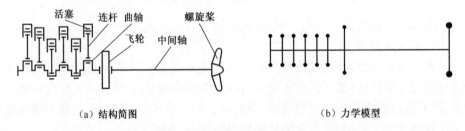

(a) 结构简图　　　　　　(b) 力学模型

图 1-5　六缸柴油机推进轴系

2. 建立数学模型

选择适当的坐标系和坐标,应用物理或力学定律对所建立的力学模型进行分析,导出描述系统力学特性的数学方程。一般振动问题的数学模型可表示为微分方程的形式。

建立力学与数学模型是进行振动分析的关键性步骤,它既决定了振动分析的正确性和精确度,又决定了振动分析的可行性和精简程度。

3. 方程的求解

为得到系统的振动特性,需要对数学模型进行方程求解,所得到的数学表达式一般是运动学参数(位移、速度、加速度)或动力学参数随时间的变化函数,表明系统响应与系统特性、激励与初始状态等的关系。求解微分方程有定量和定性方法,工程问题一般通过数值方法求近似解。

4. 实验研究

通常进行两方面的工作:一方面,直接测量振动系统的响应,并分析系统的振动特性;另一方面,用已知的振源去激振研究对象,并测取振动响应,以把握系统的振动特性。现代振动测试系统一般包括传感器、信号适调器、激振器、数据采集与分析系统等设备。

本书主要讲授振动分析的基本方法,重点研究已知振动力学模型情况下系统的响应与设计问题。关于各种专业机器和结构的力学模型的建立方法是各专业课程的任务,不在本书中介绍。

1.2.3 噪声分析方法

机械噪声问题划分为噪声源、传声路径和接收者三个主要环节,噪声分析框图如图1-6所示,噪声源和传声路径可能有多个,接收者一般指人,也可能是生物、仪器、设备和建筑物等。

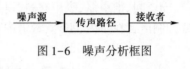

图1-6 噪声分析框图

噪声分析就是确定噪声源—传声路径—接收者三者间的相互联系,根据其中二者去研究第三者,采取有效措施减小或控制噪声危害,利用噪声信号预测动力机组安全运行状况。

1.2.4 振动与噪声控制

研究机械振动与噪声问题的主要目的之一,就是采取有效手段控制其危害。噪声源种类不同,其控制方法也不同。对机械结构噪声源来说,主要是控制机械振动,包括机械振动本身控制和固体声传播控制,前者是机械系统设计问题,后者则是隔振设计问题。对空气动力性噪声源要控制气体振动的产生,防止气体中压力突变和涡流等。

对于运行中的高噪声机械设备,需要通过仪器测量分析,识别主要噪声源,并根据其特性采取降噪措施。下面按照图1-6所示三要素,说明噪声控制一般方法与步骤。

控制机械噪声的最根本办法是噪声源控制,首选低噪声结构设计,这是最直接、最有效、最经济的降噪措施。在机械设计阶段,将低噪声结构设计作为技术指标之一,根据设计图纸对噪声做出预报,若不能达到预期的目标,则进行结构修改。设计过程中,要对那些可能出现交变力的工作方式、工作过程或零部件给予足够重视。例如,采用连续运动代替不连续运动,以减少运动部件之间的撞击;改变接触部件表面材料特性,在接触表面采用软材料以延长力的作用时间;改善运动部件的平衡,或避免高转速、高加速度工作,以减小旋转失衡引起的振动;用液压代替机械力的传递;管道的进出口要有足够的截面以保持较低的流速;流体管道内形状、表面粗糙度要适合于流动并且无障碍,管道之间要光滑过渡,弯头半径尽量取大值;尽量应用密度大和内阻尼高的材料;提高相互滑动或滚动的表面加工精度等。当以上结构修改有困难时,可采用隔振器、动力吸振器和结构阻尼等减振措施,将机器—基础系统的固有频率与外激励力频率错开,或采用振动主动控制措施。当振源为大面积板件时,可改为开孔板或金属网络等措施,降低声源辐射面积。

传声路径是噪声控制的另一个重要环节。通过限制和改变噪声的传播途径,使噪声在传播的过程中衰减,以减小对接收者影响。可以利用声屏障、隔声罩、隔声间、消声器、吸声材料,以及刚性结构的断面突变、阻塞孔洞等方法,减小或抑制声音在室内、室外、管道内和结构内的传播。

1.3 机械振动与噪声分类

1.3.1 振动分类

根据机械系统激励、响应和系统特性等的不同,振动系统可进行如下分类。

1. 按振动系统的自由度数分类

自由度是确定振动系统在某一瞬时空间几何位置所需要的独立坐标数。机械振动按自由度数分为以下几种。

单自由度系统振动——确定振动系统在某一瞬时的几何位置只需要一个独立坐标;

多自由度系统振动——确定振动系统在某一瞬时的几何位置需要多个独立坐标;

连续系统振动——确定振动系统在某一瞬时的几何位置需要无穷多个独立坐标。

2. 按振动系统所受的激励类型分类

按振动系统所受的激励类型分为以下几种。

自由振动——系统受初始干扰或原有的外激励取消后产生的振动,也称为固有振动;

受迫振动——系统在外激励作用下产生的振动;

自激振动——系统在输入和输出之间具有反馈特性并有能源补充而产生的振动。

3. 按系统的响应的振动规律分类

按系统响应的振动规律分为以下几种。

简谐振动——可用时间的正弦或余弦函数表示系统响应,又称为谐和振动;

周期振动——可用时间的周期函数表示系统响应,又称为一般振动;

瞬态振动——只能用时间的非周期衰减函数表示系统响应;

随机振动——不能用简单函数或函数组合表达运动规律,但可用统计学方法表示系统响应。

4. 按描述系统的微分方程分类

按描述系统振动微分方程的特点分为以下几种。

线性振动——能用常系数线性微分方程描述的振动;

非线性振动——只能用非线性微分方程描述的振动。

本书只涉及线性系统振动问题,不论述非线性系统振动。

1.3.2 噪声分类

噪声是人们不想要的声音,它与接收者的主观要求密切相关,同一种声音在不同的时间或地点,对于不同的人,会有不同的效应。例如,悦耳的音乐声对于夜晚想要入睡的人就是一种噪声。因此,噪声与声波本身的特性没有必然的关系。从物理学的观点,噪声是由一系列不同频率与强度的声波无规律地组合而成,它的时域信号杂乱无章,频域信号包含一定的连续宽带频谱,这类声波容易给人以烦躁的感觉,同时,其强度往往超过接收者所能承受的限度。

以控制噪声影响为目的,机械噪声可由噪声源和传声路径进行分类。

(1) 按声源所属机械设备种类划分,有机床噪声、汽轮机噪声、空压机噪声、通风机噪声、水泵噪声、齿轮噪声等。

(2) 按声源形成机理划分为两大类:一类是固体振动噪声,是机械运行过程中零部件相互撞击、摩擦以及能量传递,使机械构件(尤其是板壳构件)产生强烈振动而辐射噪声;另一类是流体动力噪声,是由流体中存在的非稳定过程、湍流或其他压力脉动、流体与管壁或其他物体相互作用而产生的管内噪声或出入口处的辐射噪声。

(3) 按传声路径划分为空气噪声和结构噪声。噪声源通过空气传播称为空气噪声,噪声源通过固体结构物传递称为结构噪声。前者是空气波,后者为固体波,而振动理论是波动问题的分析基础。

(4) 按声源随时间变化特性分类,机械噪声可以划分为稳态噪声和非稳态噪声。

1.4 本书学习目的与方法

振动学和声学是物理学的分支,属于基础科学。振动工程学以力学和数学为基础,结合现代测试与计算技术,从系统论、控制论及信息论等现代新兴学科汲取营养,应用振动和声学的方法解决工程中的动力学问题。随着科学技术的发展,现代工业对工程的质量、产品的精度及可靠性等都提出越来越高的要求。这就是说,在现代设计中不仅要考虑静力效应,还要考虑动力效应问题,即所谓动态设计问题。振动分析是机械设计、机械制造和机器运行操作过程中不可缺少的内容。

本书是机械工程、能源动力工程、交通运输工程等本科专业的专业基础课,要求学生具备一定的高等数学、大学物理、理论力学、材料力学、流体力学、计算机与信号分析等基础知识,为进一步学习振动与噪声控制、动力机械故障诊断和现代机械动态设计等课程奠定理论基础。

本书学习目的包含两个方面:一是掌握机械运动的规律,利用振动与波为人类造福;二是设法减少振动与噪声的危害。学习本书首先要理论联系实际,善于总结工程中的动力学问题,将动力机械简化成简单的数学力学模型;其次要求熟悉现代计算软件与方法,能够运用 MATLAB 等大型软件进行工程动力学分析与计算。为达到上述学习效果,要求学生独立完成一定数量的作业,并安排若干学时的计算机设计实例操作。

本书以单自由度振动系统为主线,以多自由度振动系统为主体,力求物理概念和数学原理阐述明确,内容安排由浅入深、循序渐近、重点突出,注重应用振动与噪声理论分析解决工程实际问题。考虑到计算机在工程分析与计算中的作用,加强矩阵运算、数值计算和计算机应用的训练,介绍大型动力学计算机软件应用,增强学生动手编程与机算机操作能力。

第 2 章 单自由度系统振动分析

在振动分析中,只需要一个坐标就可确定几何位置的系统称为单自由度系统,这也是最简单、最基本的离散系统。实际工程中的振动分析一般从单自由度系统入手,在掌握其基本概念、基本理论和基本方法基础上,进一步转入复杂振动系统的研究。

2.1 单自由度系统力学模型

振动系统力学模型包括三个基本要素,即惯性元件、弹性元件和阻尼元件。机械系统或结构能够产生振动,从其自身而言是由于系统具有质量和弹性。从能量观点看,惯性元件(如质量)储存系统的动能,弹性元件(如弹簧)储存系统的势能,而阻尼元件则消耗系统的能量。当外部激励对系统做功时,质量元件吸收动能而拥有速度,弹性元件储存变形能而拥有使质量回到平衡位置的能力。如果停止外部激励,系统振动将逐渐停息,这是由于系统存在能量消耗,即阻尼的缘故。

实际的机械系统或结构具有分布质量和分布弹性,要精确求解这种分布系统多数情况下是十分困难的,因而将其简化为离散系统,力学模型包括若干个集中质量并由弹簧与阻尼器连接在一起。

描述离散系统中质量在空间的位置所必需的独立坐标,称为广义坐标。若机械系统或结构由一个质量、一个弹簧和一个阻尼器组成,并且质量在空间的位置用一个坐标就可以完全描述,则称为单自由度系统。若系统的质量在空间的位置需要多个独立坐标来描述,则称为多自由度系统。一个典型的单自由度振动系统的力学模型如图 2-1 所示,图中 m、k 和 c 分别表示质量、弹簧和阻尼器,x 是描述质量 m 空间位置的独立坐标。

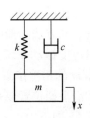

图 2-1 单自由度振动系统力学模型

下面分别说明质量、弹簧和阻尼器的特性。

(1) 质量。质量(包括转动惯量)是只具有惯性的力学模型,是储存动能的

元件,表示力与加速度关系。质量所受的惯性力为

$$F_m = m\ddot{x} \tag{2-1}$$

式中,F_m 表示对质量施加的作用力,与运动加速度方向相反(N);比例常数 m 是对刚体直线运动惯性的度量,称为质量(kg)。对于刚体扭转振动系统,相应的比例常数为转动惯量 J(kg·m)。

(2) 弹簧。弹簧是只具有弹性的力学模型,是储存势能的元件,表示力与位移关系。弹簧所受的弹性力为

$$F_s = kx \tag{2-2}$$

式中,比例常数 k 通常称为直线位移弹簧常数或刚度(N/m);x 表示质量位移、弹簧两端点位移之差或弹簧变形。对于质量作扭转振动的系统,采用扭转弹簧表示,扭转刚度的单位为 N·m/rad。

(3) 阻尼器。阻尼器是既不具有惯性也不具有弹性的力学模型,它是耗能元件,表示力与速度之间的关系。阻尼器所受的阻尼力为

$$F_d = c\dot{x} \tag{2-3}$$

式中,比例常数 c 称为阻尼系数,又称为黏性阻尼系数(N·s/m);$\dot{x}$ 表示质量速度,也就是阻尼器两端的相对速度。

2.2 振动微分方程的建立

单自由度系统振动微分方程可以采用牛顿第二定律(包括质点系动量矩定理)、动静法、能量守恒定律和拉格朗日方程等方法建立。为简单起见,以一个单质体振动系统为例,说明振动微分方程的建立方法。如图 2-2 所示的无阻尼单自由度振动系统,以独立坐标 x 描述质体 m 的铅垂位置,坐标原点选在质体 m 的静平衡位置或弹簧未变形时质体的位置,x 向下为正。

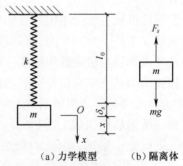

(a) 力学模型 (b) 隔离体

图 2-2 无阻尼单自由度振动系统

2.2.1 牛顿第二定律

牛顿第二定律描述力与加速度的关系:物体运动速度的变化率与其所受的力成正比,并且沿力的作用方向发生。物体是指力学中的质点或质体(质点系

或刚体),即振动系统的质量元件。运动速度的变化率是质点运动的加速度。这是大学物理中动力学的基本知识。

牛顿第二定律可写成以下形式:

$$\sum F_x = m\ddot{x} \tag{2-4}$$

即物体在 x 方向的外力之和(合力)等于质量 m 乘以该方向的加速度 $\ddot{x}$。

求解动力学方程的基本步骤如下(图2-2)。

(1) 建立广义坐标 x,取 O 点为系统的静平衡位置。令弹簧原长为 l_0,在重力作用下弹簧静变形量为 δ_s。

(2) 以质体 m 为隔离体进行受力分析。质体 m 沿 x 轴方向运动到任意位置 x,作用于 m 上的弹簧力为

$$F_s = -k(x + \delta_s) \tag{2-5}$$

式中,δ_s 为弹簧悬挂质体 m 产生的静变形,$k\delta_s = mg$;负号表示弹簧力 F_s 始终与 $x + \delta_s$ 的方向相反,也称为弹性恢复力;作用在质体 m 上的重力 mg,方向始终向下。在此,取位移变量与坐标符号相同,位移 $x(t)$ 是时间 t 的函数。

(3) 根据牛顿第二定律,列出单自由度系统的振动方程为

$$\sum F_x = mg - k(x + \delta_s) = m\ddot{x} \tag{2-6}$$

得

$$m\ddot{x} + kx = 0 \tag{2-7}$$

式(2-7)为单自由度无阻尼系统的自由振动微分方程,数学上是一个2阶线性常系数齐次微分方程。

2.2.2 动静法(达朗伯原理)

如果在质点或质点系上除了作用有真实的主动力和约束反力外,再假想地加上惯性力,则这些力在形式上构成静平衡力系。这就是动力学问题的达朗伯原理。

将惯性力 $F_m = -m\ddot{x}$ 视为外力,负号表示与加速度 $\ddot{x}$ 的方向相反,列出全部外力的静力平衡方程式,即 $\sum F_x = 0$,得到振动微分方程式(2-7)。

2.2.3 质点系动量矩定理

质点系动量矩定理描述为:质点系绕固定轴转动的动量矩对时间的导数,等于作用在质系上的外力对同一轴的主矩之和,即

$$\frac{dK_z}{dt} = \sum T_z \tag{2-8}$$

式中，K_z 为质点系对 z 轴的动量矩；T_z 为外力对 z 轴的主矩。

刚体绕固定轴 z 转动时，如图 2-3 所示，对转轴的动量矩为

$$K_z = J_z \dot{\theta} \qquad (2-9)$$

式中，J_z 为刚体对转轴 z 的转动惯量；$\dot{\theta}$ 为刚体角速度。

记 $\ddot{\theta}$ 为刚体角加速度，将式(2-9)代入式(2-8)，得到刚体定轴转动方程：

$$\sum T_z = J_z \ddot{\theta} \qquad (2-10)$$

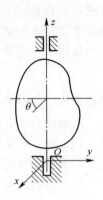

图 2-3 绕 z 轴转动的刚体

比较动力学方程式(2-10)和式(2-4)，可以看到两类问题的数学描述形式相似。

例 2-1 图 2-4 所示为一个圆盘—轴构成的扭转振动系统，已知轴截面的极惯性矩为 I_p，剪切弹性模量为 G，长度为 l，圆盘绕 z 轴的转动惯量为 J。轴的一端与圆盘连接，另一端固定。试求系统绕 z 轴的扭转振动微分方程。

解 （1）建立广义坐标。设轴未发生扭转时系统处于静平衡位置，圆盘上有一半径 OA，把 OA 绕 z 轴转过的角度称为广义坐标 θ，系统静平衡时 OA 的位置为 θ 的零位，逆时针方向为正。

（2）扭转弹性系数。沿坐标的正向。使圆盘转过 θ 角，并设 $\dot{\theta}$ 和 $\ddot{\theta}$ 也为正，圆盘的弹性恢复力矩为 $k_t \theta = GI_p \theta / l$，方向顺时针。轴的扭转刚度为 $k_t = GI_p / l$。

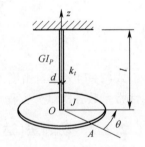

图 2-4 扭转振动系统

（3）利用质点系动量矩方程式(2-10)，可得振动微分方程为

$$\ddot{\theta} + (k_t / J) \theta = 0 \qquad (2-11)$$

2.2.4 机械能守恒定律(能量方法)

当质点或质体在运动过程中只有有势力做功，则机械能保持不变，这一规律称为机械能守恒定律。机械能是质体（质点系或刚体）在某瞬时的动能与势能的代数和。物体作用力所做的功只与力作用点的初始位置和终了位置有关，这种力称为有势力或保守力，如重力和弹性力。如果一个振动系统不考虑阻尼，既无能量消耗，也无额外的能量供给，则系统的机械能守恒，其数学表达式为

第 2 章 单自由度系统振动分析

$$T + U = 常数 \tag{2-12}$$

还可以将机械能守恒定律表示成下列形式：

$$T_{\max} = U_{\max} \tag{2-13}$$

由式(2-12)求导数，得

$$\frac{\mathrm{d}}{\mathrm{d}t}(T + U) = 0 \tag{2-14}$$

由式(2-14)可以建立无阻尼单自由度系统的自由振动微分方程。第 5 章将具体说明利用式(2-13)可以求得系统的固有频率。

上述由牛顿第二定律建立振动微分方程，或者由质点系动量矩定理建立扭转系统振动微分方程，统称为力法。当系统中质量较多时，运用力法求解过程比较复杂，此时运用能量法较为方便。

例 2-2 试采用机械能守恒方法推导图 2-2 所示的单自由度系统的振动微分方程。

解 （1）系统的动能。根据"大学物理"中的动力学知识，可得质体的动能为

$$T = \frac{1}{2}m\dot{x}^2 \tag{2-15}$$

（2）系统的势能。因为势能大小与规定的势能零点的位置有关，在列出势能表达式时，必须预先指出势能零点选在何处。取弹簧为原长时质体 m 的位置为势能零点，规定质体 m 向上运动的重力势能为正，则系统总势能为

$$U = \frac{1}{2}k(x + \delta_s)^2 - mg(x + \delta_s) \tag{2-16}$$

由于 $k\delta_s = mg$，系统总势能简化为

$$U = \frac{1}{2}kx^2 - \frac{1}{2}k\delta_s^2 \tag{2-17}$$

若取系统静平衡位置时质体 m 的位置为势能零点，则系统在 x 位置的总势能为

$$U = \frac{1}{2}k(x + \delta_s)^2 - \frac{1}{2}k\delta_s^2 - mgx = \frac{1}{2}kx^2 \tag{2-18}$$

比较式(2-17)和式(2-18)可知，选取不同势能零点得到的系统的总势能相差一个常数。

（3）机械能守恒。将式(2-15)和式(2-18)代入机械能守恒方程(2-14)中，得

$$(m\ddot{x} + kx)\dot{x} = 0 \tag{2-19}$$

因为 $\dot{x} \neq 0$，由此得到无阻尼自由振动系统振动微分方程式(2-7)。

例 2-3 如图 2-5 所示一个质量为 m 的回转体，在曲率半径为 R 的轨道上作纯滚动。已知轴颈的半径为 r，转动惯量为 J（对称轴惯性矩）。试求回转体在轨道最低点处的微幅振动微分方程及其固有频率。

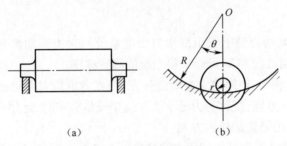

图 2-5 回转体振动系统

解 （1）运动分析。取回转体摆角 θ 为广义坐标，顺时针为正。选过 O 点的铅垂线为 $\theta = 0$ 的静平衡位置。回转体作刚体平面运动，运动分解为随质心移动和绕质心转动两部分。以支撑点为速度瞬心（纯滚动无滑动），由于回转体质心速度为 $(R-r)\dot{\theta}$，则相对质心的转动角速度为 $\dot{\varphi} = (R-r)\dot{\theta}/r$。

（2）能量函数。回转体动能包括随质心移动和绕质心转动两部分，即

$$T = \frac{1}{2}m(R-r)^2\dot{\theta}^2 + \frac{1}{2}J\left(\frac{R-r}{r}\right)^2\dot{\theta}^2 \qquad (2-20)$$

令回转体微幅摆动 θ 角度，其质心升高的高度为 $h = (R-r)(1-\cos\theta)$。取系统静平衡位置势能为零，回转体的势能为

$$U = mg \cdot (R-r) \cdot (1-\cos\theta) \qquad (2-21)$$

（3）振动方程。根据机械能守恒定律式(2-14)，可得系统微幅振动微分方程为

$$\frac{\mathrm{d}}{\mathrm{d}t}(T+U) = m(R-r)^2\dot{\theta}\cdot\ddot{\theta} + J\left(\frac{R-r}{r}\right)^2\dot{\theta}\cdot\ddot{\theta} + mg\cdot(R-r)\sin\theta\cdot\dot{\theta} = 0$$

$$\left(\frac{R-r}{r}\right)^2(m\cdot r^2 \cdot J)\ddot{\theta} + mg(R-r)\theta = 0 \qquad (2-22)$$

（4）固有频率。根据式(2-22)并利用以下 2.3 节固有频率定义，或利用式(2-13)机械能守恒定律，可直接得到回转体作微幅振动的固有频率为

$$\omega_n = \sqrt{\frac{mg \cdot r^2}{(R-r)(m\cdot r^2 + J)}} \qquad (2-23)$$

2.3　无阻尼单自由度系统的自由振动

下面通过求解微分方程式(2-7)分析图2-2所示系统的自由振动。
设方程式(2-7)的特解具有以下指数函数形式：

$$x(t) = Ce^{\lambda t} \tag{2-24}$$

式中，C 和 λ 为常数。

将式(2-24)代入式(2-7)，得

$$(m\lambda^2 + k)Ce^{\lambda t} = 0 \tag{2-25}$$

由于振动位移不恒为零，由式(2-25)得式(2-7)的特征方程为

$$m\lambda^2 + k = 0 \tag{2-26}$$

记 $k/m = \omega_n^2$，由式(2-26)解得特征值为

$$\lambda = \pm i\omega_n \tag{2-27}$$

式中，$i = \sqrt{-1}$。

将式(2-27)代入式(2-24)，得到式(2-7)的通解为

$$x(t) = C_1 e^{i\omega_n t} + C_2 e^{-i\omega_n t} \tag{2-28}$$

式中，C_1、C_2 为由初始条件确定的待定常数。

式(2-28)是自由振动的复数表示法，还可以用三角函数表示。由欧拉公式，有

$$e^{\pm i\omega_n t} = \cos\omega_n t \pm i\sin\omega_n t \tag{2-29}$$

将式(2-29)代入式(2-28)，得式(2-7)的通解为

$$x(t) = (C_1 + C_2)\cos\omega_n t + i(C_1 - C_2)\sin\omega_n t \tag{2-30}$$

既然图2-2所示系统中质量 m 的振动位移是一个真实存在的物理量，因此式(2-30)等号右边两项必须是实数，即 C_1、C_2 只能是一对共轭复根，所以有

$$x(t) = A\cos\omega_n t + B\sin\omega_n t = R\sin(\omega_n t + \varphi) \tag{2-31}$$

式中，A、B、R、φ 为待定常数；由 $t=0$ 初始条件 $x(0) = x_0$ 和 $\dot{x}(0) = \dot{x}_0$ 确定，即

$$A = x_0,\ B = \dot{x}_0/\omega_n,\ R = \sqrt{x_0^2 + (\dot{x}_0/\omega_n)^2} \tag{2-32}$$

$$\tan\varphi = \frac{x_0 \omega_n}{\dot{x}_0},\ \varphi = \arctan\frac{x_0 \omega_n}{\dot{x}_0},\ x_0 \geq 0 \tag{2-33}$$

通过分析式(2-31)，可得如下无阻尼系统自由振动响应的特性。

1. 简谐振动

无阻尼系统自由振动是一种简谐振动，振幅 R、固有角频率 ω_n 和初相位 φ 是表示系统动态特性的三个基本要素。

2. 固有频率

固有角频率为

$$\omega_n = \sqrt{\frac{k}{m}} \quad (\text{rad/s}) \tag{2-34}$$

自然频率为

$$f_n = \frac{\omega_n}{2\pi} = \frac{1}{2\pi}\sqrt{\frac{k}{m}} \quad (\text{Hz}) \tag{2-35}$$

固有周期为

$$T_n = 1/f_n = 2\pi\sqrt{m/k} \quad (\text{s}) \tag{2-36}$$

式中，ω_n 与 f_n 一般都称为固有频率，只与质量 m 和刚度 k 有关，与外界因素无关。固有频率与固有周期描述了系统的固有振动特性。系统的刚度越大，固有频率越高，固有周期越短；系统的质量越大，固有频率越低，固有周期越长。

3. 振幅与初相位

振幅 R 是表示系统作简谐振动时，振动位移偏离平衡位置的最大值。相位是指振动位移随时间作简谐变化时，任意时刻 t 对应的角变量。自变量 $\omega_n t + \varphi$ 称为系统振动的相位，初相位 φ 是 $t=0$ 时刻的相位(°)。

由式(2-32)和式(2-33)可以看出，振幅 R 和初相位 φ 因初始条件的不同而不同，对于确定的初始条件，振幅 R 是一个常数，说明系统进行不衰减的等幅振荡运动。

简谐振动可以用旋转向量在坐标轴上的投影表示。如图 2-6(a)所示，向量 R 以等角速度 ω 逆时针旋转，其模为 R，起始位置与水平轴夹角 φ，在任意瞬时与水平轴夹角为 $\omega_n t + \varphi$。旋转向量在垂直轴上投影为 $x(t) = R\sin(\omega_n t + \varphi)$，如图 2-6(b)所示，称为时域振动响应曲线，揭示了振幅 x 随时间 t 的变化关系，可确定三个振动参数 R、ω_n 和 φ。

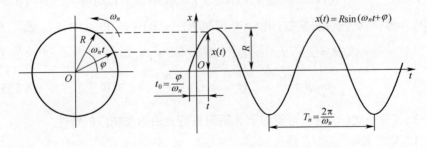

(a) 旋转矢量图　　　　　(b) 时域振动响应曲线

图 2-6　简谐振动的几何表示法

2.4 等效单自由度振动系统

一般情况下,单自由度振动系统由多个构件组成。如图2-1所示,仅有单一的质量、弹簧和阻尼。当系统包含多个质量、多个弹簧和多个阻尼器时,需要确定它们的综合效果,即等效质量、等效弹簧和等效阻尼。另外,将连续系统简化为单自由度系统时,也需要将分布质量和分布弹性等效化为一个质量和一个弹簧。

2.4.1 等效质量

如图2-1所示质量—弹簧系统,弹簧质量与质体质量 m 相比很小,因此忽略不计。但是在某些系统中,弹簧质量在振动系统中作用较大,必须考虑弹性元件分布质量的影响。

将具有多个集中质量或分布质量的系统简化为具有单个等效质量的单自由度系统,求解等效质量所依据的原则是,原系统动能 T 与等效系统动能 T_e 相等,即

$$T = T_e \tag{2-37}$$

例 2-4 如图2-7所示一个质量—滑轮—弹簧振动系统。已知质量 m,刚度 $k_1 = k$、$k_2 = 2k$,圆盘(滑轮)转动惯量 J,圆盘半径 r。试求单自由度系统的等效质量 m_e。

解 取质量 m 向下位移坐标为 x,则圆盘转角为 $\theta = x/r$。

写出原系统的动能:

$$T = \frac{1}{2}m\dot{x}^2 + \frac{1}{2}J\left(\frac{\dot{x}}{r}\right)^2 = \frac{1}{2}\left(m + \frac{J}{r^2}\right)\dot{x}^2$$

等效系统的动能为

$$T_e = \frac{1}{2}m_e\dot{x}^2$$

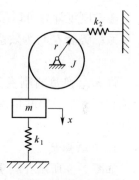

图 2-7 质量—滑轮—弹簧振动系统

由动能等效 $T = T_e$,得等效质量 $m_e = m + \dfrac{J}{r^2}$。

(思考:求图2-7所示系统的等效刚度 $k_e = ?$)

例 2-5 如图2-8所示一个具有分布质量弹簧的单自由度系统。已知质量

m，弹簧原长度 l、刚度 k 和单位长度分布质量 ρ。求弹簧的等效质量。

解 取质量 m 动位移坐标为 x。假设弹簧上各质点位移呈线性分布，距离固定点为 y 的微段 dy 的位移为 $y \cdot x/l$，速度为 $y \cdot \dot{x}/l$，则微段的动能为

$$dT_y = \frac{1}{2}\rho \cdot dy \cdot \left(y \cdot \frac{\dot{x}}{l}\right)^2 = \frac{1}{2}\rho \cdot \frac{y^2 \cdot \dot{x}^2}{l^2} \cdot dy$$

弹簧动能为

$$T_s = \int_0^l \frac{1}{2}\rho \cdot \frac{y^2 \cdot \dot{x}^2}{l^2} \cdot dy = \frac{1}{2}\left(\frac{1}{3}\rho l\right)\dot{x}^2$$

记弹簧质量为

$$m_s = \rho l$$

则

$$T_s = \frac{1}{2}\left(\frac{1}{3}m_s\right)\dot{x}^2$$

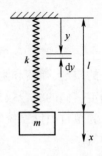

图 2-8 分布质量弹簧

所以弹簧的等效质量为 $m_e = m_s/3$。把这个质量叠加到集中质量 m 上，就得到一个典型的单自由度质量—弹簧振动系统。

2.4.2 等效刚度

等效刚度计算可以采用刚度定义或者采用等效前后的系统势能相等原则，使原系统势能 U 与等效系统势能 U_e 相等，即

$$U = U_e \tag{2-38}$$

设 n 个弹簧的刚度分别为 $k_1, k_2, \cdots, k_n$，下面讨论弹簧并联或串联情况下，如何计算等效弹簧刚度问题。

1. 并联弹簧

如图 2-9 所示并联质量—弹簧系统，质体 m 与 n 个弹簧相连，设 m 有任意位移 x，则每根弹簧长度改变 x，m 受到的弹簧力为

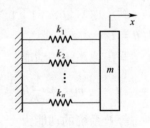

图 2-9 并联弹簧

$$F = k_1 x + k_2 x + \cdots + k_n x = \left(\sum_{i=1}^n k_i\right) x$$

按照刚度定义，得

$$k_e = \frac{F}{x} = \sum_{i=1}^n k_i \tag{2-39}$$

2. 串联弹簧

如图 2-10 所示串联质量—弹簧系统，n 个弹簧相互串联后与质量 m 相连，当质量 m 沿 x 方向受力 F，则所有的弹簧所受力均为 F。质量 m 的位移为

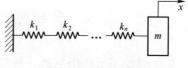

图 2-10 串联弹簧

$$x = \frac{F}{k_1} + \frac{F}{k_2} + \cdots + \frac{F}{k_n} = F \cdot \sum_{i=1}^{n} (1/k_i)$$

按照刚度的定义 $k_e = \dfrac{F}{x} = 1/\left(\sum\limits_{i=1}^{n}(1/k_i)\right)$，即

$$\frac{1}{k_e} = \sum_{i=1}^{n} \frac{1}{k_i} \tag{2-40}$$

例 2-6 如图 2-11 所示一个多弹簧—悬臂梁振动系统。已知质量 m，悬臂梁抗弯刚度 EI 和长度 l，弹簧刚度 k_1、k_2 和 k_3。忽略悬臂梁自身质量，求系统的等效刚度。

解 （1）将悬臂梁的作用视为一个弹簧。依据材料力学知识，在悬臂梁自由端作用横向载荷 F 时，该自由端横向挠度为 $\delta = \dfrac{Fl^3}{3EI}$，得悬臂梁的等效刚度为

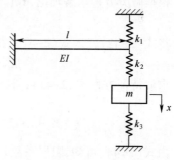

$$k_l = \frac{F}{\delta} = \frac{3EI}{l^3}$$

（2）分析 4 根弹簧 k_l, k_1, k_2, k_3 的连接方式，可知 k_l 与 k_1 并联得 k_{e1}，然后 k_{e1} 与 k_2 串联得 k_{e2}，k_{e2} 再与 k_3 并联，即为本系统等效刚度 k_e。

图 2-11 多弹簧—悬臂梁系统

（3）根据上述分析，分别利用式(2-39)和式(2-40)，得

$$k_{e1} = k_l + k_1$$

$$\frac{1}{k_{e2}} = \frac{1}{k_{e1}} + \frac{1}{k_2} = \frac{k_{e1} + k_2}{k_{e1} k_2}$$

$$k_{e2} = \frac{k_{e1} \cdot k_2}{k_{e1} + k_2} = \frac{(k_l + k_1) \cdot k_2}{k_l + k_1 + k_2}$$

$$k_e = k_{e2} + k_3 = \frac{(k_l + k_1) \cdot k_2}{k_l + k_1 + k_2} + k_3 = \frac{\left(\dfrac{3EI}{l^3} + k_1\right) \cdot k_2}{\dfrac{3EI}{l^3} + k_1 + k_2} + k_3$$

2.5 具有黏性阻尼系统的自由振动

振动系统不考虑阻尼是一种理想化的情况。实际振动系统的阻尼往往不可忽视,特别对振动控制问题,系统阻尼对于抑制振动水平、提高疲劳极限和系统稳定性,具有十分重要意义。阻尼机理比较复杂,这里只讨论工程中常用的一类简单阻尼模型——黏性阻尼。黏性阻尼力大小与速度成正比,而方向与速度相反。

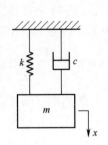

图 2-12 阻尼系统

如图 2-12 所示一个具有黏性阻尼的单自由度振动系统,采用牛顿第二定律或达朗伯原理,不难写出系统的振动微分方程为

$$m\ddot{x} + c\dot{x} + kx = 0 \tag{2-41}$$

根据微分方程求解理论,式(2-41)通解具有以下形式:

$$x = A e^{\lambda t} \tag{2-42}$$

将式(2-42)代入式(2-41),得到系统的特征方程为

$$m\lambda^2 + c\lambda + k = 0 \tag{2-43}$$

求解特征方程式(2-43),得特征值为

$$\lambda_{1,2} = -\frac{c}{2m} \pm \sqrt{\frac{c^2}{4m^2} - \frac{k}{m}} \tag{2-44}$$

由式(2-44)可知,阻尼系数 c 对特征值有影响。当 c 变化时,式中等号右边根式表达式可能大于零、等于零或小于零,分别对应于两个不同实根、重根或共轭根的出现,因此对应的振动响应特性也不尽相同。

式(2-44)中根号下的值为零的阻尼系数 c 定义为临界阻尼系数 c_c,即

$$c_c = 2\sqrt{mk} = 2m\omega_n \tag{2-45}$$

为了便于阻尼参数分析,引入下列阻尼比或阻尼因子 ζ,即

$$\zeta = \frac{c}{c_c} = \frac{c}{2\sqrt{mk}} \tag{2-46}$$

将式(2-46)代入式(2-44),得到用无量纲阻尼比 ζ 表示的特征值为

$$\lambda_{1,2} = -\zeta\omega_n \pm \omega_n\sqrt{\zeta^2 - 1} \tag{2-47}$$

显然,当阻尼比 ζ 不同,特征值也不同,系统将会产生不同的运动。下面就 $\zeta < 1, \zeta = 1$ 和 $\zeta > 1$ 三种不同情况进行分别讨论。

(1) $\zeta < 1$ 欠阻尼状态。欠阻尼状态下,式(2-44)根号下的值小于零,因此

两个特征值 λ_1 和 λ_2 是一对共轭复数,即

$$\lambda_{1,2} = -\zeta\omega_n \pm i\omega_n\sqrt{1-\zeta^2} \tag{2-48}$$

令有阻尼系统的固有振动的角频率为

$$\omega_d = \omega_n\sqrt{1-\zeta^2} \tag{2-49}$$

则式(2-41)的通解为

$$x(t) = B_1 e^{\lambda_1 t} + B_2 e^{\lambda_2 t} = e^{-\zeta\omega_n t}(B_1 e^{i\omega_d t} + B_2 e^{-\omega_d t})$$
$$= e^{-\zeta\omega_n t}(C_1 \cos\omega_d t + C_2 \sin\omega_d t) = R \cdot e^{-\zeta\omega_n t}\sin(\omega_d t + \varphi) \tag{2-50}$$

式中,积分常数 C_1、C_2 或 R、φ 由 $t=0$ 初始条件 $x(0) = x_0$ 和 $\dot{x}(0) = \dot{x}_0$ 确定,即

$$C_1 = x_0, \quad C_2 = \frac{\dot{x}_0 + \zeta\omega_n x_0}{\omega_d} \tag{2-51}$$

$$R = \sqrt{x_0^2 + \left(\frac{\dot{x}_0 + \zeta\omega_n x_0}{\omega_d}\right)^2}, \quad \varphi = \arctan\frac{x_0 \omega_d}{\dot{x}_0 + \zeta\omega_n x_0} \tag{2-52}$$

从式(2-50)可以看到,欠阻尼状态下的响应是两个因子的乘积,一个是随时间衰减的指数函数 $R \cdot e^{-\zeta\omega_n t}$,另一个是正弦函数 $\sin(\omega_d t + \varphi)$,因此总体响应表现为一种振幅呈指数性衰减的**准周期振动**,而非严格的周期振动,如图 2-13 所示。前一个因子表明系统的振幅不断衰减而不再是常数,这不符合周期振动定义;后一个因子揭示系统的运动仍是围绕平衡位置的往复运动,仍然具有某种振动的特点。图 2-13 给出的振动响应曲线可以通过实验得到,由此可知系统几个重要的动态参数,如周期、频率、振幅、初相位等,还可以确定系统的阻尼。

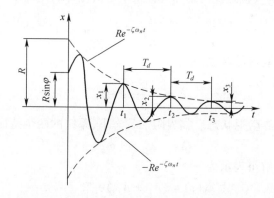

图 2-13 欠阻尼下自由振动响应曲线

记准周期 $T_d = 2\pi/\omega_d$。因为欠阻尼 $\omega_d < \omega_n$,所以 $T_d > T_n$,即阻尼使系统周期变长。一般在阻尼很小时,即 $\zeta \ll 1$ 的情形,阻尼对系统固有频率和周期

的影响甚微,可以略去不计。例如,取 $\zeta = 0.1$, $\omega_d = 0.995\omega_n$, $T_d = 1.005T_n$,与无阻尼情况比较仅差 0.5%。但是,阻尼对振动幅值的影响往往不容忽略。为了定量地描述阻尼对振动幅值的影响,引入对数衰减率的概念,利用实验测得的对数衰减率,可以确定阻尼的大小。

对数衰减率定义为相邻振幅比的自然对数值,体现了振动衰减的快慢程度,即

$$\delta = \ln \frac{x_1}{x_2} = \ln \frac{Re^{-\zeta\omega_n t_1}\sin(\omega_d t_1 + \varphi)}{Re^{-\zeta\omega_n t_2}\sin(\omega_d t_2 + \varphi)} = \ln \frac{Re^{-\zeta\omega_n t_1}\sin(\omega_d t_1 + \varphi)}{Re^{-\zeta\omega_n (t_1+\tau_d)}\sin[\omega_d(t_1 + T_d) + \varphi]}$$

$$= \ln \frac{e^{-\zeta\omega_n t_1}}{e^{-\zeta\omega_n(t_1+\tau_d)}} = \ln e^{\zeta\omega_n \tau_d} = \zeta\omega_n T_d \tag{2-53}$$

因此,对数衰减率与系统的阻尼比之间有下列关系:

$$\delta = \zeta\omega_n \tau_d = \frac{2\pi\zeta}{\sqrt{1-\zeta^2}} \tag{2-54}$$

由式(2-54)可得

$$\zeta = \frac{\delta}{\sqrt{4\pi^2 + \delta^2}} \tag{2-55}$$

当 ζ 很小时,式(2-55)简化为

$$\zeta = \frac{\delta}{2\pi} \tag{2-56}$$

当阻尼较小时,相邻的极值很接近,精确测量困难,为了提高精度可以测量相隔多个准周期的振幅之比。对于相距 $n-1$ 次循环的振幅 $x_1, x_2, \cdots, x_n$,有

$$\frac{x_1}{x_n} = \frac{x_1}{x_2}\frac{x_2}{x_3}\cdots\frac{x_{n-2}}{x_{n-1}}\frac{x_{n-1}}{x_n} = e^{\delta}e^{\delta}\cdots e^{\delta} = e^{(n-1)\delta} \tag{2-57}$$

对式(2-57)两边取自然对数,有

$$\delta = \frac{1}{n-1}\ln\frac{x_1}{x_n} \tag{2-58}$$

(2) $\zeta = 1$ 临界阻尼状态。临界阻尼状态下,系统的两个特征值相等,即

$$\lambda_1 = \lambda_2 = -\omega_n$$

式(2-41)的解可表示为

$$x(t) = (A_1 + A_2 t)e^{-\omega_n t} \tag{2-59}$$

设系统 $t=0$ 时刻初始条件为 $x(0) = x_0$、$\dot{x}(0) = \dot{x}_0$,式(2-41)的解为

$$x(t) = [x_0 + (\dot{x}_0 + x_0\omega_n)t]e^{-\omega_n t} \tag{2-60}$$

令 $x_0 = 0$、$\dot{x}_0 = R\omega_n$,临界阻尼状态下系统的位移响应曲线如图 2-14 所示。

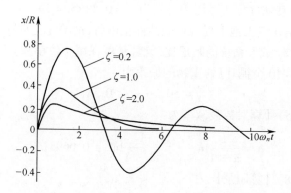

图 2-14 三种阻尼情况下的位移响应曲线

(3) $\zeta > 1$ 过阻尼状态。这时系统的特征值是两个不相等的负实数,即

$$\lambda_{1,2} = (-\zeta \pm \sqrt{\zeta^2 - 1})\omega_n$$

式(2-41)的解可表示为

$$x(t) = A_1 e^{\lambda_1 t} + A_2 e^{\lambda_2 t} \tag{2-61}$$

利用初始条件,得

$$A_1 = \frac{\dot{x}_0 - x_0 \lambda_2}{\lambda_1 - \lambda_2}, A_2 = \frac{\dot{x}_0 - x_0 \lambda_1}{\lambda_2 - \lambda_1}$$

令 $x_0 = 0$、$\dot{x}_0 = R\omega_n$,过阻尼状态下系统的位移响应曲线如图 2-14 所示。由此可见,对于临界阻尼和过阻尼状态,相应的运动都是非振荡的衰减运动,不具有振动特性。在电器仪表中,常采用过阻尼抑制仪表指针的振动。

综上所述,具有黏性阻尼系统的自由振动的特性依赖于特征方程式(2-43)的根的特性,对于欠阻尼特性状态,它的根是复数,其实部为一个负数,表示振动的幅值的衰减特性,虚部总是共轭地出现,表示系统振动的频率,因而式(2-47)特征根 λ 包含了系统全部的振动特性。

例 2-7 如图 2-12 所示具有黏性阻尼的单自由度振动系统,已知阻尼比为 0.01,振动周期为 0.38s,最初振幅为 12mm。求振幅衰减到 0.5mm 时所需要的时间(以 s 为单位)。

解 由于阻尼比很小,计算对数衰减率 δ 可近似地采用式(2-56),即

$$\delta \approx 2\pi\zeta = 0.063$$

由式(2-58),令相距第 n 个振幅的衰减幅值为 0.5mm,则振动循环次数为

$$n - 1 = \frac{1}{\delta}\ln\frac{x_1}{x_n} = \frac{1}{0.063}\ln\left(\frac{12}{0.5}\right) = 50 \text{(次)}$$

因此,振幅衰减过程所经历的时间为 $t_s = 0.38 \times 50 = 19(\text{s})$。

例 2-8 某建筑工地上提升机突然停止以后,钢丝绳上重物的振幅在 10 个循环内减小 50%,试求系统的阻尼比(计算精度保留 7 位小数)。

解 在 $n = 10$ 个循环后,重物的振幅为
$$x_{11} = 50\% \cdot x_1 = 0.5x_1$$

由式(2-55)计算对数衰减率为
$$\delta = \frac{1}{n-1}\ln\frac{x_1}{x_{11}} = \frac{1}{11-1}\ln 2 = 0.0693147$$

由式(2-58)计算阻尼比为
$$\zeta = \frac{\delta}{\sqrt{4\pi^2 + \delta^2}} = 0.0110311$$

阻尼比很小,采用式(2-56),得
$$\zeta = \delta/2\pi = 0.0110317$$

2.6 有阻尼单自由度系统的受迫振动

受迫振动是指系统在随时间变化的激励作用下产生的振动。系统激励的作用形式包括力激励和位移激励。例如,凹、凸不平的路面对车辆的作用、地震对各种建筑物的作用都是位移激励;旋转机械(如安装在飞机上的涡轮发动机)工作时由于转子不平衡对系统(飞机)的作用、风载荷对建筑物的作用等都是力激励。

作用在系统上的激励,按它们随时间变化的规律,可以分为简谐激励、一般周期激励和随时间任意变化的非周期性激励。随时间按正弦或者余弦变化的激励称为简谐或谐和激励。工程上许多激励具有简谐激励的形式,如不平衡转子产生的离心惯性力等。本书主要讨论简谐激励。

如图 2-15 所示一个由质量—弹簧—阻尼器构成的单自由度振动系统,在质体 m 上作用简谐激振力 $f(t) = F_0\sin\omega t$,其中 F_0 为简谐激振力幅值,ω 为简谐

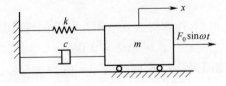

图 2-15 有阻尼单自由度受迫振动系统

激振力频率。取质体 m 的位移坐标为 $x(t)$，根据牛顿第二定律或达朗伯原理，写出振动微分方程式为

$$m\ddot{x} + c\dot{x} + kx = F_0 \sin\omega t \tag{2-62}$$

将式(2-62)两端同时除以 m，得到标准化微分方程：

$$\ddot{x} + 2\zeta\omega_n\dot{x} + \omega_n^2 x = B_s\omega_n^2 \sin\omega t \tag{2-63}$$

式中，$B_s = F_0/k$ 为在静力 F_0 作用下产生的静位移(弹簧的静变形)；$\zeta = c/2\sqrt{mk}$ 为黏性阻尼比；$\omega_n = \sqrt{k/m}$ 为无阻尼系统的固有角频率。

式(2-63)是一个二阶线性常系数非齐次微分方程，根据常微分方程理论，微分方程的全解包括齐次方程通解 $x_1(t)$ 和非齐次方程特解 $x_2(t)$ 两部分，即

$$x(t) = x_1(t) + x_2(t) \tag{2-64}$$

下面分别讨论在欠阻尼情况下，微分方程式(2-63)的通解形式及其物理意义。

1. 自由振动响应 $x_1(t)$

由式(2-50)，可知微分方程式(2-63)的齐次方程的通解为

$$x_1(t) = e^{-\zeta\omega_n t}(C_1\cos\omega_d t + C_2\sin\omega_d t) \tag{2-65}$$

通解 $x_1(t)$ 在物理上表示有阻尼系统的自由振动响应，这是一个衰减运动，只在振动开始后的某一段时间内有意义，短暂时间内振幅将趋于零。阻尼越大，振幅衰减速度越快，称为**暂态响应**。

2. 稳态振动响应 $x_2(t)$

由于式(2-63)非齐次项是正弦函数，其特解 $x_2(t)$ 的形式亦为正弦函数，可设

$$x_2(t) = X\sin(\omega t - \psi) \tag{2-66}$$

式中，X 为受迫振动的幅值或振幅；ψ 为位移响应落后于激振力的相位差。

将式(2-66)代入式(2-63)，可得

$$(\omega_n^2 - \omega^2)X\sin(\omega t - \psi) + 2\zeta\omega_n\omega X\cos(\omega t - \psi) = B_s\omega_n^2\sin\omega t \tag{2-67}$$

将式(2-67)等号右端项激振力函数展开为三角函数求和形式，即

$$B_s\omega_n^2\sin\omega t = B_s\omega_n^2\sin(\omega t - \psi + \psi)$$
$$= B_s\omega_n^2\cos\psi\sin(\omega t - \psi) + B_s\omega_n^2\sin\psi\cos(\omega t - \psi) \tag{2-68}$$

比较式(2-67)与式(2-68)两端关于时间 t 函数的系数，可得

$$(\omega_n^2 - \omega^2)X = B_s\omega_n^2\cos\psi, \quad 2\zeta\omega_n\omega X = B_s\omega_n^2\sin\psi$$

由此得到振幅 X 与相位差 ψ 的计算式为

$$X = \frac{B_s\omega_n^2}{\sqrt{(\omega_n^2 - \omega^2)^2 + 4\zeta^2\omega_n^2\omega^2}}, \quad \psi = \arctan\left(\frac{2\zeta\omega_n\omega}{\omega_n^2 - \omega^2}\right) \tag{2-69}$$

引入无量纲频率比 $r = \omega/\omega_n$，式(2-69)可简化为

$$X = B_s \frac{1}{\sqrt{(1-r^2)^2 + (2\zeta r)^2}}, \quad \psi = \arctan\left(\frac{2\zeta r}{1-r^2}\right) \quad (2\text{-}70)$$

特解 $x_2(t)$ 在物理上表示系统在简谐激励力作用下产生的等幅振动响应，习惯上称为**稳态响应**。

引入无量纲位移振幅参数——**动力放大因子 β**，定义为位移响应振幅 X 与静态位移 B_s 之比，表示振动位移幅值比静位移放大的倍数，即

$$\beta = \frac{X}{B_s} = \frac{1}{\sqrt{(1-r^2)^2 + (2\zeta r)^2}} \quad (2\text{-}71)$$

则式(2-66)稳态响应可表示为

$$x_2(t) = X\sin(\omega t - \psi) = B_s\beta\sin(\omega t - \psi) \quad (2\text{-}72)$$

由式(2-72)可以看出，受迫振动稳态响应也是一个简谐运动，频率等于激振力的频率。位移响应的振幅 X 和相位角 ψ 由系统本身的性质(质量 m、弹簧刚度 k、黏性阻尼系数 c)和激振力的性质(激振力幅 F_0、激振频率 ω)决定，与初始条件无关。

为了详细分析稳态响应的特性，需要绘制出系统的幅频响应曲线和相频响应曲线。在简谐激振力作用下，系统响应幅值随着激振频率变化的曲线称为幅频响应曲线，简称幅频曲线，表示幅频特性。系统相位角 ψ 随激振频率变化的曲线称为相频响应曲线，也称相频曲线，表示相频特性。根据式(2-70)和式(2-71)，以频率比 r 为横坐标，以 β 和 ψ 为纵坐标，分别绘出幅频曲线和相频曲线，如图2-16所示。由图可得以下特性：

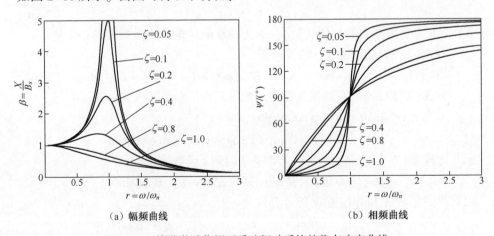

图2-16 简谐激励作用下受迫振动系统的稳态响应曲线

(1) $\lim\limits_{r\to 0}\beta = 1$，$\lim\limits_{r\to 0}\psi = 0$，说明当激振力的频率远小于固有频率时,振幅几乎与激振力幅值引起的弹簧静变形 B_s 相等，即 $X = B_s$；位移响应与激振力之间相位差为零，即位移响应与激振力同相。$\lim\limits_{r\to\infty}\beta = 0$，$\lim\limits_{r\to\infty}\psi = \pi$，说明当激振力的频率远大于固有频率时,振幅等于零，即 $X = 0$，位移响应与激振力之间相位差为 π，即位移响应与激振力反相。

(2) 具有阻尼的幅频曲线均在无阻尼（$\zeta = 0$）的幅频曲线的下方，说明阻尼消耗振动能量使振幅减小。由图 2-16 可以看出，当 $r \ll 1$ 或者当 $r \gg 1$ 时，阻尼影响不大，但是在 $r \approx 1$ 的区域内，系统的位移振幅随阻尼的增加显著减小，说明阻尼对共振有明显的抑制作用。

(3) 当激振力频率接近固有频率时，位移响应振幅达到极大值的现象，称为共振现象。在给定阻尼比 ζ 的情况下，求最大振幅所对应的频率比 r，可以直接令 $d\beta/dr = 0$ 得到 $r = \sqrt{1 - 2\zeta^2}$。可见最大振幅所对应的频率比 r 随着 ζ 的增大而左移，此时对应的位移动力放大因子为

$$\beta = \frac{1}{2\zeta\sqrt{1 - \zeta^2}} \tag{2-73}$$

当 ζ 较小时，可近似地认为 $r = 1$ 时发生共振，共振幅值为

$$X = B_s \frac{1}{2\zeta} = \frac{F_0}{c\omega_n} \tag{2-74}$$

由图 2-16 可以看出，当阻尼很小时，在 $r \ll 1$ 低频范围内，$\psi \approx 0$，即位移与激振力差不多同相；当 $r \gg 1$，$\psi \approx \pi$，即在高频范围内，位移与激振力差不多反相；当 $r = 1$ 时，$\psi = \pi/2$，与阻尼大小无关，这是判别共振发生的一个重要依据。

3. 受迫振动总响应 $x(t)$

将式(2-54)和式(2-55)代入式(2-53)，得到非齐次方程组(2-63)的通解为

$$x(t) = e^{-\zeta\omega_n t}(C_1\cos\omega_d t + C_2\sin\omega_d t) + X\sin(\omega t - \psi) \tag{2-75}$$

利用 $t = 0$ 初始条件 $x(0) = x_0$ 和 $\dot{x}(0) = \dot{x}_0$，确定两个系数 C_1 和 C_2 分别为

$$C_1 = x_0 + X\sin\psi, \quad C_2 = \frac{\dot{x}_0 + \zeta\omega_n x_0 + X(\zeta\omega_n\sin\psi - \omega\cos\psi)}{\omega_d}$$

正弦激励作用下系统的位移响应（全解）为

$$x(t) = e^{-\zeta\omega_n t}\left(x_0\cos\omega_d t + \frac{\dot{x}_0 + \zeta\omega_n x_0}{\omega_d}\sin\omega_d t\right)$$
$$+ Xe^{-\zeta\omega_n t}\left(\sin\psi\cos\omega_d t + \frac{\zeta\omega_n\sin\psi - \omega\cos\psi}{\omega_d}\sin\omega_d t\right) + X\sin(\omega t - \psi)$$

$$\tag{2-76}$$

式(2-76)等号右端第一项是初始条件产生的衰减自由振动;第二项是无论初始条件如何都伴随受迫振动而产生的自由振动,称为伴生自由振动,它与初始条件无关,也是衰减振动;第三项表示简谐激振力引起的稳态响应,它与激振力有相同的频率,但振幅和频率与初始条件无关。由于系统中不可避免地存在阻尼,前两项表示的自由振动将会被衰减掉,都是暂态响应,经过一段时间以后,系统就只有稳态响应了。

在某简谐激振力作用下,有阻尼单自由度系统的受迫振动总响应 $x(t)$ 的时域曲线如图 2-17 所示。其中虚线 3 表示自由振动响应,实线 1 表示稳态振动响应,实线 2 表示合成的受迫振动总响应。经过一段时间后,自由振动部分的影响消失,图中两条实线重合,只剩下稳态振动。

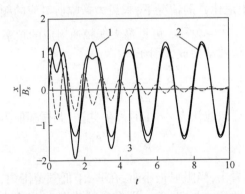

图 2-17 有阻尼系统受迫振动总响应曲线

4. 受迫振动的过渡过程

在受迫振动的初始过渡阶段,自由振动和受迫振动响应同时存在于系统响应之中,因此,受迫振动的初始阶段的响应是复杂的。过渡阶段时间的长短主要取决于阻尼的大小,如果系统阻尼较小或固有频率较低,暂态振动的衰减速度就会很慢,过渡期就会很长。

下面讨论阻尼比 $\zeta = 0$ 的情况,此时,由式(2-70)可知响应与激励之间的相位差为 $\psi = 0$。由式(2-72),得

$$x(t) = x_0 \cos\omega_n t + \frac{\dot{x}_0}{\omega_n}\sin\omega_n t + \frac{B_s}{1-r^2}(\sin\omega t - r\sin\omega_n t) \qquad (2-77)$$

当 $t = 0$ 时,如果 $x_0 = \dot{x}_0 = 0$,式(2-77)可进一步简化为

$$x(t) = \frac{B_s}{|1-r^2|}(\sin\omega t - r\sin\omega_n t) \qquad (2-78)$$

当激振力频率 ω 与固有频率 ω_n 非常接近时,产生一种特殊的振动现象——

"拍振",此时振动的振幅周期性增加又周期性减小。令频率比 $r = 1 + 2\varepsilon$,即 $\omega = \omega_n + 2\varepsilon\omega_n$,其中 ε 为任意小量,将其代入式(2-78)得

$$x(t) \approx -\frac{B_s}{2\varepsilon}\sin\varepsilon\omega_n t\cos\omega_n t \qquad (2-79)$$

式(2-79)表示的"拍振"如图 2-18 所示,它相当于振幅变化规律为 $(B_s/2\varepsilon)\sin\varepsilon\omega_n t$、周期为 $2\pi/\omega_n$ 的简谐振动。

当小量 $\varepsilon\to 0$ 时,由式(2-79),得

$$x(t) \approx -\frac{1}{2}B_s\omega_n t\cos\omega_n t \qquad (2-80)$$

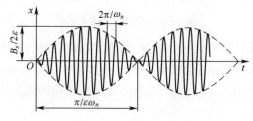

图 2-18 拍振现象

这时系统响应的振动幅值随着时间的增加而逐渐增大,这种现象为共振现象。

上面讨论的是由一种自由振动和一种受迫振动叠加形成拍振。两种自由振动或者两种受迫振动,只要振动频率彼此很接近,叠加之后都可能产生拍振现象。

2.7 机械振动的隔离与减振

工程实际中,由于各种激振因素的存在,机械系统在运行或服役过程中,振动往往是不可避免的。振动会影响仪器仪表功能,降低机械设备的工作精度,引起结构系统疲劳破坏。因此,有效地进行振动隔离或减振设计,消除和抑制振动的上述消极影响,是振动控制理论的重要研究方向之一。

振动隔离简称为隔振,是通过在振动物体与其他连接物体之间插入隔振装置,吸收振源产生的大部分能量,减少振动能量的传递。根据振源不同,常见有两类传统隔振。

在第一类隔振中,振源是机器或结构激振力,为了减少对周围机器或结构的影响,采用隔振装置将振源与地基(支承体)隔离开来,这类隔振称为主动隔振,

即**隔力**,隔振力学模型如图 2-19(a)所示。

在第二类隔振中,振源是支座或基础运动,在地基和机器之间用隔振装置隔开,减少支座或基础振动对机器结构的影响,这类隔振称为被动隔振,即**隔幅**,其力学模型如图 2-19 (b)所示。

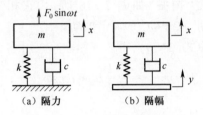

图 2-19　两类传统隔振系统

由于阻尼器吸收和消耗振动能量,而弹簧吸收和储存能量,因而一般采用弹簧和阻尼器的组合构成隔振器。隔振器的重要作用是,刚度产生一个与振动位移成正比的恢复力,阻尼产生一个与振动速度成正比的阻尼力,隔振器设计应使这两个力向量和最小。

2.7.1　主动隔振系统

对于如图 2-19(a)所示的第一类隔振问题的力学模型,振动微分方程为

$$m\ddot{x} + c\dot{x} + kx = F_0\sin\omega t$$

由式(2-71)和式(2-72),可知稳态响应为

$$x(t) = X\sin(\omega t - \psi) \tag{2-81}$$

式中,x 为动位移;X 为位移响应振幅。

由式(2-70),可将振幅 X 写为

$$X = \frac{F_0}{k\sqrt{(1-r^2)^2 + (2\zeta r)^2}} \tag{2-82}$$

振动传递给基础的动载荷 $N(t)$ 是弹簧力 F_s 和阻尼力 F_d 的叠加,即

$$N(t) = F_s + F_d = kx + c\dot{x} = kX\sin(\omega t - \psi) + c\omega X\cos(\omega t - \psi)$$
$$= N_0\sin(\omega t - \psi + \alpha) = N_0\sin(\omega t - \gamma) \tag{2-83}$$

式中,相位 ψ 由式(2-70)给出;相位 α 和 γ 分别按下式计算:

$$\alpha = \arctan(2\zeta r) \tag{2-84}$$

$$\gamma = \psi - \alpha = \arctan\left(\frac{2\zeta r^3}{1 - r^2 + (2\zeta r)^2}\right) \tag{2-85}$$

振动传递给基础的合力幅值为

$$N_0 = \sqrt{(kX)^2 + (c\omega X)^2} = X\sqrt{k^2 + (c\omega)^2} \tag{2-86}$$

定义下列无量纲量：

$$\eta_b = \frac{N_0}{F_0} = \frac{\sqrt{1 + (2\zeta r)^2}}{\sqrt{(1 - r^2)^2 + (2\zeta r)^2}} \tag{2-87}$$

式中，η_b 表示振动传递给基础的合力幅值 N_0 与振源激振力幅值 F_0 之比，称为振动传递率或力传递率，也称为隔振系数。隔振效率定义为 $(1 - \eta_b) \times 100\%$。

当无阻尼时，振动传递率简化为

$$\eta_b = \frac{1}{|1 - r^2|} \tag{2-88}$$

当 η_b 选定后，所需要的频率比为

$$r^2 = \frac{1}{\eta_b} + 1 \tag{2-89}$$

由式(2-87)可知，振动传递率 η_b 与频率比 r 和阻尼比 ζ 有关。以 η_b 为纵坐标，以 r 为横坐标，选取不同的 ζ，绘出系统的振动传递率特性曲线如由图 2-20 所示。由图可得以下特性：

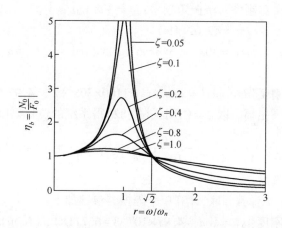

图 2-20 振动传递率特性曲线

(1) 当 $r \ll 1$ 时，即当激振频率 ω 远小于固有频率时（如弹簧很硬或设备很重的情况下），$\eta_b \approx 1$，即 $N_0 \approx F_0$，表明激振力全部传递给基础。

(2) 在共振区内，即 $r \approx 1$ 附近，传递率曲线出现峰值，η_b 值为最大，力传递有放大现象。阻尼比 ζ 增加，η_b 值降低。阻尼可以抑制传递率的幅值，使设备自身的振幅也不至于过大。工程中钢弹簧阻尼比一般小于 0.03，橡胶隔振器阻尼比一般为 0.05~0.15。

(3) 不论阻尼大小,振动传递率曲线均过($\sqrt{2}$,1)点。当$r>\sqrt{2}$时,即$\omega>\sqrt{2}\omega_n$,$\eta_b<1$,$N_0<F_0$,表明传递给基础的力小于激振力,这就是**隔振设计准则**。$r\gg\sqrt{2}$时,传递给基础的力将很小。工程中一般取$r=2.5\sim5.5$,即设计固有频率$\omega_n=\omega/2.5\sim\omega/5.5$,隔振效率可达81%~97%。

(4) 当$r>\sqrt{2}$时,阻尼比ζ增加,传递率曲线上翘,η_b值将增加,表明阻尼不利于隔振,但可以抑制或降低设备自身的振幅。

例2-9 已知某加压水泵机组总质量$m=1100$kg,激振力幅值$F_0=780$N,激振频率$\omega=308$rad/s。若设计隔振传递率为$\eta_b=0.05$,试确定隔振器刚度和水泵振幅。

解 (1) 计算频率比。采用无阻尼隔振器进行初步设计,取$\zeta=0$,由式(2-89),得

$$r^2 = \frac{1}{\eta_b} + 1 = \frac{1}{0.05} + 1 = 21$$

则

$$r = 4.583$$

(2) 计算隔振器刚度。激振角频率:$\omega=308$ rad/s

激振频率:$f=\omega/2\pi=49.02$(Hz)

固有频率:$\omega_n=\omega/r=308\div4.583=67.205$(rad/s),$f_n=\omega_n/2\pi=10.696$(Hz)

则隔振器总刚度:$k=m\omega_n^2=m\omega^2/r^2=1100\times308^2\div21=4.97\times10^6$(N/m)

(3) 计算水泵振幅。取$\zeta=0$,由式(2-82)得系统的位移幅值为

$$X = \frac{F_0}{k\cdot(r^2-1)} = \frac{780}{4.97\times10^6\times(4.583^2-1)} = 7.846\times10^{-6}(\text{m})$$

(4) 隔振器选型。

若选取$n=8$个弹簧并联,计算单个隔振器参数如下:

单个隔振器刚度:$k_1=k/n=4.97\times10^6\div8=6.211\times10^5$(N/m)

单个隔振器静载荷:$W_1=mg/n=1100\times9.8\div8=137.5\times9.8=1347.5$(N)

单个隔振器动载荷:$F_1=F_0/n=780\div8=97.5$(N)

单个隔振器总压缩量:$\delta=(W_1+F_1)/k_1=1445\div(6.211\times10^5)=2.33$(mm)

根据隔振器静载荷$W_1=1347.5$N和总压缩量$\delta=2.33$mm,查阅相关振动工程手册,选取某型号橡胶隔振器,查得阻尼比$\zeta=0.07$,最大静载荷$W_s=160\times9.8$N$>W_1$,许可静态压缩量$\delta_s=7$mm$>\delta$,垂向频率$f_1=9$Hz$<f_n<f_2$(在参考频率

范围内),满足相关设计参数要求。

(5) 隔振器校核。重新计算频率比 $r_0 = f/f_0 = 49.02 \div 9 = 5.447$,取 $\zeta = 0.07$,按式(2-86)进行校核,则

$$\eta_b' = \frac{\sqrt{1+(2\zeta r)^2}}{\sqrt{(1-r^2)^2+(2\zeta r)^2}} = \frac{\sqrt{1+(2\times 0.07\times 5.447)^2}}{\sqrt{(1-5.447^2)^2+(2\times 0.07\times 5.447)^2}}$$
$$= 0.044 < 0.05$$

以上计算的隔振传递率符合设计值要求,证明隔振器选型合适。

例 2-10 如图 2-19(a)所示隔振系统,已知激振力幅值 $F_0 = 15\text{N}$,激振频率 $\omega = 10\text{rad/s}$。初始设计取 $m = 15\text{kg}$、$k = 400\text{N/m}$、$c = 0$ 时,系统振动强烈。为此采用下列三种措施进行减振:①将质量增加至 22.5kg;②将刚度增加至 500N/m;③将阻尼系数增加至 180N·s/m。试计算各种参数下的位移响应振幅和传递到基础上力的振幅。

解 根据式(2-82)和式(2-87),可计算出各种参数下位移振幅和传递力振幅;①初始设计:$X = 0.15\text{m}$,$N_0 = 240\text{N}$;②增加质量:$X = 0.023\text{m}$,$N_0 = 36.9\text{N}$;③增加刚度:$X = 0.030\text{m}$,$N_0 = 60.0\text{N}$;④增加阻尼:$X = 0.008\text{m}$,$N_0 = 20.0\text{N}$。

以上结果说明,初始设计的固有频率位于共振区,出现了动力放大现象。在本例中,三种减振措施均有效,但增加阻尼措施的隔振效果最好。

2.7.2 被动隔振系统

对于如图 2-19(b)所示第二类隔振问题的力学模型,受迫振动不是由激振力引起,而是由支承运动产生的。下面分析单自由度系统在支承简谐激励 $y = Y\sin\omega t$ 作用下产生的受迫振动,已知 Y 为支承运动的幅值,ω 为激振频率。

选取系统在 $y = 0$ 时的静平衡位置为坐标原点,坐标轴 x 铅垂向下为正。设质量的运动和支承的运动方向相同,则系统的振动微分方程式为

$$m\ddot{x} = -k(x-y) - c(\dot{x}-\dot{y}) \tag{2-90}$$

将式(2-90)整理,可得

$$m\ddot{x} + c\dot{x} + kx = ky + c\dot{y} \tag{2-91}$$

将 $y = Y\sin\omega t$,$\dot{y} = \omega Y\cos\omega t$ 代入式(2-91),得

$$m\ddot{x} + c\dot{x} + kx = Y(c\omega\cos\omega t + k\sin\omega t) \tag{2-92}$$

引用频率比 r 和阻尼比 ζ,并且对式(2-92)右端求向量合成,得标准振动方程为

$$\ddot{x} + 2\zeta\omega_n\dot{x} + \omega_n^2 x = Y\omega_n^2\sqrt{1+(2\zeta r)^2}\sin(\omega t + \alpha) \tag{2-93}$$

式中,相位 α 按式(2-84)计算。

微分方程式(2-92)与微分方程式(2-63)在形式上完全相同,其解法也相同,所以式(2-92)稳态解可写为

$$x = X\sin(\omega t - \psi) \qquad (2-94)$$

将式(2-73)代入式(2-71),得

$$X = Y\sqrt{\frac{1 + (2\zeta r)^2}{(1 - r^2)^2 + (2\zeta r)^2}} \qquad (2-95)$$

$$\psi = \arctan\left(\frac{2\zeta r}{1 - r^2}\right) - \alpha = \arctan\left(\frac{2\zeta r^3}{1 - r^2 + (2\zeta r)^2}\right) \qquad (2-96)$$

由式(2-95),得到受迫振动振幅 X 与支承运动振幅 Y 之比,即绝对运动传递率:

$$\eta_m = \frac{X}{Y} = \sqrt{\frac{1 + (2\zeta r)^2}{(1 - r^2)^2 + (2\zeta r)^2}} \qquad (2-97)$$

式(2-97)与式(2-87)形式完全相同。以 X/Y 为纵坐标,r 为横坐标可以画出支承简谐振动时系统的位移传递率特性曲线,形式与图 2-20 相似。

例 2-11 如图 2-21 所示车辆悬架振动系统,为汽车的拖车在波形道路上行驶时,引起垂直方向振动的简化力学模型。已知拖车在满载时 m_1 = 1000kg,阻尼比 ζ_1 = 0.5;空载时质量 m_2 = 250kg;减振器阻尼与刚度不变,k = 350kN/m。假设道路呈简谐波形,车速 v = 100km/h,s = 5m/周。试求满载和空载时车辆的振幅比(计算结果保留 3 位小数)。

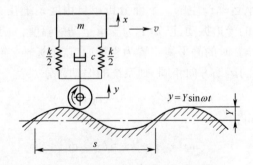

图 2-21 车辆在道路上行驶模型

解 (1)求基础的激振频率(车轮运动):

$$f = \frac{v}{s} = \frac{100 \times 1000}{60^2 \times 5} = 5.556 \text{ (Hz)}$$

$$\omega = 2\pi f = 2\pi \times 5.56 = 34.907 \text{ (rad/s)}$$

(2) 求空载时的阻尼比 ζ_2。由于 c、k 为常数，由 $c = \zeta \cdot c_c = \zeta \cdot 2\sqrt{mk} = \zeta_1 \cdot 2\sqrt{m_1 k} = \zeta_2 \cdot 2\sqrt{m_2 k}$，得

$$\zeta_2 = \zeta_1 \sqrt{m_1/m_2} = 0.5 \times \sqrt{1000 \div 250} = 1.0$$

(3) 求满载和空载时频率比 r_1 和 r_2。

满载时固有频率：$\omega_{n1} = \sqrt{k/m_1} = \sqrt{350 \times 1000 \div 1000} = 18.708(\text{rad/s})$

则频率比：$r_1 = \omega/\omega_{n1} = 34.907 \div 18.708 = 1.866$

空载时固有频率：$\omega_{n2} = \sqrt{k/m_2} = \sqrt{350 \times 1000 \div 250} = 37.417(\text{rad/s})$

则频率比：$r_2 = \omega/\omega_{n2} = 34.907 \div 37.417 = 0.933$

(4) 求满载与空载时振幅比。由式(2-97)，得以下传递率公式。

满载时位移传递率：$\eta_{m1} = \dfrac{X_1}{Y} = \sqrt{\dfrac{1 + (2\zeta_1 r_1)^2}{(1 - r_1^2)^2 + (2\zeta_1 r_1)^2}} = 0.68$

空载时位移传递率：$\eta_{m2} = \dfrac{X_2}{Y} = \sqrt{\dfrac{1 + (2\zeta_2 r_2)^2}{(1 - r_2^2)^2 + (2\zeta_2 r_2)^2}} = 1.13$

由此得满载与空载时车辆的振幅比 $X_1/X_2 = 0.68 \div 1.13 = 0.602$

2.8 非简谐周期激励下的响应

前面介绍的受迫振动响应是在简谐激励作用下的响应，简谐激励是一般周期激励中最为简单的激励。工程实际中还经常遇到更为复杂的非简谐的任意周期激励的情形。例如，L形空气压缩机产生的激励力、四轴惯性摇床的激振力等，都是非简谐周期激励的例子。本节主要研究单自由度系统在任意周期激励下的响应。

根据高等数学理论，一个任意周期函数激励力 $F(t)$ 只要是分段单调连续，就可以展开成傅里叶级数形式：

$$F(t) = \frac{a_0}{2} + \sum_{n=1}^{\infty}(a_n \cos n\omega t + b_n \sin n\omega t) \tag{2-98}$$

式中，$\omega = 2\pi/T$ 为周期激励的基频，T 为最小正周期；a_0、a_n、b_n 为傅里叶系数：

$$a_0 = \frac{2}{T}\int_0^T F(t)\mathrm{d}t,\ a_n = \frac{2}{T}\int_0^T F(t)\cos n\omega t \mathrm{d}t,\ b_n = \frac{2}{T}\int_0^T F(t)\sin n\omega t \mathrm{d}t \tag{2-99}$$

为了方便起见，通常将式(2-98)改写为

$$F(t) = F_0 + \sum_{n=1}^{\infty} F_n \sin(n\omega t + \varphi_n) \tag{2-100}$$

式中，F_0 为常力分量；F_n 和 φ_n 分别为第 n 阶谐波分量的幅值和初相位角，可分别表示为

$$F_0 = \frac{a_0}{2}, \quad F_n = \sqrt{a_n^2 + b_n^2}, \quad \varphi_n = \arctan \frac{a_n}{b_n} \tag{2-101}$$

显然，F_n 和 φ_n 是 n 倍频 $n\omega$ 的函数。可以将 F_n 和 φ_n 随 $n\omega$ 的变化规律画成曲线，称为幅值频谱图和相位频谱图；将周期函数激励展成傅里叶级数，称为谐波分析或频谱分析。

任意周期激励力的振动微分方程可以写为

$$m\ddot{x} + c\dot{x} + kx = F(t) = F_0 + \sum_{n=1}^{\infty} F_n \sin(n\omega t + \varphi_n) \tag{2-102}$$

根据简谐激励力下的稳态响应计算公式和线性系统响应叠加原理，得

$$x(t) = \frac{F_0}{k} + \sum X_n \sin(n\omega t + \varphi_n - \psi_n) \tag{2-103}$$

$$\begin{cases} X_n = B_{sn}\beta_n, \psi_n = \arctan \dfrac{2\zeta n\lambda_1}{n^2\lambda_1^2 - 1} \\ \beta_n = \dfrac{1}{\sqrt{(1 - n^2\lambda_1^2)^2 + (2\zeta n\lambda_1)^2}} \\ B_{sn} = \dfrac{F_n}{k}, \lambda_1 = \sqrt{k/m}, \zeta = \dfrac{c}{2\sqrt{mk}} \end{cases} \tag{2-104}$$

任意周期激励力作用下系统响应的基本特征可归纳为以下几点。
(1) 稳态响应为周期振动，振动周期为激励力的周期。
(2) 稳态响应为不同频率简谐激励下的稳态响应的叠加。
(3) 在稳态响应中起主要作用的是那些与固有频率最靠近的谐波分量。

2.9 任意激励下的响应

系统在简谐激励或者是在任意周期激励下的响应主要是稳态响应。如果系统外界的激励作用不是周期性的而是任意时间函数或脉冲激励，那么在这种任意激励下，系统只产生瞬态振动响应而非稳态响应。工程实际中，例如，武器发射、工件的锻造和起重机的突然装载等都属于脉冲激励问题。瞬态振动求解的基本思路是线性叠加原理，即把任意激励力 $f(t)$ 看成是由不同时刻的脉冲激励下响应的叠加，这就需要借用现代数学中的一个重要函数——狄拉克(Dirac) δ 函数的概念。

1. 单位脉冲响应函数

δ 函数也称为单位脉冲函数,具有下列定义:

$$\delta(t) = \begin{cases} \infty & (t = 0) \\ 0 & (t \neq 0) \end{cases} \tag{2-105}$$

$$\int_{-\infty}^{\infty} \delta(t) \mathrm{d}t = 1 \tag{2-106}$$

δ 函数的常用性质如下:

$$\delta(t - \tau) = \begin{cases} \infty & (t = \tau) \\ 0 & (t \neq \tau) \end{cases} \tag{2-107}$$

$$\int_{-\infty}^{\infty} \delta(t - \tau) \mathrm{d}t = 1, \int_{-\infty}^{\infty} \delta(t - \tau) f(t) \mathrm{d}t = f(\tau) \tag{2-108}$$

单位脉冲激励下的系统振动微分方程为

$$\begin{cases} m\ddot{x} + c\dot{x} + kx = \delta(t) \\ x_0 = 0, \dot{x}_0 = 0 \end{cases} \tag{2-109}$$

将以上微分方程改变形式为

$$m\mathrm{d}\dot{x} + c\mathrm{d}x + kx\mathrm{d}t = \delta(t)\mathrm{d}t \tag{2-110}$$

由于单位脉冲在无限短的时间内作用于系统,位移保持不变,即 $x = \mathrm{d}x = 0$,将其代入式(2-110),得

$$m\mathrm{d}\dot{x} = \delta(t)\mathrm{d}t \tag{2-111}$$

积分式(2-111),得到速度增量 $1/m$。这表明脉冲激励结束后,系统做自由振动,因此式(2-109)等价于

$$\begin{cases} m\ddot{x} + c\dot{x} + kx = 0 \\ x_0 = 0 \\ \dot{x}_0 = \dfrac{1}{m} \end{cases} \tag{2-112}$$

与式(2-112)对应的自由振动响应为

$$x(t) = \frac{1}{m\omega_d} \mathrm{e}^{-\zeta\omega_n t} \sin\omega_d t \quad (t \geq 0) \tag{2-113}$$

通常将式(2-113)表示的瞬态响应称为单位脉冲响应函数,用符号 $h(t)$ 表示,即

$$h(t) = \frac{1}{m\omega_d} \mathrm{e}^{-\zeta\omega_n t} \sin\omega_d t \quad (t \geq 0) \tag{2-114}$$

如果单位脉冲作用的时刻为 $t = \tau$,则系统的脉冲响应也相应地滞后时间 τ,即

$$h(t-\tau) = \frac{1}{m\omega_d} e^{-\zeta\omega_n(t-\tau)} \sin\omega_d(t-\tau) \quad (t \geq \tau) \tag{2-115}$$

式(2-115)也相当于系统在 $t=\tau$ 时刻受到单位冲量 $I=\int_{-\infty}^{\infty}\delta(t)\mathrm{d}t=1$ 作用下的响应。如果系统在 $t=\tau$ 时刻受到任意冲量 I 的作用,其响应显然为

$$x(t) = I \cdot h(t-\tau) \tag{2-116}$$

2. 杜哈梅积分

任意激励力 $f(t)$ 的作用可分解为一系列脉冲激励力作用的叠加,如图2-22所示。在 $t=\tau$ 邻近的脉冲激励力 $f(t)$ 产生的微元冲量为 $I(\tau)=f(\tau)\mathrm{d}\tau$,它引起的响应为

$$\mathrm{d}x(t) = I(\tau)h(t-\tau) = f(\tau)h(t-\tau)\mathrm{d}\tau \tag{2-117}$$

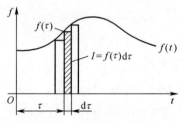

图 2-22　一般激振力 $f(t)$

根据线性系统的叠加原理,系统在任意激励力 $f(t)$ 下的响应等于时间区间 $0 \leq \tau \leq t$ 内所有脉冲激励产生响应的总和,即

$$x(t) = \int_0^t f(\tau)h(t-\tau)\mathrm{d}\tau \tag{2-118}$$

式(2-118)称为杜哈梅(Duhamel)积分或卷积积分。若在 $t=0$ 时,有初速度 $\dot{x}_0$ 和初位移 x_0,那么系统的总响应为

$$x(t) = e^{-\zeta\omega_n t}\left(x_0\cos\omega_d t + \frac{\dot{x}_0 + \zeta\omega_n x_0}{\omega_d}\sin\omega_d t\right) + \int_0^t f(\tau)h(t-\tau)\mathrm{d}\tau$$

$$\tag{2-119}$$

第3章 多自由度系统振动分析

从数学上讲,单自由度系统振动问题是求解一个一元二阶微分方程,在线性定常范围内方程的解比较简单。多自由度系统振动分析需要求解二阶多元联立微分方程组,各变量之间存在相互耦合现象,即力学模型的质量、弹簧、阻尼之间存在力的相互作用,数学方程之间存在变量上的联系。多自由度系统振动分析方法之一就是通过线性变换将方程解耦,得到如同单自由度系统的完全独立的微分方程。将各个单自由度系统的求解结果进行叠加得到多自由度系统的解,这就是振型叠加法,又称为模态分析法,其数学工具是矩阵运算。本章首先讨论二自由度系统振动问题,这是多自由度系统的最简单实例。

3.1 二自由度系统振动微分方程

3.1.1 两质体二自由度系统振动微分方程

1. 应用牛顿第二定律建立振动方程

工程中很多振动问题都可以简化为两质体二自由度系统的运动,如电磁式振动机、具有分布质量的弦等。

例3-1 如图3-1(a)所示一个两质体二自由度振动系统力学模型。刚性质体 m_1 和 m_2 通过弹簧 k_2 连接,弹簧 k_1 和 k_3 与基础(或机座)连接,系统阻尼为 c_1、c_2、c_3。假设质体 m_1 和 m_2 只沿铅垂方向(弹簧轴向)做往复直线运动,$f_1(t)$、$f_2(t)$ 为激振力,试采用牛顿第二定律建立系统的振动微分方程。

解 (1) 假设质体 m_1 和 m_2 的瞬时位置由两个独立坐标 x_1 和 x_2 确定,取静平衡位置为坐标原点。在振动过程任一瞬时 t,两个质体的位移同样简记为 x_1 和 x_2。

(2) 取两个质体作为分离体进行受力分析,m_1 和 m_2 的作用力如图3-1(b)所示。取加速度和力的正方向与坐标正方向一致,根据牛顿第二定律,分别列出质体 m_1 和 m_2 的振动微分方程为(重力与弹簧静力平衡)

$$\begin{cases} f_1(t) - k_1 x_1 - k_2(x_1 - x_2) - c_1 \dot{x}_1 - c_2(\dot{x}_1 - \dot{x}_2) = m_1 \ddot{x}_1 \\ f_2(t) + k_2(x_1 - x_2) - k_3 x_2 + c_2(\dot{x}_1 - \dot{x}_2) - c_3 \dot{x}_2 = m_2 \ddot{x}_2 \end{cases} \quad (3\text{-}1a)$$

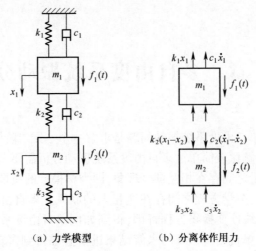

(a) 力学模型　　(b) 分离体作用力

图 3-1　两质体二自由度振动系统

将式(3-1a)整理后,得

$$\begin{cases} m_1\ddot{x}_1 + (c_1+c_2)\dot{x}_1 - c_2\dot{x}_2 + (k_1+k_2)x_1 - k_2x_2 = f_1(t) \\ m_2\ddot{x}_2 - c_2\dot{x}_1 + (c_2+c_3)\dot{x}_2 - k_2x_1 + (k_2+k_3)x_2 = f_2(t) \end{cases} \quad (3\text{-}1\text{b})$$

将式(3-1b)写成矩阵形式,有

$$\begin{bmatrix} m_1 & 0 \\ 0 & m_2 \end{bmatrix} \begin{Bmatrix} \ddot{x}_1 \\ \ddot{x}_2 \end{Bmatrix} + \begin{bmatrix} c_1+c_2 & -c_2 \\ -c_2 & c_2+c_3 \end{bmatrix} \begin{Bmatrix} \dot{x}_1 \\ \dot{x}_2 \end{Bmatrix} + \begin{bmatrix} k_1+k_2 & -k_2 \\ -k_2 & k_2+k_3 \end{bmatrix} \begin{Bmatrix} x_1 \\ x_2 \end{Bmatrix} = \begin{Bmatrix} f_1(t) \\ f_2(t) \end{Bmatrix}$$

(3-1c)

式(3-1b)称为有阻尼二自由度系统受迫振动微分方程。由于式(3-1b)中第一式包含 x_2 和 $\dot{x}_2$,第二式包含 x_1 和 $\dot{x}_1$,两个方程式相互关联,称为耦联方程,彼此相关的项称为耦联项。耦联意味着 m_1 与 m_2 的运动相互影响,式(3-1b)中第一式耦联项为 $-c_2\dot{x}_2$ 和 $-k_2x_2$,第二式为 $-c_2\dot{x}_1$ 和 $-k_2x_1$。速度耦联项具有系数 $-c_2$,位移耦联项具有系数 $-k_2$。

在振动过程中,假设不考虑质体 m_1 和 m_2 的阻尼影响,则式(3-1b)简化为

$$\begin{cases} m_1\ddot{x}_1 + (k_1+k_2)x_1 - k_2x_2 = f_1(t) \\ m_2\ddot{x}_2 - k_2x_1 + (k_2+k_3)x_2 = f_2(t) \end{cases} \quad (3\text{-}2)$$

式(3-2)称为无阻尼二自由度系统纵向受迫振动微分方程。

若质体 m_1 和 m_2 上没有作用激振力,则式(3-1)简化为

$$\begin{cases} m_1\ddot{x}_1 + (c_1 + c_2)\dot{x}_1 - c_2\dot{x}_2 + (k_1 + k_2)x_1 - k_2x_2 = 0 \\ m_2\ddot{x}_2 - c_2\dot{x}_1 + (c_2 + c_3)\dot{x}_2 - k_2x_1 + (k_2 + k_3)x_2 = 0 \end{cases} \quad (3-3)$$

式(3-3)称为有阻尼二自由度系统自由振动微分方程。

若质体 m_1 和 m_2 在振动过程中既无阻尼影响又无激振力作用,则式(3-1)简化为

$$\begin{cases} m_1\ddot{x}_1 + (k_1 + k_2)x_1 - k_2x_2 = 0 \\ m_2\ddot{x}_2 - k_2x_1 + (k_2 + k_3)x_2 = 0 \end{cases} \quad (3-4)$$

式(3-4)称为两质体无阻尼二自由度系统纵向自由振动微分方程。

2. 应用达朗伯原理(动静法)建立振动方程

达朗伯原理是一种动静法,将惯性力或惯性力矩视为外力,试求系统静力平衡方程。

例 3-2 如图 3-2(a)所示一个两圆盘扭转振动系统,这是一个机械式减速器齿轮传动部分的动力学模型,两个圆盘分别固定在圆轴 C 和 D 点,轴两端 A 和 B 刚性固定在支座上。已知轴的三个区段扭转刚度分别为 $k_{\theta 1}$、$k_{\theta 2}$ 和 $k_{\theta 3}$,圆盘对其轴线的转动惯量分别为 J_1 和 J_2,作用于圆盘上的激振力矩分别为 $M_1(t)$ 和 $M_2(t)$。忽略系统阻尼,试采用达朗伯原理建立系统的振动微分方程。

解 对于圆盘扭转振动问题,可采用质点系动量矩定理建立运动方程,描述为质系绕固定轴的动量矩对时间的导数等于作用在质系上的外力对同一轴的主矩。根据材料力学知识,若轴的长度为 l、抗扭刚度为 GI,则求得扭转刚度系数 $k_\theta = GI/l$。

(1) 取圆盘瞬时转角 θ_1 和 θ_2 为两个独立坐标(角位移),角加速度为 $\ddot{\theta}_1$ 和 $\ddot{\theta}_2$。

(2) 分别以圆盘 1 和圆盘 2 作为分离体进行受力分析,如图 3-2(b)所示,将惯性力矩视为静力矩,则作用于分离体的所有力矩之和等于零,列出圆盘的扭转振动微分方程式如下:

对圆盘 1,有

$$-J_1\ddot{\theta}_1 - k_{\theta 1}\theta_1 - k_{\theta 2}(\theta_1 - \theta_2) + M_1(t) = 0$$

对圆盘 2,有

$$-J_2\ddot{\theta}_2 - k_{\theta 3}\theta_2 + k_{\theta 2}(\theta_1 - \theta_2) + M_2(t) = 0$$

将以上两个方程式整理后,得

$$\begin{cases} J_1\ddot{\theta}_1 + (k_{\theta1} + k_{\theta2})\theta_1 - k_{\theta2}\theta_2 = M_1(t) \\ J_2\ddot{\theta}_2 - k_{\theta2}\theta_1 + (k_{\theta2} + k_{\theta3})\theta_2 = M_2(t) \end{cases} \quad (3-5)$$

式(3-5)为无阻尼二自由度扭转振动系统的受迫振动微分方程。

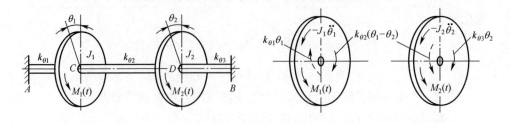

(a) 力学模型　　　　　　　　(b) 分离体作用力矩

图 3-2　两圆盘扭转振动系统

当系统存在黏性阻尼力矩时,圆盘的扭转振动微分方程可以写成以下形式:

$$\begin{cases} J_1\ddot{\theta}_1 + (c_{\theta1} + c_{\theta2})\dot{\theta}_1 - c_{\theta2}\dot{\theta}_2 + (k_{\theta1} + k_{\theta2})\theta_1 - k_{\theta2}\theta_2 = M_1(t) \\ J_2\ddot{\theta}_2 - c_{\theta2}\dot{\theta}_1 + (c_{\theta2} + c_{\theta3})\dot{\theta}_2 - k_{\theta2}\theta_1 + (k_{\theta2} + k_{\theta3})\theta_2 = M_2(t) \end{cases} \quad (3-6)$$

式中,$c_{\theta1}$、$c_{\theta2}$、$c_{\theta3}$ 分别为各段圆轴的当量黏性阻尼系数;$\dot{\theta}_1$、$\dot{\theta}_2$ 分别为圆盘1和圆盘2的角速度。

式(3-6)为有阻尼二自由度扭转振动系统的受迫振动微分方程,形式上与式(3-1)并无区别,都属于二自由度振动系统。

3. 应用拉格朗日方程建立振动方程

对于简单的振动系统,应用牛顿第二定律或动静法建立系统振动微分方程较为简便。而对于复杂系统来说,应用拉格朗日方程建立系统振动微分方程更加方便。

按照拉格朗日方程,对于一个有阻尼的耗散系统来说,系统的振动微分方程可由动能 T、势能 U、能量耗散函数 D 表示,即

$$\frac{\mathrm{d}}{\mathrm{d}t}\frac{\partial T}{\partial \dot{q}_j} - \frac{\partial T}{\partial q_j} + \frac{\partial U}{\partial q_j} + \frac{\partial D}{\partial \dot{q}_j} = p_j(t) \quad (j = 1,2,3,\cdots,n) \quad (3-7)$$

式中,q_j、$\dot{q}_j$ 分别为系统第 j 个广义坐标(位移)和第 j 个广义速度;T、U 分别为系统的动能和势能;D 为系统能量耗散函数,对黏性阻尼,瑞利耗散函数与速度平方成正比;$p_j(t)$ 为系统第 j 个广义激振力;n 为系统的广义坐标数,广义坐标数与自由度数相同,n 个自由度系统就有 n 个广义位移,同时有 n 个相对应的广

义速度以及加速度。

广义激振力 $p_j(t)$ 系指某广义坐标 q_j 方向上的激振作用力。如果某些激振力所做的功已经表示为振动系统的动能和势能形式,或能量耗散函数形式,则式(3-7)等号右边不再重复考虑这些激振作用力。例如,带偏心块的惯性激振器所产生的激振力直接可通过动能 T 由式(3-7)第一、二项求出,弹性连杆式激振器的激振力可通过势能 U 由式(3-7)第三项求出,所以它们不再视为广义激振力。当激振力不能以动能或势能形式加以表示,那么只要直接求出作用于某坐标上的激振力即可。某些属于惯性力或弹性力形式的激振力,也可以直接计算出惯性力或弹性力的具体表达式,然后加到相应的坐标上,而不必通过动能或势能进行计算。

例 3-3 如图 3-1 所示二自由度振动系统,试应用拉格朗日方程求系统振动微分方程。

解 (1) 取广义坐标(位移)为 $q_1 = x_1$、$q_2 = x_2$,静平衡位置为坐标原点,则 $\dot{x}_1$、$\dot{x}_2$ 为广义速度,$\ddot{x}_1$、$\ddot{x}_2$ 为广义加速度。取广义激振力为 $p_1(t)=f_1(t)$、$p_2(t)=f_2(t)$。

(2) 求拉格朗日方程的能量函数。系统的动能为

$$T = \frac{1}{2}(m_1 \dot{x}_1^2 + m_2 \dot{x}_2^2)$$

系统的势能(不考虑重力)为

$$U = \frac{1}{2}[k_1 x_1^2 + k_2 (x_1 - x_2)^2 + k_3 x_2^2]$$

黏性阻尼情况下,系统的能量耗散函数为

$$D = \frac{1}{2}[c_1 \dot{x}_1^2 + c_2 (\dot{x}_1 - \dot{x}_2)^2 + c_3 \dot{x}_2^2]$$

(3) 求能量函数导数。对以上动能 T、势能 U、能量耗散函数 D 直接求导数,可得如下公式:

$$\frac{\mathrm{d}}{\mathrm{d}t}\frac{\partial T}{\partial \dot{x}_1} = m_1 \ddot{x}_1, \quad \frac{\mathrm{d}}{\mathrm{d}t}\frac{\partial T}{\partial \dot{x}_2} = m_2 \ddot{x}_2, \quad \frac{\partial T}{\partial x_1} = 0, \quad \frac{\partial T}{\partial x_2} = 0$$

$$\frac{\partial U}{\partial x_1} = (k_1 + k_2)x_1 - k_2 x_2, \quad \frac{\partial U}{\partial x_2} = -k_2 x_1 + (k_2 + k_3)x_2$$

$$\frac{\partial D}{\partial \dot{x}_1} = (c_1 + c_2)\dot{x}_1 - c_2 \dot{x}_2, \quad \frac{\partial D}{\partial \dot{x}_2} = -c_2 \dot{x}_1 + (c_2 + c_3)\dot{x}_2$$

(4) 求振动微分方程。将上述各项导数代入拉格朗日方程式(3-7),得到有阻尼系统的受迫振动微分方程:

$$\begin{cases} m_1\ddot{x}_1 + (c_1+c_2)\dot{x}_1 - c_2\dot{x}_2 + (k_1+k_2)x_1 - k_2x_2 = f_1(t) \\ m_2\ddot{x}_2 - c_2\dot{x}_1 + (c_2+c_3)\dot{x}_2 - k_2x_1 + (k_2+k_3)x_2 = f_2(t) \end{cases}$$

上式与牛顿第二定律建立的振动微分方程式(3-1)完全一样。对于工程实际问题,一般根据系统的复杂程度选用一种简便的动力学建模方法。

3.1.2 单质体二自由度系统振动方程

工程中某些动力机械尽管只有一个振动质体,但是这个质体可以沿两个坐标或两个以上坐标运动。如四轮车辆悬架系统,或电冰箱压缩机悬挂系统等,均可简化成如图3-3所示的一个单质体动力学模型,刚体平面运动可以分解为线位移和角位移两种形式,若仅考虑铅垂方向的直线运动和相对质心的旋转运动,就是一个单质体二自由度振动系统。

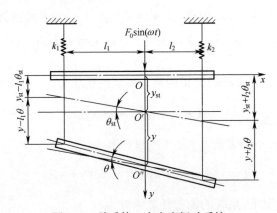

图3-3 单质体二自由度振动系统

例3-4 如图3-3所示振动系统,已知刚体 m 由两组弹簧支承,弹簧铅垂方向(轴向)刚度分别为 k_1 和 k_2,刚体质心与弹簧作用力中心线(轴线)的距离分别为 l_1 和 l_2,刚体对质心转动惯量为 J。考虑系统黏性阻尼,激振力 $f_y(t) = F_0\sin\omega t$。忽略水平方向运动,仅考虑刚体铅垂方向运动和绕质心摆动,试应用拉格朗日方程求系统的振动微分方程。

解 (1) 取广义坐标 y 和 θ,y 为垂直线位移,θ 为摆动角位移,弹簧自由状态下为坐标原点。取广义速度为 $\dot{y}$ 和 $\dot{\theta}$,广义加速度为 $\ddot{y}$ 和 $\ddot{\theta}$。

当弹簧未拉伸或压缩变形时,刚体质心位于图3-3中 O 点(坐标原点)。在重力 mg 作用下,质心移至 O' 点,刚体产生静位移 y_{st} 和静转角 θ_{st},弹簧产生静变形。在动载荷 f_y 作用下,质心移动至 O'' 点,刚体产生动位移 y 和动转角 θ,弹簧产生动变形。

左、右弹簧的静变形分别为 $y_{st} - l_1\theta_{st}$ 和 $y_{st} + l_2\theta_{st}$,动变形分别为 $y - l_1\theta$ 和 $y + l_2\theta$。

(2) 求系统的动能(刚体平面运动):

$$T = \frac{1}{2}(m\dot{y}^2 + J\dot{\theta}^2) \tag{3-8}$$

式中,$\dot{y}$ 为刚体质心 y 方向的运动速度;$\dot{\theta}$ 为刚体绕质心的摆动角速度。

(3) 求系统的势能(保守力系)。当坐标原点为非静力平衡点时,应考虑弹簧静变形,势能包括弹簧弹性势能和刚体重力势能。左、右弹簧1和弹簧2的总变形分别为 $y_{st} - l_1\theta_{st} + y - l_1\theta$ 和 $y_{st} + l_2\theta_{st} + y + l_2\theta$,质心的位移为 $y_{st} + y$,则系统势能为

$$U = \frac{1}{2}[k_1(y_{st} - l_1\theta_{st} + y - l_1\theta)^2 + k_2(y_{st} + l_2\theta_{st} + y + l_2\theta)^2] - mg(y_{st} + y)$$

$$\tag{3-9}$$

(4) 求系统的能量耗散函数:

$$D = \frac{1}{2}(c_y\dot{y}^2 + c_\theta\dot{\theta}^2) \tag{3-10}$$

式中,c_y 为 y 方向阻力系数;c_θ 为 θ 摆动方向阻力矩系数。

(5) 求系统的广义激振力:

$$p_1(t) = f_y(t) = F_0\sin\omega t,\ p_2(t) = f_\theta(t) = 0 \tag{3-11}$$

(6) 求能量函数导数。对式(3-8)~式(3-10)求导数,得

$$\frac{\mathrm{d}}{\mathrm{d}t}\frac{\partial T}{\partial \dot{y}} = \frac{\mathrm{d}}{\mathrm{d}t}\frac{\partial}{\partial \dot{y}}\left(\frac{1}{2}m\dot{y}^2 + \frac{1}{2}J\dot{\theta}^2\right) = \frac{\mathrm{d}}{\mathrm{d}t}(m\dot{y}) = m\ddot{y}$$

$$\frac{\partial T}{\partial y} = 0$$

$$\frac{\partial U}{\partial y} = k_1(y_{st} - l_1\theta_{st}) + k_2(y_{st} + l_2\theta_{st}) - mg + (k_1 + k_2)y - (k_1l_1 - k_2l_2)\theta$$

$$\frac{\partial D}{\partial \dot{y}} = \frac{\partial}{\partial \dot{y}}(\frac{1}{2}c_y\dot{y}^2 + \frac{1}{2}c_\theta\dot{\theta}^2) = c_y\dot{y}$$

$$\frac{\mathrm{d}}{\mathrm{d}t}\frac{\partial T}{\partial \dot{\theta}} = \frac{\mathrm{d}}{\mathrm{d}t}\frac{\partial}{\partial \dot{\theta}}\left(\frac{1}{2}m\dot{y}^2 + \frac{1}{2}J\dot{\theta}^2\right) = \frac{\mathrm{d}}{\mathrm{d}t}(J\dot{\theta}) = J\ddot{\theta}$$

$$\frac{\partial T}{\partial \theta} = 0$$

$$\frac{\partial U}{\partial \theta} = -k_1l_1(y_{st} - l_1\theta_{st}) + k_2l_2(y_{st} + l_2\theta_{st}) - (k_1l_1 - k_2l_2)y + (k_1l_1^2 + k_2l_2^2)\theta$$

$$\frac{\partial D}{\partial \dot{\theta}} = \frac{\partial}{\partial \dot{\theta}}\left(\frac{1}{2}c_y\dot{y}^2 + \frac{1}{2}c_\theta\dot{\theta}^2\right) = c_\theta\dot{\theta}$$

(7) 求振动微分方程。将以上结果代入拉格朗日方程式(3-7),得到该系统的有阻尼受迫振动微分方程为

$$\begin{cases} m\ddot{y} + k_1(y_{st} - l_1\theta_{st}) + k_2(y_{st} + l_2\theta_{st}) - mg + (k_1 + k_2)y - (k_1l_1 - k_2l_2)\theta + c_y\dot{y} = F_0\sin\omega t \\ J\ddot{\theta} - k_1l_1(y_{st} - l_1\theta_{st}) + k_2l_2(y_{st} + l_2\theta_{st}) - (k_1l_1 - k_2l_2)y + (k_1l_1^2 + k_2l_2^2)\theta + c_\theta\dot{\theta} = 0 \end{cases}$$
(3-12)

考虑到刚体重力 mg 与弹簧 1 和弹簧 2 的静弹性力相等,而且两组弹簧对质心的静弹性力矩之和也必为零,得到刚体静位移协调关系式为

$$\begin{cases} k_1(y_{st} - l_1\theta_{st}) + k_2(y_{st} + l_2\theta_{st}) = mg \\ -k_1l_1(y_{st} - l_1\theta_{st}) + k_2l_2(y_{st} + l_2\theta_{st}) = 0 \end{cases}$$
(3-13)

将式(3-13)代入式(3-12),得

$$\begin{cases} m\ddot{y}_1 + c_y\dot{y} + (k_1 + k_2)y - (k_1l_1 - k_2l_2)\theta = F_0\sin\omega t \\ J\ddot{\theta} + c_\theta\dot{\theta} - (k_1l_1 - k_2l_2)y + (k_1l_1^2 + k_2l_2^2)\theta = 0 \end{cases}$$
(3-14a)

式(3-14a)称为单质体垂直振动与摆动的有阻尼二自由度受迫振动微分方程。单质体二自由度受迫振动微分方程式(3-14a)写成矩阵形式,有

$$\begin{bmatrix} m & 0 \\ 0 & J \end{bmatrix}\begin{Bmatrix} \ddot{y} \\ \ddot{\theta} \end{Bmatrix} + \begin{bmatrix} c_y & 0 \\ 0 & c_\theta \end{bmatrix}\begin{Bmatrix} \dot{y} \\ \dot{\theta} \end{Bmatrix} + \begin{bmatrix} k_1 + k_2 & -(k_1l_1 - k_2l_2) \\ -(k_1l_1 - k_2l_2) & k_1l_1^2 + k_2l_2^2 \end{bmatrix}\begin{Bmatrix} y \\ \theta \end{Bmatrix} = \begin{Bmatrix} F_0\sin\omega t \\ 0 \end{Bmatrix}$$
(3-14b)

3.2 多自由度系统振动方程的一般形式

3.2.1 作用力方程的一般形式及其矩阵表达式

前节讨论了单质体和双质体的纵向振动与扭转振动,从数学形式上看并没有质的区别,振动微分方程中的每一项均代表某种作用力,也称为作用力方程。将二自由度系统振动方程式(3-1)写成一般的形式,有

$$\begin{cases} M_{11}\ddot{x}_1 + M_{12}\ddot{x}_2 + C_{11}\dot{x}_1 + C_{12}\dot{x}_2 + K_{11}x_1 + K_{12}x_2 = f_1(t) \\ M_{21}\ddot{x}_1 + M_{22}\ddot{x}_2 + C_{21}\dot{x}_1 + C_{22}\dot{x}_2 + K_{21}x_1 + K_{22}x_2 = f_2(t) \end{cases}$$
(3-15)

式中,M_{11}、M_{12}、M_{21}、M_{22} 为质量(惯性)系数;C_{11}、C_{12}、C_{21}、C_{22} 为阻尼系

数；K_{11}、K_{12}、K_{21}、K_{22} 为刚度(弹性)系数。振动系统不同,上述参数的数值也不相同。

为使振动方程式(3-15)的表达形式更加简单,并推广到多自由度问题,将式(3-15)写成矩阵形式,有

$$[M]\{\ddot{x}\} + [C]\{\dot{x}\} + [K]\{x\} = \{f(t)\} \tag{3-16a}$$

或简写成向量形式:

$$\boldsymbol{M}\ddot{\boldsymbol{x}} + \boldsymbol{C}\dot{\boldsymbol{x}} + \boldsymbol{K}\boldsymbol{x} = \boldsymbol{f} \tag{3-16b}$$

式中,$[M]$、$[C]$、$[K]$ 为振动系统的三个物理参数矩阵,分别称为质量矩阵、阻尼矩阵和刚度矩阵,简记为 $\boldsymbol{M}$、$\boldsymbol{C}$、$\boldsymbol{K}$。一般情况下,矩阵 $\boldsymbol{M}$ 和矩阵 $\boldsymbol{K}$ 是非对角化的,分别称为惯性耦合和弹性耦合,表明各坐标方向的运动之间存在耦联和相互影响。一般首先采用坐标变换方式对运动方程式(3-16)进行解耦;然后再求解振动响应问题。

以图 3-1 所示二自由度系统为例,物理参数矩阵为

$$\boldsymbol{M} = \begin{bmatrix} M_{11} & M_{12} \\ M_{21} & M_{22} \end{bmatrix}, \boldsymbol{C} = \begin{bmatrix} C_{11} & C_{12} \\ C_{21} & C_{22} \end{bmatrix}, \boldsymbol{K} = \begin{bmatrix} K_{11} & K_{12} \\ K_{21} & K_{22} \end{bmatrix} \tag{3-17}$$

以下采用黑体 $\boldsymbol{x}$ 表示广义位移向量,黑体 $\boldsymbol{X}$ 表示位移幅值向量或振幅向量。记位移列阵为 $\{x\}$ 或 $\boldsymbol{x}$,速度列阵记为 $\{\dot{x}\}$ 或 $\dot{\boldsymbol{x}}$,加速度列阵记为 $\{\ddot{x}\}$ 或 $\ddot{\boldsymbol{x}}$;位移幅值列阵 $\{X\}$ 或 $\boldsymbol{X}$;激振力列阵 $\{f(t)\}$ 或 $\boldsymbol{f}$,激振力幅值列阵 $\{F\}$ 或 $\boldsymbol{F}$。同样以图 3-1 为例,有

$$\begin{cases} \boldsymbol{x} = \begin{Bmatrix} x_1 \\ x_2 \end{Bmatrix}, & \dot{\boldsymbol{x}} = \begin{Bmatrix} \dot{x}_1 \\ \dot{x}_2 \end{Bmatrix}, & \ddot{\boldsymbol{x}} = \begin{Bmatrix} \ddot{x}_1 \\ \ddot{x}_2 \end{Bmatrix} \\ \boldsymbol{X} = \begin{Bmatrix} X_1 \\ X_2 \end{Bmatrix}, & \boldsymbol{f} = \begin{Bmatrix} f_1(t) \\ f_2(t) \end{Bmatrix}, & \boldsymbol{F} = \begin{Bmatrix} F_1 \\ F_2 \end{Bmatrix} \end{cases} \tag{3-18}$$

式(3-17)中刚度矩阵元素 $K_{ij}(i,j=1,2)$ 称为刚度影响系数,其物理意义是沿坐标 j 作用单位位移,把其他坐标固定,由此在坐标 i 所产生的力。一个线性系统由于坐标 j 的位移 x_j 所产生的在坐标 i 上的力就是 $F_i = K_{ij} \cdot x_j$,对于 n 个自由度系统,有

$$F_i = \sum_{j=1}^{n} K_{ij} \cdot x_j \tag{3-19}$$

3.2.2 位移方程的一般形式及其矩阵表达式

对于某些振动问题,有时采用运动的位移方程代替作用力方程更为方便。

柔度是弹簧在单位力作用下产生的变形,弹簧柔度与弹簧刚度互为倒数。柔度矩阵是式(3-17)中刚度矩阵的逆矩阵,定义

$$D = K^{-1} = \begin{bmatrix} D_{11} & D_{12} \\ D_{21} & D_{22} \end{bmatrix} \quad (3-20)$$

式(3-20)柔度矩阵元素 $D_{ij}(i,j=1,2)$ 称为弹簧的柔度影响系数,其物理意义是沿坐标 j 作用单位力,其他坐标自由(没有任何力),由此在坐标 i 所产生的位移。工程中多采用柔度法测定弹簧的特性,因此可由柔度矩阵求逆得到刚度矩阵。

将作用力方程式(3-16b)左乘以 D,得

$$D \cdot M \cdot \ddot{x} + D \cdot C \cdot \dot{x} + x = D \cdot f \quad (3-21)$$

将式(3-21)进行整理,得到位移表示的振动方程为

$$x = D \cdot [f - M \cdot \ddot{x} - C \cdot \dot{x}] \quad (3-22)$$

式(3-22)称为动力作用下系统的位移方程,它表明动力位移等于系统的柔度矩阵与作用力的乘积。静力下系统的位移方程为 $x_{st} = D \cdot f$。

3.2.3 影响系数法列振动方程

下面通过实例说明如何应用柔度影响系数法确定多自由度系统的振动微分方程。

例 3-5 如图 3-4(a)所示一个无阻尼三质体三自由度振动系统。已知刚体质量 m_1、m_2、m_3 和弹簧刚度 k_1、k_2、k_3,试求柔度影响系数、柔度矩阵和振动微分方程。

解 (1) 取独立坐标 x_1、x_2 和 x_3,静平衡位置为坐标原点。

(2) 在刚体 m_1 上施加单位力 $F_1 = 1$,其他 $F_2 = F_3 = 0$,如图 3-4(b)所示。弹簧 k_1 承受单位拉力,刚体 m_1 的位移 $D_{11} = 1/k_1$。由于弹簧 k_2 和 k_3 没有伸长,所以刚体 m_2 和 m_3 的位移为 $D_{21} = D_{31} = D_{11} = 1/k_1$。

(3) 在刚体 m_2 上施加单位力 $F_2 = 1$,其他 $F_1 = F_3 = 0$,如图 3-4(c)所示。弹簧 k_1 和弹簧 k_2 均承受单位拉力,刚体 m_1 位移 $D_{12} = 1/k_1$,刚体 m_2 的位移 $D_{22} = 1/k_1 + 1/k_2$。由于弹簧 k_3 没有伸长,所以 m_3 的位移为 $D_{32} = D_{22} = 1/k_1 + 1/k_2$。

(4) 在刚体 m_3 上施加单位力 $F_3 = 1$,其他 $F_1 = F_2 = 0$,如图 3-4(d)所示。弹簧 k_1、k_2 和 k_3 均承受单位拉力,刚体 m_1 位移 $D_{13} = 1/k_1$,刚体 m_2 的位移 $D_{23} = 1/k_1 + 1/k_2$,刚体 m_3 位移 $D_{33} = 1/k_1 + 1/k_2 + 1/k_3$。

第3章 多自由度系统振动分析

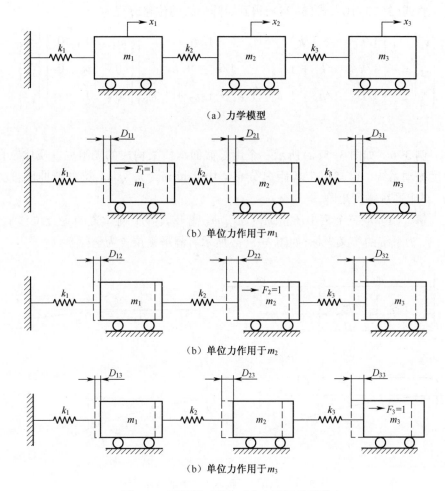

(a) 力学模型

(b) 单位力作用于 m_1

(b) 单位力作用于 m_2

(b) 单位力作用于 m_3

图 3-4　无阻尼三质体三自由度振动系统

(5) 柔度矩阵：

$$\boldsymbol{D} = \begin{bmatrix} D_{11} & D_{12} & D_{13} \\ D_{21} & D_{22} & D_{23} \\ D_{31} & D_{32} & D_{33} \end{bmatrix} = \begin{bmatrix} 1/k_1 & 1/k_1 & 1/k_1 \\ 1/k_1 & 1/k_1 + 1/k_2 & 1/k_1 + 1/k_2 \\ 1/k_1 & 1/k_1 + 1/k_2 & 1/k_1 + 1/k_2 + 1/k_3 \end{bmatrix}$$

(3-23)

(6) 振动微分方程。由于 $f(t) = \begin{bmatrix} 0 & 0 & 0 \end{bmatrix}^T$，忽略系统阻尼，由式(3-22)得到简化的位移方程为

$$\boldsymbol{x} = -\boldsymbol{D} \cdot \boldsymbol{M} \cdot \ddot{\boldsymbol{x}}$$

(3-24)

将式(3-23)代入式(3-24),得到矩阵形式的位移方程为

$$\begin{Bmatrix} x_1 \\ x_2 \\ x_3 \end{Bmatrix} = - \begin{bmatrix} 1/k_1 & 1/k_1 & 1/k_1 \\ 1/k_1 & 1/k_1+1/k_2 & 1/k_1+1/k_2 \\ 1/k_1 & 1/k_1+1/k_2 & 1/k_1+1/k_2+1/k_3 \end{bmatrix} \begin{bmatrix} m_1 & 0 & 0 \\ 0 & m_2 & 0 \\ 0 & 0 & m_3 \end{bmatrix} \begin{Bmatrix} \ddot{x}_1 \\ \ddot{x}_2 \\ \ddot{x}_3 \end{Bmatrix}$$

(3-25)

例 3-6 如图 3-5(a)所示一个由等截面均质梁构成的无阻尼三质体三自由度振动系统。已知梁上等距离分布集中质量 m_1、m_2、m_3,梁的弯曲刚度为 EI,试求系统柔度矩阵。

解 (1)取三个集中质量 m_1、m_2、m_3 离开其静平衡位置的垂直位移 y_1、y_2、y_3 为系统的广义坐标,如图 3-5(a)所示。静平衡位置为坐标原点。

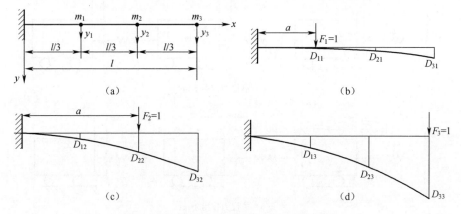

图 3-5 无阻尼三质体三自由度振动系统

(2)由材料力学得知,当悬臂梁受 F 力作用时,其挠度计算公式为

$$y = \frac{Fx^2}{6EI}(3a-x) \quad (0 \leq x \leq a) \tag{3-26a}$$

$$y = \frac{Fa^2}{6EI}(3x-a) \quad (a \leq x \leq l) \tag{3-26b}$$

(3)根据柔度影响系数的定义,首先,在坐标 y_1 处作用一个单位力 $F_1=1$,则在坐标 y_1、y_2、y_3 处所产生的挠度分别为 D_{11}、D_{21}、D_{31},如图 3-5(b)所示。然后,在坐标 y_2 处作用一个单位力 $F_2=1$,则在坐标 y_1、y_2、y_3 处所产生的挠度分别为 D_{12}、D_{22}、D_{32},如图 3-5(c)所示。最后,在坐标 y_3 处作用一个单位力

$F_3=1$,则在坐标 y_1、y_2、y_3 处所产生的挠度分别为 D_{13}、D_{23}、D_{33},如图 3-5(d)所示。

根据式(3-26),计算各柔度影响系数的数值如下:

$$D_{11}=\frac{l^3}{81EI},\ D_{22}=\frac{8l^3}{81EI},\ D_{33}=\frac{27l^3}{81EI},$$

$$D_{21}=D_{12}=\frac{2.5l^3}{81EI},\ D_{23}=D_{32}=\frac{14l^3}{81EI},$$

$$D_{31}=D_{13}=\frac{4l^3}{81EI}$$

由此得到系统的柔度矩阵为

$$\boldsymbol{D}=\begin{bmatrix} D_{11} & D_{12} & D_{13} \\ D_{21} & D_{22} & D_{23} \\ D_{31} & D_{32} & D_{33} \end{bmatrix}=\frac{l^3}{81EI}\begin{bmatrix} 1 & 2.5 & 4 \\ 2.5 & 8 & 14 \\ 4 & 14 & 27 \end{bmatrix} \tag{3-27}$$

3.3 多自由度振动系统的固有特性

3.3.1 固有频率与固有振型

对于一个无阻尼的自由振动系统,多自由度系统运动微分方程(3-16)可简化为

$$[M]\{\ddot{x}\}+[K]\{x\}=0 \tag{3-28a}$$

或简写成向量形式

$$\boldsymbol{M}\ddot{\boldsymbol{x}}+\boldsymbol{K}\boldsymbol{x}=0 \tag{3-28b}$$

式中,$[M]$ 或 $\boldsymbol{M}$ 为 $n\times n$ 阶质量矩阵;$[K]$ 或 $\boldsymbol{K}$ 为 $n\times n$ 阶刚度矩阵;$\{x\}$ 或 $\boldsymbol{x}$ 为 $n\times 1$ 阶位移列阵;$\{\ddot{x}\}$ 或 $\ddot{\boldsymbol{x}}$ 为 $n\times 1$ 阶加速度列阵。

质量矩阵与刚度矩阵的一般形式为

$$\boldsymbol{M}=\begin{bmatrix} M_{11} & M_{12} & \cdots & M_{1n} \\ M_{21} & M_{22} & \cdots & M_{2n} \\ \vdots & \vdots & \ddots & \vdots \\ M_{n1} & M_{n2} & \cdots & M_{nn} \end{bmatrix},\ \boldsymbol{K}=\begin{bmatrix} K_{11} & K_{12} & \cdots & K_{1n} \\ K_{21} & K_{22} & \cdots & K_{2n} \\ \vdots & \vdots & \ddots & \vdots \\ K_{n1} & K_{n2} & \cdots & K_{nn} \end{bmatrix} \tag{3-29}$$

如同单自由度系统分析,假设运动由不同频率 ω_n 的简谐振动组成,令 $\{X\}$ 为 $\{x\}$ 的位移幅值列阵或振幅向量,φ 为初相位,则微分方程(3-28)存

在一种通解形式为

$$\{x\} = \{X\} \sin(\omega_n t + \varphi) \tag{3-30}$$

以上也可以假设通解为指数形式,如 $\boldsymbol{x} = \boldsymbol{X}e^{i\omega_n t}$,利用欧拉公式分解为三角函数式。

对式(3-30)求导数,得到运动加速度 $\{\ddot{x}\} = -\omega_n^2\{X\}\sin(\omega_n t + \varphi)$,将其代入式(3-28)并消去因子 $\sin(\omega_n t + \varphi)$,得到系统的特征矩阵方程为

$$([K] - \omega_n^2[M])\{X\} = \{0\} \tag{3-31}$$

式(3-31)存在非零解的充要条件是圆括号中矩阵行列式等于零,得到系统的特征方程为

$$\Delta(\omega_n^2) = \det([K] - \omega_n^2[M]) = |[K] - \omega_n^2[M]| = 0 \tag{3-32}$$

由以上特征方程解出特征值 ω_n^2,特征值平方根对应的即是系统的**固有频率** ω_n,一般将特征方程式(3-32)称为频率方程。对于 n 个自由度的振动系统,存在 n 个固有频率,由小到大依次排列为 $0 \leqslant \omega_{n1} \leqslant \omega_{n2} \leqslant \cdots \leqslant \omega_{nn}$。

将第 i 阶固有频率 ω_{ni} 代入式(3-31),得到对应的第 i 阶特征矩阵方程为

$$([K] - \omega_{ni}^2[M])\{X^{(i)}\} = \{0\} \tag{3-33}$$

由此,求得对应第 i 阶特征向量,即为第 i 阶幅值列阵 $\{X^{(i)}\}$。将幅值列阵的第一个元素取值为1,即 $X_1^{(i)} = 1$,令 $U_{1i} = 1$ 和 $U_{ji} = X_j^{(i)}/X_1^{(i)}$($j = 2, 3, \cdots, n$),记第 i 阶相对幅值列阵为

$$\{u_i\} = [1 \quad U_{2i} \quad \cdots \quad U_{ni}]^T (i = 1, 2, \cdots, n) \tag{3-34}$$

式中,列阵 $\{u_i\}$ 称为与第 i 阶固有频率 ω_{ni} 对应的第 i 阶**振型**。如第一阶固有频率 ω_{n1} 对应第一阶振型列阵 $\{u_1\}$,第二阶固有频率 ω_{n2} 对应第二阶振型列阵 $\{u_2\}$,依此类推。

将振型列阵排列一起,得到一个 $n \times n$ 阶**振型矩阵**为

$$[U] = [\{u_1\} \quad \{u_2\} \quad \cdots \quad \{u_n\}] = \begin{bmatrix} 1 & 1 & \cdots & 1 \\ U_{21} & U_{22} & \cdots & U_{2n} \\ \vdots & \vdots & \ddots & \vdots \\ U_{n1} & U_{n2} & \cdots & U_{nn} \end{bmatrix} \tag{3-35}$$

式(3-35)可简记为 $\boldsymbol{U} = [\boldsymbol{u}_1 \quad \boldsymbol{u}_2 \quad \cdots \quad \boldsymbol{u}_n]$,$\boldsymbol{U}$ 为振型矩阵,$\boldsymbol{u}_i$ 为振型列阵。

振型列阵与固有频率一样,由式(3-29)系统的物理参数确定,统称为振动系统的固有特性。一般采用"**模态**"称呼系统的运动模式,将无阻尼振动系统的

第3章 多自由度系统振动分析

固有频率和固有振型统称为**固有模态**。固有振型也称为**模态向量**,是振动结构在某一固有频率下的特定运动形式或变形模式(共振),揭示了结构自身的固有振动形态,呈现一幅由最大振幅描述的**空间图形**(偏离平衡位置的相对幅值变化)。

固有振型(Natural Modes)是多自由度振动系统的重要物理概念之一,决定了整个系统的振动形态,故称为**主振型**,或**主模态**(Principal Modes)。

例 3-7 如图 3-6(a)所示一个无阻尼二自由度的自由振动系统。已知 $m_1 = m$,$m_2 = 2m$,$k_1 = k_2 = k$,$k_3 = 2k$,求系统的固有频率和固有振型。

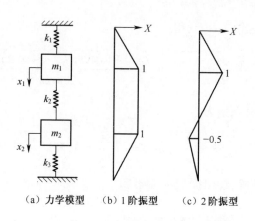

(a)力学模型　(b)1阶振型　(c)2阶振型

图 3-6 双质体二自由度振动系统的振型

解 (1) 列出系统的运动微分方程。取广义坐标 x_1、x_2,静平衡位置为坐标原点。令位移列阵 $\{x\} = \begin{bmatrix} x_1 & x_2 \end{bmatrix}^T = \{X\} \sin(\omega_n t + \varphi_0)$,幅值列阵 $\{X\} = \begin{bmatrix} X_1 & X_2 \end{bmatrix}^T$,加速度列阵 $\{\ddot{x}\} = \begin{bmatrix} \ddot{x}_1 & \ddot{x}_2 \end{bmatrix}^T = -\omega_n^2 \{X\} \sin(\omega_n t + \varphi_0)$。

当系统没有阻尼和外力时,图 3-6(a)是一个保守系统,应用牛顿法建立运动方程为

$$\begin{bmatrix} m_1 & 0 \\ 0 & m_2 \end{bmatrix} \begin{Bmatrix} \ddot{x}_1 \\ \ddot{x}_2 \end{Bmatrix} + \begin{bmatrix} k_1 + k_2 & -k^2 \\ -k_2 & k_2 + k_3 \end{bmatrix} \begin{Bmatrix} x_1 \\ x_2 \end{Bmatrix} = \begin{Bmatrix} 0 \\ 0 \end{Bmatrix} \quad (3\text{-}36)$$

取 $K_{11} = k_1 + k_2 = 2k$,$K_{12} = K_{21} = -k_2 = -k$,$K_{22} = k_2 + k_3 = 3k$,$M_{11} = m_1 = m$,$M_{22} = m_2 = 2m$,$M_{12} = M_{21} = 0$。质量矩阵与刚度矩阵式(3-29)简化为

$$\boldsymbol{M} = \begin{bmatrix} M_{11} & M_{12} \\ M_{21} & M_{22} \end{bmatrix} = \begin{bmatrix} m & 0 \\ 0 & 2m \end{bmatrix}, \boldsymbol{K} = \begin{bmatrix} K_{11} & K_{12} \\ K_{21} & K_{22} \end{bmatrix} = \begin{bmatrix} 2k & -k \\ -k & 3k \end{bmatrix} \quad (3\text{-}37)$$

(2) 求系统固有频率。将式(3-37)代入特征矩阵方程式(3-31),得

$$\begin{bmatrix} 2k - m\omega_n^2 & -k \\ -k & 3k - 2m\omega_n^2 \end{bmatrix} \begin{Bmatrix} X_1 \\ X_2 \end{Bmatrix} = \{0\} \quad (3-38)$$

将式(3-37)代入特征方程式(3-32),得

$$\Delta(\omega_n^2) = \begin{vmatrix} 2k - m\omega_n^2 & -k \\ -k & 3k - 2m\omega_n^2 \end{vmatrix} = a\omega_n^4 + b\omega_n^2 + c = 0 \quad (3-39)$$

式中,$a = 2m^2$; $b = -7mk$; $c = 5k^2$。

求解代数方程式(3-39),得

$$\begin{matrix} \omega_{n1}^2 \\ \omega_{n2}^2 \end{matrix} = \frac{-b \mp \sqrt{b^2 - 4ac}}{2a} = \frac{7mk \mp \sqrt{49m^2k^2 - 4 \times 2m^2 \times 5k^2}}{2 \times 2m^2} \quad (3-40)$$

由此,解出固有频率为

$$\omega_{n1} = \sqrt{\frac{k}{m}}, \omega_{n2} = \sqrt{\frac{5k}{2m}} = 1.581\sqrt{\frac{k}{m}}$$

(3) 求振型矩阵,绘出振型示意图。

① 将 $\omega_{n1} = \sqrt{\frac{k}{m}}$ 代入式(3-38),得

$$\begin{bmatrix} k & -k \\ -k & k \end{bmatrix} \begin{Bmatrix} X_1^{(1)} \\ X_2^{(1)} \end{Bmatrix} = \{0\}$$

将上式第1行展开,得

$$k \cdot X_1^{(1)} - k \cdot X_2^{(1)} = 0$$

令 $X_1^{(1)} = 1.0$,解得 $X_2^{(1)} = 1.0$,代入式(3-34),得第1阶振型:

$$\{u_1\} = \begin{bmatrix} 1 & 1 \end{bmatrix}^T \quad (3-41)$$

② 同样,将 $\omega_{n2} = \sqrt{\frac{5k}{2m}}$ 代入式(3-38),得

$$\begin{bmatrix} -k/2 & -k \\ -k & -2k \end{bmatrix} \begin{Bmatrix} X_1^{(2)} \\ X_2^{(2)} \end{Bmatrix} = \{0\}$$

将上式第一行展开,得

$$-\frac{k}{2} \cdot X_1^{(2)} - k \cdot X_2^{(2)} = 0$$

令 $X_1^{(2)} = 1.0$，解得 $X_2^{(2)} = -0.5$，得第2阶振型为

$$\{u_2\} = [1 \quad -0.5]^{\mathrm{T}} \tag{3-42}$$

③ 将第1阶振型式(3-41)和第2阶振型式(3-42)代入式(3-35)，得振型矩阵为

$$[U] = [\{u_1\} \quad \{u_2\}] = \begin{bmatrix} 1 & 1 \\ 1 & -0.5 \end{bmatrix} \tag{3-43}$$

④ 以横坐标表示质体的铅垂位移的相对幅值 X，纵坐标表示振动系统各点的静平衡位置，做出如图3-6所示的振型示意图。其中图3-6(b)为第1阶振型，图3-6(c)为第2阶振型。第2阶振型中在弹簧 k_2 上有一个始终保持不动的点，称为节点。

对于第1阶振型，两个质体做同步简谐运动，振幅比保持不变，同时通过平衡位置或同时到达上、下极限位置。对于第2阶振型，两个质体做反向简谐运动，振幅比保持不变。与第1阶固有频率 ω_1 对应的振型称为**第1阶主振型**，与第2阶固有频率 ω_2 对应的振型称为**第2阶主振型**。

式(3-35)振型矩阵 $[u]$ 也可以通过伴随矩阵法求解。特征矩阵方程式(3-31)的系数矩阵为特征矩阵，即

$$[H] = [K] - \omega_n^2 [M] \tag{3-44}$$

特征矩阵 $[H]$ 的逆矩阵为

$$[H]^{-1} = \frac{1}{\det[H]} \mathrm{adj}[H] \tag{3-45}$$

式中，$\det[H]$ 为特征矩阵 $[H]$ 的行列式；$\mathrm{adj}[H]$ 为特征矩阵 $[H]$ 的伴随矩阵。

将式(3-45)等号两边同乘以 $\det[H] \cdot [H]$，有

$$\det[H] \cdot [H][H]^{-1} = [H]\mathrm{adj}[H] \tag{3-46}$$

式中，$[H][H]^{-1} = [I]$。

根据式(3-32)，令 $\det[H^{(i)}] = 0$，则由式(3-46)，得

$$[H^{(i)}]\mathrm{adj}[H^{(i)}] = ([K] - \omega_{ni}^2[M])\mathrm{adj}[H^{(i)}] = 0 \tag{3-47}$$

将式(3-47)与式(3-33)比较，表明伴随矩阵 $\mathrm{adj}[H^{(i)}]$ 的任意一列即为特征向量 $\{X^{(i)}\}$，令第一个元素为1，得到振型列阵 $\{u_i\}$。

例3-8 如图3-7所示一个无阻尼三自由度自由振动系统，这是一个三质

体纵向振动系统。取 $m_1 = 1$,$m_2 = 2$,$m_3 = 3$,$k_1 = 1$,$k_2 = 2$,$k_3 = 3$,试求振动系统固有频率与固有振型。

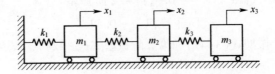

图 3-7 无阻尼三自由度自由振动系统

解 (1) 求运动微分方程。取广义坐标 x_1、x_2,静平衡位置为坐标原点。应用牛顿法建立运动方程为

$$\begin{bmatrix} 1 & 0 & 0 \\ 0 & 2 & 0 \\ 0 & 0 & 3 \end{bmatrix} \begin{bmatrix} \ddot{x}_1 \\ \ddot{x}_2 \\ \ddot{x}_3 \end{bmatrix} + \begin{bmatrix} 3 & -2 & 0 \\ -2 & 5 & -3 \\ 0 & -3 & 3 \end{bmatrix} \begin{bmatrix} x_1 \\ x_2 \\ x_3 \end{bmatrix} = \begin{bmatrix} 0 \\ 0 \\ 0 \end{bmatrix} \quad (3\text{-}48)$$

式中,质量矩阵为 $\boldsymbol{M} = \begin{bmatrix} 1 & 0 & 0 \\ 0 & 2 & 0 \\ 0 & 0 & 3 \end{bmatrix}$;刚度矩阵为 $\boldsymbol{K} = \begin{bmatrix} 3 & -2 & 0 \\ -2 & 5 & -3 \\ 0 & -3 & 3 \end{bmatrix}$。

(2) 求固有频率。将以上质量矩阵和刚度矩阵代入式(3-32),得特征方程为

$$\Delta(\omega_n^2) = \det(\boldsymbol{K} - \omega_n^2 \boldsymbol{M}) = \begin{vmatrix} 3 - \omega_n^2 & -2 & 0 \\ -2 & 5 - 2\omega_n^2 & -3 \\ 0 & -3 & 3 - 3\omega_n^2 \end{vmatrix} = 0 \quad (3\text{-}49)$$

将行列式(3-49)展开,得

$$\begin{aligned}\Delta(\omega_n^2) &= (3 - \omega_n^2)(5 - 2\omega_n^2)(3 - 3\omega_n^2) - 4 \times (3 - 3\omega_n^2) - 9 \times (3 - \omega_n^2) \\ &= 3 \times [2 - 19\omega_n^2 + 13\omega_n^4 - 2\omega_n^6] \\ &= 3 \times (2 - \omega_n^2)(1 - 9\omega_n^2 + 2\omega_n^4) = 0\end{aligned}$$

以上采取降幂法提取公因子,将一元三次方程简化为二次方程,求得三个特征值的数值解分别为 $\omega_{n1}^2 = 0.114$、$\omega_{n2}^2 = 2.000$、$\omega_{n3}^2 = 4.386$。将特征值 ω^2 开方后,求得三个固有频率分别为 $\omega_{n1} = 0.338$、$\omega_{n2} = 1.414$、$\omega_{n3} = 2.094$。

(3) 求固有振型。将 $\omega_{n1}^2 = 0.114$ 代入式(3-33),得

第3章 多自由度系统振动分析

$$\begin{bmatrix} 3-0.114 & -2 & 0 \\ -2 & 5-2\times 0.114 & -3 \\ 0 & -3 & 3-3\times 0.114 \end{bmatrix} \begin{Bmatrix} X_1^{(1)} \\ X_2^{(1)} \\ X_3^{(1)} \end{Bmatrix} = 0 \quad (3-50)$$

将式(3-50)第一行和第三行展开,得

$$\begin{cases} 2.886 X_1^{(1)} - 2X_2^{(1)} = 0 \\ -3X_2^{(1)} + 3\times 0.886 X_3^{(1)} = 0 \end{cases} \quad (3-51)$$

令振幅 $X_1^{(1)} = 1$,由式(3-51)解得 $X_2^{(1)} = 1.443$,$X_3^{(1)} = 1.629$,1 阶振型为

$$\{u_1\} = \begin{bmatrix} 1 & 1.443 & 1.629 \end{bmatrix}^T \quad (3-52a)$$

同样,将 $\omega_{n2}^2 = 2.000$ 和 $\omega_{n3}^2 = 4.386$ 代入式(3-33),得 2 阶和 3 阶振型为

$$\{u_2\} = \begin{bmatrix} 1 & 0.500 & -0.500 \end{bmatrix}^T \quad (3-52b)$$

$$\{u_3\} = \begin{bmatrix} 1 & -0.693 & 0.205 \end{bmatrix}^T \quad (3-52c)$$

将式(3-52)代入式(3-35),得振型矩阵为

$$U = \begin{bmatrix} 1 & 1 & 1 \\ 1.443 & 0.500 & -0.693 \\ 1.629 & -0.500 & 0.205 \end{bmatrix} \quad (3-53)$$

3 阶振型示意如图 3-8 所示,2 阶振型有一个节点,3 阶振型有两个节点。

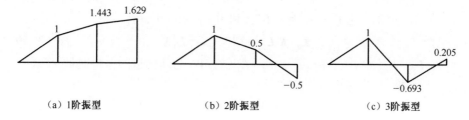

(a) 1阶振型　　　　(b) 2阶振型　　　　(c) 3阶振型

图 3-8　三自由度振动系统的振型示意图

3.3.2　特征值与特征向量

在线性代数中,关于矩阵特征值问题的求解已经有很多成熟算法。一个标准特征值问题的描述是:对于 n 阶方阵 P,若后乘某非零向量 X,所得向量正好是 X 的某个倍数 λ,即

$$PX = \lambda X \quad (3-54)$$

式中,X 为矩阵 P 的特征向量;λ 为矩阵 P 的特征值。

因此,需要对振动微分方程(3-28)进行一些简单运算,简化成式(3-54)

的标准特征值问题。为此,对式(3-31)前乘 M^{-1},得

$$M^{-1}KX = \omega_n^2 X \tag{3-55}$$

将式(3-55)与式(3-54)比较可知,$M^{-1}K$ 相当于标准特征值问题中的矩阵 P,ω_n^2 相当于标准特征值 λ。

引用式(3-20),将特征矩阵方程式(3-31)前乘柔度矩阵 D,得

$$(I - \omega_n^2 DM)X = 0 \tag{3-56}$$

将式(3-56)整理,可得

$$DMX = \frac{1}{\omega_n^2} X \tag{3-57}$$

比较式(3-57)与式(3-54)可知,式(3-57)中 DM 相当于 P,而 $1/\omega_n^2$ 相当于 λ。令 $P = DM$,它体现了系统的全部动力特性,称为动力矩阵;再令 $\lambda = 1/\omega_n^2$,这样便将振动固有模态问题简化为线性代数的标准特征值问题。

需要指出的是,经过以上变换得到的动力矩阵 P 不一定是对称矩阵。应用计算机求解标准特征值问题时,需要将动力矩阵 P 对称化。下面介绍通过质量矩阵 M 或刚度矩阵 K 变换,使矩阵 P 对称化的方法。

设 M 为正定,将 M 作 Cholesky 分解,可使 P 化为对称矩阵。设 L_1 为下三角矩阵,令 $M = L_1 L_1^T$,将矩阵 M 代入式(3-35),得

$$KX = \omega_n^2 L_1 L_1^T X \tag{3-58}$$

将式(3-58)等号两边左乘以 L_1^{-1},利用 $L_1^{-1}L_1 = I$,得

$$(L_1^{-1} K L_1^{-T}) L_1^T X = \omega_n^2 L_1^T X \tag{3-59}$$

令 $P_1 = L_1^{-1} K L_1^{-T}$,$\lambda_1 = \omega_n^2$,$W_1 = L_1^T X$,$W_1$ 为新构造的振幅向量,将式(3-59)进行变换,得到标准特征值方程:

$$P_1 W_1 = \lambda_1 W_1 \tag{3-60}$$

可以证明,通过上述变换得到的矩阵 P_1 仍为对称矩阵。

若 K 为正定,同样可进行 Cholesky 分解,设 L_2 为下三角矩阵,令 $K = L_2 L_2^T$,重复以上的步骤,得到标准特征值方程:

$$P_2 W_2 = \lambda_2 W_2 \tag{3-61}$$

式中,$P_2 = L_2^{-1} M L_2^{-T}$;$\lambda_2 = 1/\omega_n^2$;$W_2 = L_2^T X$。

由矩阵迭代法可知,应用式(3-60)进行迭代,将收敛于最高阶振型;若用式(3-61)进行迭代,则将收敛于最低阶振型。也可以证明,应用刚度矩阵即作用力方程式(3-31)进行迭代,将收敛于最高阶振型;应用柔度矩阵即位移方程式(3-24)进行迭代,将收敛于最低阶固有频率和振型。这正是工程问题所需要的,将在第5章作进一步介绍。

3.3.3 振型正交性与主坐标

前面提到过,求解运动微分方程式(3-16)时,需通过线性坐标变换,将几何位置坐标 x 表示的耦合振动方程组解耦。可以证明,振型矩阵 U 在坐标变换和系统解耦中发挥重要作用,在相关公式推导与方程简化过程中,会经常遇到振型正交性概念。

对于齐次方程式(3-28),若刚度矩阵和质量矩阵都是对角阵,那么由这两矩阵组成的振动微分方程是解耦的。因此,为使方程解耦,首先要求刚度矩阵和质量矩阵对角化。

将质量矩阵 M 前乘振型矩阵 U^T 和后乘 U,可得

$$U^T M U = \begin{bmatrix} u_1^T \\ u_2^T \\ \vdots \\ u_n^T \end{bmatrix} M \begin{bmatrix} u_1 & u_2 & \cdots & u_n \end{bmatrix} = \begin{bmatrix} u_1^T M u_1 & u_1^T M u_2 & \cdots & u_1^T M u_n \\ u_2^T M u_1 & u_2^T M u_2 & \cdots & u_2^T M u_n \\ \vdots & \vdots & \ddots & \vdots \\ u_n^T M u_1 & u_n^T M u_2 & \cdots & u_n^T M u_n \end{bmatrix} \tag{3-62}$$

在式(3-62)各矩阵元素中,假设 $i \neq j$ 时有

$$u_i^T M u_j = 0 \quad (i \neq j) \tag{3-63}$$

假设 $i = j$,则有对角化矩阵:

$$U^T M U = \overline{M} = \begin{bmatrix} \ddots & & \\ & \overline{M}_{ii} & \\ & & \ddots \end{bmatrix} \tag{3-64}$$

同理,将刚度矩阵 K 前乘振型矩阵 U^T 和后乘 U,假设各矩阵元素 $i \neq j$ 时,有

$$u_i^T K u_j = 0 \quad (i \neq j) \tag{3-65}$$

假设 $i = j$,则有对角化矩阵:

$$U^T K U = \overline{K} = \begin{bmatrix} \ddots & & \\ & \overline{K}_{ii} & \\ & & \ddots \end{bmatrix} \tag{3-66}$$

下面将证明,对实际工程系统,由于 M、K 均为对称矩阵,因此条件式(3-63)及式(3-65)总是成立的。

令第 i 阶振幅向量 $\{X_i\} = \{u_i\}$,记为 $X_i = u_i$,代入特征矩阵方程式(3-31),得

$$Ku_i = \omega_i^2 Mu_i \qquad (3-67)$$

以上是由振型向量表示的特征矩阵方程,也适合于第 j 阶振型向量,即

$$Ku_j = \omega_j^2 Mu_j \qquad (3-68)$$

将式(3-67)等号两边同时转置,由于 $K^T = K$ 和 $M^T = M$,得

$$u_i^T K = \omega_i^2 u_i^T M \qquad (3-69)$$

将式(3-69)等号两边右乘以 u_j ,得

$$u_i^T K u_j = \omega_i^2 u_i^T M u_j \qquad (3-70)$$

对式(3-68)等号两边左乘以 u_i^T ,得

$$u_i^T K u_j = \omega_j^2 u_i^T M u_j \qquad (3-71)$$

将式(3-70)减去式(3-71),得

$$0 = (\omega_i^2 - \omega_j^2) u_i^T M u_j \qquad (3-72)$$

若 $i \neq j$,有 $\omega_i^2 \neq \omega_j^2$,因此要满足式(3-72),则

$$u_i^T M u_j = 0$$

以上证明了条件式(3-63)的成立,这一特性称为系统振型向量对于系统质量矩阵的正交性。同样可以证明条件式(3-65)的成立,这一特性称为系统振型向量对于系统刚度矩阵的正交性。

令振型坐标 $\{y\}$ 或 y ,物理坐标 $\{x\}$ 或 x ,则存在一种线性坐标变换:

$$\{x\} = [U]\{y\} \quad (x = Uy) \qquad (3-73)$$

振型坐标 $\{y\}$ 又称为主坐标,是取代描述物理系统的几何位形的一组广义坐标。下面将进一步说明,通过式(3-73)的坐标变换,所得到的运动微分方程一定是解耦的。

将运动微分方程式(3-28)应用式(3-73)进行线性变换,并在前面乘以 U^T ,得

$$U^T M U \ddot{y} + U^T K U y = 0 \qquad (3-74)$$

引入式(3-63)和式(3-65)矩阵正交性,将式(3-74)简化为

$$\overline{M} \ddot{y} + \overline{K} y = 0 \qquad (3-75)$$

式中, $\overline{M}$ 为主质量矩阵; $\overline{K}$ 为主刚度矩阵,矩阵的主质量和主刚度元素为

$$\overline{M}_{ij} = \begin{cases} u_i^T M u_i & (i = j) \\ 0 & (i \neq j) \end{cases} \qquad (3-76)$$

$$\overline{K}_{ij} = \begin{cases} u_i^T K u_i & (i = j) \\ 0 & (i \neq j) \end{cases} \qquad (3-77)$$

式(3-75)为主坐标 $\{y\}$ 表示的运动微分方程,将其展开为

$$\overline{M}_{ii}\ddot{y}_i + \overline{K}_{ii}y_i = 0 \quad (i = 1, 2, \cdots, n) \tag{3-78}$$

式(3-78)为 n 个单自由度的运动微分方程，因此主坐标下运动方程解耦。

例 3-9 如图 3-9 所示一个单质体平面振动系统。质量 m 用两根弹簧连接到基础，弹簧轴线之间夹角为 $90°$。假设系统处于水平面上，不考虑重力势能影响，质量 m 支承在无摩擦的光滑表面上。设 $k_1 = 1$，$k_2 = 2$，$m = 1$，求系统的运动微分方程与主坐标。

解 （1）取一组物理坐标 x_1、x_2 描述系统的平面运动，笛卡儿坐标系为 x_1Ox_2。

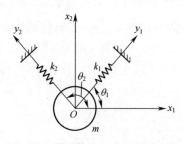

图 3-9 单质体二自由度振动系统

设系统在初始激励下作微幅振动，弹簧 k_1 轴线与坐标 x_1 之间夹角为 θ_1，弹簧 k_2 轴线与坐标 x_1 之间夹角为 θ_2，取 $\theta_1 = 45°$ 和 $\theta_2 = 90° + \theta_1 = 135°$。

（2）求运动微分方程。可以利用影响系数法写出刚度矩阵。令 m 分别沿坐标 x_1、x_2 作单位位移，根据刚度系数的定义及几何关系，质体沿坐标 x_1、x_2 方向作用力等于两个弹簧弹性力在坐标轴上的投影之和，可得

$$[K] = \begin{bmatrix} K_{11} & K_{12} \\ K_{21} & K_{22} \end{bmatrix} = \begin{bmatrix} k_1\cos^2\theta_1 + k_2\cos^2\theta_2 & k_1\cos\theta_1\sin\theta_1 + k_2\cos\theta_2\sin\theta_2 \\ k_1\cos\theta_1\sin\theta_1 + k_2\cos\theta_2\sin\theta_2 & k_1\sin^2\theta_1 + k_2\sin^2\theta_2 \end{bmatrix}$$

将各参数代入上式，得刚度矩阵为

$$[K] = \begin{bmatrix} 1.5 & -0.5 \\ -0.5 & 1.5 \end{bmatrix}$$

不难写出质量矩阵为

$$[M] = \begin{bmatrix} M_{11} & M_{12} \\ M_{21} & M_{22} \end{bmatrix} = \begin{bmatrix} m & 0 \\ 0 & m \end{bmatrix} = \begin{bmatrix} 1 & 0 \\ 0 & 1 \end{bmatrix}$$

该系统的微幅平面振动方程为

$$\begin{bmatrix} 1 & 0 \\ 0 & 1 \end{bmatrix} \begin{Bmatrix} \ddot{x}_1 \\ \ddot{x}_2 \end{Bmatrix} + \begin{bmatrix} 1.5 & -0.5 \\ -0.5 & 1.5 \end{bmatrix} \begin{Bmatrix} x_1 \\ x_2 \end{Bmatrix} = \begin{Bmatrix} 0 \\ 0 \end{Bmatrix} \tag{3-79}$$

（3）求振型矩阵。将以上各质量矩阵和刚度矩阵代入特征方程式(3-32)，得

$$\Delta(\omega_n^2) = \begin{vmatrix} k_{11} - \omega_n^2 m & k_{12} \\ k_{12} & k_{22} - \omega_n^2 m \end{vmatrix} = \begin{vmatrix} 1.5 - \omega_n^2 & -0.5 \\ -0.5 & 1.5 - \omega_n^2 \end{vmatrix}$$

$$= (1.5 - \omega_n^2)^2 - 0.5^2 = \omega_n^4 - 3\omega_n^2 + 2 = (\omega_n^2 - 1)(\omega_n^2 - 2) = 0$$

解得固有频率为 $\omega_{n1} = 1$，$\omega_{n2} = \sqrt{2}$。

将以上参数代入式(3-34)，仿照式(3-43)，可求得振型矩阵为

$$[U] = [\{u_1\} \quad \{u_2\}] = \begin{bmatrix} 1 & 1 \\ 1 & -1 \end{bmatrix} \quad (3-80)$$

式中，与第1阶固有频率 $\omega_{n1} = 1$ 对应的第1阶振型记为 $\{u_1\} = [1 \quad 1]^T$，与第2阶固有频率 $\omega_{n2} = \sqrt{2}$ 对应的第2阶振型记为 $\{u_2\} = [1 \quad -1]^T$。

(4) 主坐标 $\{y\}$ 物理意义。如图3-9所示，当 $\theta_1 = 45°$，式(3-79)可写为

$$[U] = \begin{bmatrix} 1 & 1 \\ 1 & -1 \end{bmatrix} = \sqrt{2} \begin{bmatrix} \cos\theta_1 & \sin\theta_1 \\ \sin\theta_1 & -\cos\theta_1 \end{bmatrix} \quad (3-81)$$

代入式(3-80)，得

$$\begin{Bmatrix} y_1 \\ y_2 \end{Bmatrix} = [U]^{-1}\{x\} = \frac{1}{\sqrt{2}} \begin{bmatrix} \cos\theta_1 & \sin\theta_1 \\ \sin\theta_1 & -\cos\theta_1 \end{bmatrix} \begin{Bmatrix} x_1 \\ x_2 \end{Bmatrix} \quad (3-82)$$

由此可知，主坐标 $y_1 O y_2$ 是通过式(3-73)振型矩阵变换，将物理坐标 $x_1 O x_2$ 旋转 $\theta_1 = 45°$ 后，所得到的一组新的笛卡儿坐标系。在此，主坐标 $\{y\}$ 也是物理坐标。在主坐标 y_1 的方向，质量 m 按第1主振型振动，即沿弹簧 k_1 轴线运动。在主坐标 y_2 的方向，质量 m 按第2主振型振动，即沿弹簧 k_2 轴线运动。在主坐标 $y_1 O y_2$ 下，两个坐标方向的运动是相互独立的，不存在**耦合现象**。

例3-10 如图3-7所示三质体纵向振动系统，参数如同例3-8，验证振型正交性，并求主坐标表示的运动微分方程。

解 将式(3-53)分别代入式(3-64)和式(3-66)，得主质量矩阵和主刚度矩阵为

$$\overline{\boldsymbol{M}} = \boldsymbol{U}^T \boldsymbol{M} \boldsymbol{U}$$

$$= \begin{bmatrix} 1 & 1.443 & 1.629 \\ 1 & 0.500 & -0.500 \\ 1 & -0.693 & 0.205 \end{bmatrix} \begin{bmatrix} 1 & & \\ & 2 & \\ & & 3 \end{bmatrix} \begin{bmatrix} 1 & 1 & 1 \\ 1.443 & 0.500 & -0.693 \\ 1.629 & -0.500 & 0.205 \end{bmatrix}$$

$$= \begin{bmatrix} 13.125 & & \\ & 2.250 & \\ & & 2.086 \end{bmatrix}$$

$$\overline{\boldsymbol{K}} = \boldsymbol{U}^T \boldsymbol{K} \boldsymbol{U}$$

$$= \begin{bmatrix} 1 & 1.443 & 1.629 \\ 1 & 0.500 & -0.500 \\ 1 & -0.693 & 0.205 \end{bmatrix} \begin{bmatrix} 3 & -2 & 0 \\ -2 & 5 & -3 \\ 0 & -3 & 3 \end{bmatrix} \begin{bmatrix} 1 & 1 & 1 \\ 1.443 & 0.500 & -0.693 \\ 1.629 & -0.500 & 0.205 \end{bmatrix}$$

$$= \begin{bmatrix} 1.490 & & \\ & 4.500 & \\ & & 9.150 \end{bmatrix}$$

第3章 多自由度系统振动分析

将以上主质量矩阵和主刚度矩阵代入式(3-74),展开后,得对角化运动微分方程为

$$\begin{bmatrix} 13.125 & & \\ & 2.250 & \\ & & 2.086 \end{bmatrix} \begin{Bmatrix} \ddot{y}_1 \\ \ddot{y}_2 \\ \ddot{y}_3 \end{Bmatrix} + \begin{bmatrix} 1.490 & & \\ & 4.500 & \\ & & 9.150 \end{bmatrix} \begin{Bmatrix} y_1 \\ y_2 \\ y_3 \end{Bmatrix} = 0$$

(3-83)

将式(3-83)展开后,得到一组相互独立的单自由度运动微分方程:

$$\begin{cases} 13.125\ddot{y}_1 + 1.490 y_1 = 0 \\ 2.250\ddot{y}_2 + 4.500 y_2 = 0 \\ 2.086\ddot{y}_3 + 9.150 y_3 = 0 \end{cases}$$

(3-84)

从以上三个独立方程组,可以直接计算三个固有频率为 $\omega_{n1}^2 = 1.490/13.125 = 0.114$,$\omega_{n2}^2 = 4.500/2.250 = 2.000$,$\omega_{n3}^2 = 9.150/2.086 = 4.386$。该频率与前面由特征方程得到的频率结果完全相同。

需要指出,组成振型矩阵各列的振型向量的元素仅表示一种相对数值。因此,由振型向量各元素乘某一个常数后构成的新振型矩阵,仍可以对质量矩阵和刚度矩阵进行对角化。

3.3.4 正则坐标

由于振型列阵只表示系统作主振动时各坐标间幅值的相对大小,而振幅的相对比值可以任意改变,所以主坐标不是唯一的。为了运算方便起见,工程上将各主振型进行正则化处理。现在构造一个规一化的振型矩阵,即正则振型 $\overline{U}$,简记为 $\overline{U}$,其每一列元素定义为振型矩阵 U 的相应列元素除以该列主质量的平方根。将 $\overline{U}$ 的第 j 列向量记为 $\overline{u}_j$,定义为正则振型列阵,即

$$\overline{u}_j = \frac{1}{\sqrt{\overline{M}_{jj}}} u_j$$

(3-85)

根据振型正交性原理,将式(3-76)和式(3-77)代入式(3-85),得

$$\overline{u}_j^T M \overline{u}_j = \frac{1}{\sqrt{\overline{M}_{jj}}} u_j^T M \frac{1}{\sqrt{\overline{M}_{jj}}} u_j = \frac{1}{\overline{M}_{jj}} \cdot \overline{M}_{jj} = 1$$

(3-86)

$$\overline{u}_j^T K \overline{u}_j = \frac{1}{\sqrt{\overline{M}_{jj}}} u_j^T K \frac{1}{\sqrt{\overline{M}_{jj}}} u_j = \frac{\overline{K}_{jj}}{\overline{M}_{jj}} = \omega_{nj}^2$$

(3-87)

令主坐标向量 $\{y\}$,简记为 $\overline{y}$。引入新的坐标变换:

$$x = \overline{U}\overline{y} \tag{3-88}$$

式中，$\overline{U}$ 为正则振型矩阵，通过 $\overline{U}$ 变换得到的主坐标 $\overline{y}$ 称为正则坐标。正则坐标 $\overline{y}$ 与主坐标 y 之间相差一个常数。

将式(3-88)入运动微分方程式(3-28)并前乘 $\overline{U}^T$，得

$$\overline{U}^T M \overline{U}\ddot{\overline{y}} + \overline{U}^T K \overline{U}\overline{y} = 0$$

根据式(3-86)和式(3-87)，有

$$\overline{U}^T M \overline{U} = I \tag{3-89}$$

$$\overline{U}^T K \overline{U} = \begin{bmatrix} \omega_{n1}^2 & & & \\ & \omega_{n2}^2 & & \\ & & \ddots & \\ & & & \omega_{nn}^2 \end{bmatrix} = \Lambda \tag{3-90}$$

式中，I 为单位矩阵；$\omega_{n1}, \omega_{n2}, \cdots, \omega_{nn}$ 为系统的 n 个固有频率；Λ 为由固有频率的平方作为元素构成的对角矩阵。

于是，用 $\overline{U}$ 进行变换后，得到解耦运动微分方程：

$$\ddot{\overline{y}} + \Lambda \overline{y} = 0 \tag{3-91}$$

式(3-91)为标准 2 阶微分方程组。将式(3-91)展开，得到一组完全独立的微分方程：

$$\begin{cases} \ddot{\overline{y}}_1 + \omega_{n1}^2 \overline{y}_1 = 0 \\ \ddot{\overline{y}}_2 + \omega_{n2}^2 \overline{y}_2 = 0 \\ \quad \vdots \\ \ddot{\overline{y}}_n + \omega_{nn}^2 \overline{y}_n = 0 \end{cases} \tag{3-92}$$

例 3-11 如图 3-7 所示三质体纵向振动系统，参数如同例 3-8，求正则振型和正则坐标表示的运动微分方程。

解 利用例 3-10 主质量 M 计算结果，将振型矩阵式(3-53)的列阵分别代入式(3-85)，得到正则振型矩阵为

$$\overline{U} = \begin{bmatrix} \dfrac{1}{\sqrt{M_{11}}}u_1 & \dfrac{1}{\sqrt{M_{22}}}u_2 & \dfrac{1}{\sqrt{M_{33}}}u_3 \end{bmatrix} = \begin{bmatrix} 0.276 & 0.667 & 0.692 \\ 0.398 & 0.334 & -0.480 \\ 0.450 & -0.334 & 0.142 \end{bmatrix}$$

利用例 3-8 计算的三个固有频率 $\omega_{n1}^2 = 0.114$、$\omega_{n2}^2 = 2.000$、$\omega_{n3}^2 = 4.386$，将

以上固有频率代入式(3-92),得到正则坐标 $\bar{y}$ 下的运动微分方程组:

$$\ddot{\bar{y}}_1 + 0.114\bar{y}_1 = 0, \quad \ddot{\bar{y}}_2 + 2\bar{y}_2 = 0, \quad \ddot{\bar{y}}_3 + 4.386\bar{y}_3 = 0$$

3.4 无阻尼多自由度系统的自由振动响应

通过前面的分析可知,坐标的选择虽然不能改变系统的固有特性,但却可以改变系统坐标耦合程度。原则上可以任意选取广义坐标来建立系统的运动方程,并不影响振动分析结果。因此可以通过坐标的选择,即作坐标变换来改变运动微分方程的耦合关系,也就是改变它的坐标耦合性质。

主坐标可以满足坐标解耦的要求。对应于每个主坐标,振动微分方程与单自由度系统的微分方程相同,可视为单自由度系统独立求解,然后再进行叠加,求解原坐标下振动方程。这种通过坐标变换求解振动响应的方法称为**模态叠加法**,也称为**振型叠加法**。

对于一个无阻尼多自由度的自由振动系统,通过模态矩阵进行坐标变换之后,将物理坐标系下运动微分方程式(3-28),等价地变换成为模态坐标下运动微分方程式(3-78),得到 n 个独立的单自由度系统自由振动微分方程。参考第 2 章,式(3-78)的通解为

$$y_i(t) = a_i\cos\omega_{ni}t + b_i\sin\omega_{ni}t \quad (i = 1,2,\cdots,n) \tag{3-93a}$$

或

$$y_i(t) = A_i\sin(\omega_{ni}t + \varphi_i) \quad (i = 1,2,\cdots,n) \tag{3-93b}$$

式中,a_i、b_i 为由初始条件确定的积分常数;A_i、φ_i 分别为振幅与相位角。

将式(3-73)展开有

$$\{x\} = \sum_{i=1}^{n} \{u_i\} \cdot y_i \tag{3-94}$$

将式(3-93a)或式(3-93b)代入式(3-94),得

$$\{x\} = \sum_{i=1}^{n} \{u_i\} \cdot (a_i\cos\omega_{ni}t + b_i\sin\omega_{ni}t) \tag{3-95a}$$

或

$$\{x\} = \sum_{i=1}^{n} \{u_i\} \cdot A_i\sin(\omega_{ni}t + \varphi_i) \tag{3-95b}$$

令 $\{x_i\} = y_i \cdot \{u_i\}$,即由第 i 阶振型确定的主振动为

$$\{x_i\} = \{u_i\}(a_i\cos\omega_{ni}t + b_i\sin\omega_{ni}t) \tag{3-96a}$$

或

$$\{x_i\} = \{u_i\} \cdot A_i \sin(\omega_{ni} t + \varphi_i) \tag{3-96b}$$

因此，式(3-95)表明系统的位移等于各阶主振动位移的叠加。

设系统的初始条件为

$$t = 0,\ \{x(0)\} = \{x_0\},\ \{\dot{x}(0)\} = \{\dot{x}_0\} \tag{3-97}$$

将式(3-95a)代入初始条件式(3-97)中，有

$$\{x_0\} = \sum_{i=1}^n \{u_i\} \cdot a_i,\ \{\dot{x}_0\} = \sum_{i=1}^n \{u_i\} \cdot b_i \cdot \omega_{ni} \tag{3-98}$$

用 $\{u_i\}^T[M]$ 左乘式(3-98)，利用式(3-76)模态矩阵正交性，得

$$a_i = \{u_i\}^T[M]\{x_0\}/\overline{M}_{ii},\ b_i = \{u_i\}^T[M]\{\dot{x}_0\}/\omega_{ni}\overline{M}_{ii} \tag{3-99}$$

将式(3-99)代入式(3-95a)，得到物理坐标下系统的自由振动响应为

$$\{x\} = \sum_{i=1}^n \frac{\{u_i\}}{\overline{M}_{ii}}\left(\{u_i\}^T[M]\{x_0\}\cos\omega_{ni}t + \frac{1}{\omega_{ni}}\{u_i\}^T[M]\{\dot{x}_0\}\sin\omega_{ni}t\right)$$

$$\tag{3-100}$$

讨论：若系统初始位移 $\{x_0\}$ 与某阶模态 $\{u_i\}$ 成比例，即 $\{x_0\} = A\{u_i\}$，A 为常数，初始速度为零，将 $\{x_0\}$ 代入式(3-100)，得

$$\{x\} = A\{u_i\}\cos\omega_{ni}t \tag{3-101}$$

式(3-101)表明，系统运动形式按固有频率 ω_{ni} 与固有模态 $\{u_i\}$，呈现出第 i 阶简谐主振动。

例3-12 如图3-7所示三质体自由振动系统，参数如同例3-8。若 $t=0$ 初始条件为 $x_{20}=1$、$x_{10}=x_{30}=0$、$\dot{x}_{10}=\dot{x}_{20}=\dot{x}_{30}=0$，试求系统自由振动响应。

解 （1）模态叠加法。物理坐标下初始条件为

$$t=0,\ \lfloor x(0)\rfloor = [0\ \ 1\ \ 0]^T,\ \lfloor \dot{x}(0)\rfloor = [0\ \ 0\ \ 0]^T \tag{3-102}$$

参考例3-10，由式(3-83a)得主质量矩阵和主刚度矩阵为

$$\overline{M} = \begin{bmatrix} 13.125 & & \\ & 2.250 & \\ & & 2.086 \end{bmatrix},\ \overline{K} = \begin{bmatrix} 1.490 & & \\ & 4.500 & \\ & & 9.150 \end{bmatrix}$$

将上式代入式(3-100)，得物理坐标下自由振动响应为

$$\{x\} = \sum_{i=1}^n \frac{\{u_i\}}{\overline{M}_{ii}} \cdot \left(\{u_i\}^T \begin{bmatrix} 1 & & \\ & 2 & \\ & & 3 \end{bmatrix}\begin{Bmatrix} 0 \\ 1 \\ 0 \end{Bmatrix}\cos\omega_{ni}t\right) = \sum_{i=1}^n \frac{\{u_i\}}{\overline{M}_{ii}} \cdot \left(\{u_i\}^T \begin{Bmatrix} 0 \\ 2 \\ 0 \end{Bmatrix}\cos\omega_{ni}t\right)$$

$$= \frac{1}{13.125} \cdot \begin{Bmatrix} 1 \\ 1.443 \\ 1.629 \end{Bmatrix} \cdot \left(\{1\ \ 1.443\ \ 1.629\}\begin{Bmatrix} 0 \\ 2 \\ 0 \end{Bmatrix}\cos(0.338t)\right) +$$

$$+ \frac{1}{2.250} \cdot \begin{Bmatrix} 1 \\ 0.500 \\ -0.500 \end{Bmatrix} \cdot \left(\{1 \quad 0.500 \quad -0.500\} \begin{Bmatrix} 0 \\ 2 \\ 0 \end{Bmatrix} \cos(1.414t) \right) +$$

$$+ \frac{1}{2.086} \cdot \begin{Bmatrix} 1 \\ -0.693 \\ 0.205 \end{Bmatrix} \cdot \left(\{1 \quad -0.693 \quad 0.205\} \begin{Bmatrix} 0 \\ 2 \\ 0 \end{Bmatrix} \cos(2.094t) \right)$$

$$= 0.22 \begin{Bmatrix} 1 \\ 1.443 \\ 1.629 \end{Bmatrix} \cos(0.338t) + 0.444 \begin{Bmatrix} 1 \\ 0.5 \\ -0.5 \end{Bmatrix} \cos(1.414t) -$$

$$- 0.664 \begin{Bmatrix} 1 \\ -0.693 \\ 0.205 \end{Bmatrix} \cos(2.094t)$$

将上式展开,可得

$$\begin{cases} x_1(t) = 0.220\cos(0.338t) + 0.444\cos(1.414t) - 0.664\cos(2.094t) \\ x_2(t) = 0.318\cos(0.338t) + 0.222\cos(1.414t) + 0.460\cos(2.094t) \\ x_3(t) = 0.358\cos(0.338t) - 0.222\cos(1.414t) - 0.136\cos(2.094t) \end{cases}$$

$$(3-103)$$

以上是采用模态叠加法求自由振动响应,可见由三个简谐主振动合成而得。

(2) 主坐标变换法。参考例 3-8,由式(3-53)得振型逆矩阵为

$$\boldsymbol{U}^{-1} = \begin{bmatrix} 0.076 & 0.220 & 0.372 \\ 0.445 & 0.444 & -0.667 \\ 0.479 & -0.664 & 0.294 \end{bmatrix}$$

将式(3-102)代入式(3-73),得主坐标下初始值为

$$t = 0, \{y(0)\} = [0.220 \quad 0.444 \quad -0.664]^T, \{\dot{y}(0)\} = [0 \quad 0 \quad 0]^T$$

$$(3-104)$$

由式(3-78)或式(3-84),并参考式(2-31),得主坐标下振动响应的通解为

$$y_i = R_i \sin(\omega_{ni} t + \varphi_i) \quad (i = 1, 2, \cdots n) \quad (3-105)$$

$$R_i = \sqrt{y_{i0}^2 + (\dot{y}_{i0}/\omega_{ni})^2}, \quad \varphi_i = \arctan(y_{i0} \cdot \omega_{ni}/\dot{y}_{i0}) \quad (3-106)$$

将式(3-104)代入式(3-106),得

$$R_1 = 0.220, R_2 = 0.444, R_3 = -0.664, \varphi_1 = \varphi_2 = \varphi_3 = 90°$$

由式(3-105),得主坐标下振动响应为

$$y_1 = 0.220\cos(0.338t), y_2 = 0.444\cos(1.141t), y_3 = -0.664\cos(2.094t)$$

将上式代入式(3-73),得物理坐标下振动响应为

$$\{x\} = \begin{Bmatrix} x_1 \\ x_2 \\ x_3 \end{Bmatrix} = [U]\begin{Bmatrix} y_1 \\ y_2 \\ y_3 \end{Bmatrix} = \begin{bmatrix} 1 & 1 & 1 \\ 1.443 & 0.5 & -0.693 \\ 1.629 & -0.5 & 0.205 \end{bmatrix} \begin{Bmatrix} y_1 \\ y_2 \\ y_3 \end{Bmatrix}$$

$$= \begin{Bmatrix} 0.220 \\ 0.317 \\ 0.358 \end{Bmatrix} \cos(0.338t) + \begin{Bmatrix} 0.444 \\ 0.222 \\ -0.222 \end{Bmatrix} \cos(1.414t) + \begin{Bmatrix} -0.664 \\ 0.460 \\ -0.136 \end{Bmatrix} \cos(2.094t)$$

以上结果与式(3-103)一样。

3.5 无阻尼多自由度系统的受迫振动响应

如图 3-10 所示一个无阻尼多自由度受迫振动系统,参考式(3-16),列出振动系统的作用力方程为

$$\boldsymbol{M}\ddot{\boldsymbol{x}} + \boldsymbol{K}\boldsymbol{x} = \boldsymbol{f}(t) \tag{3-107}$$

式中,$f(t)$ 为激振力列阵,可以是简谐、周期或任意随时间 t 变化的激振函数。

设系统在第 i 个质量沿坐标 x_i 作用激振力 $f_i(t) = F_i \sin\omega_i t$($i = 1,2,\cdots,n$),$\omega_i$ 为第 i 个激振频率。下面讨论系统在简谐激振力作用下的响应问题,也就是求式(3-107)的稳态解。

假设激振力为一组同频率、同相位的简谐力,$f_i(t) = F_i \sin\omega t$($i = 1,2,\cdots,n$),$\omega$ 为激振频率,如图 3-10 所示。令 $f(t) = F\sin\omega t$,激振力幅值列阵 $\boldsymbol{F} = \begin{bmatrix} F_1 & F_2 & \cdots & F_n \end{bmatrix}^T$,则式(3-107)可写为

$$\boldsymbol{M}\ddot{\boldsymbol{x}} + \boldsymbol{K}\boldsymbol{x} = \boldsymbol{F}\sin\omega t \tag{3-108}$$

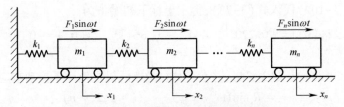

图 3-10 无阻尼多自由度受迫振动系统

上式(3-108)为互相耦联的 n 维方程组。为便于求解,要解除方程组的耦联,需要将式(3-107)变换为主坐标方程。设正则坐标 $\bar{\boldsymbol{y}}$,利用正则坐标变换式(3-88),用正则振型矩阵的转置矩阵 $\bar{\boldsymbol{U}}^T$ 左乘式(3-108)两边,并代入 $\boldsymbol{x} = \bar{\boldsymbol{u}}\,\bar{\boldsymbol{y}}$ 和 $\ddot{\boldsymbol{x}} = \bar{\boldsymbol{U}}\ddot{\bar{\boldsymbol{y}}}$,得

第3章 多自由度系统振动分析

$$\overline{U}^T M \overline{U} \ddot{\overline{y}} + \overline{U}^T K \overline{U} \overline{y} = \overline{F} \sin\omega t$$

如同式(3-91),可将上式简化为

$$\ddot{\overline{y}} + \Lambda \overline{y} = \overline{F} \sin\omega t \tag{3-109}$$

式中,Λ 为由固有频率平方作为元素构成的对角方阵(见式(3-90));$\overline{F}$ 为用正则主坐标表示的激振力幅值列阵,其值可由下式确定:

$$\overline{F} = \overline{U}^T F \tag{3-110}$$

将式(3-110)展开,得到第 i 个激振力幅值为

$$\overline{F}_i = \{u_i\}^T \cdot \{F\} = \sum_{j=1}^n \overline{U}_{ij} \cdot F_j \tag{3-111}$$

将式(3-109)展开,得第 i 个正则坐标下的独立振动方程为

$$\ddot{\overline{y}}_i + \omega_{ni}^2 \overline{y}_i = \overline{F}_i \sin\omega t \ (i=1,2,3,\cdots,n) \tag{3-112}$$

式(3-112)表明,该系统有 n 个与单自由度系统相同的独立方程,因而可以用单自由度系统受迫振动的结果求出每个正则坐标的响应,根据第2章的结果,有

$$\overline{y}_i = \frac{\overline{F}_i}{\omega_{ni}^2} \times \frac{1}{1-(\omega/\omega_{ni})^2} \sin\omega t \ (i=1,2,3,\cdots,n) \tag{3-113}$$

或

$$\overline{y} = \begin{Bmatrix} \overline{y}_1 \\ \overline{y}_2 \\ \vdots \\ \overline{y}_n \end{Bmatrix} = \begin{Bmatrix} \overline{F}_1/(\omega_{n1}^2-\omega^2) \\ \overline{F}_2/(\omega_{n2}^2-\omega^2) \\ \vdots \\ \overline{F}_n/(\omega_{n2}^2-\omega^2) \end{Bmatrix} \sin\omega t \tag{3-114}$$

求出 $\overline{y}$ 后,由坐标变换式(3-86) $x = \overline{U}\,\overline{y}$,求出原坐标的响应 x。这种利用坐标变换求解振动响应的方法称为**模态分析法**,也称为**振型叠加法**。从式(3-114)可以看出,当激振频率 ω 与系统第 i 阶固有频率 ω_{ni} 值比较接近时,即 $\omega/\omega_{ni}=1$,这时第 i 阶正则坐标 $\overline{y}_i$ 的稳态受迫振动幅值会变得很大,与单自由度系统的共振现象类似。因此,对于有 n 个自由度的系统,若存在 n 阶不同的固有频率,会出现 n 次频率不同的共振现象。

例 3-13 如图 3-11 所示的一个无阻尼三自由度受迫振动系统,已知 $m_1=2m$,$m_2=1.5m$,$m_3=m$,$k_1=3k$,$k_2=2k$,$k_3=k$。设中间质量 m_2 上作用简谐激振力 $F_2\sin\omega t$,试计算该系统的受迫振动响应。

解 (1) 求固有频率与固有振型。参考例3-8,可以直接列出如图3-11所示系统的运动微分方程,求得固有频率为

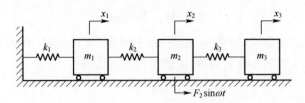

图3-11 无阻尼三自由度受迫振动系统

$$\omega_{n1}^2 = 0.3515\frac{k}{m},\ \omega_{n2}^2 = 1.6066\frac{k}{m},\ \omega_{n3}^2 = 3.5419\frac{k}{m}$$

系统的正则振型矩阵和激振力幅值列阵分别为

$$\overline{U} = \frac{1}{\sqrt{m}}\begin{bmatrix} 0.2242 & -0.4317 & -0.5132 \\ 0.4816 & -0.3857 & 0.5348 \\ 0.7427 & 0.6358 & -0.2104 \end{bmatrix},\ F = \begin{Bmatrix} 0 \\ F_2 \\ 0 \end{Bmatrix}$$

将上式代入式(3-106),得到正则坐标表示的激振力幅值列阵为

$$\overline{F} = \overline{U}^T F = \frac{1}{\sqrt{m}}\begin{bmatrix} 0.2242 & 0.4816 & 0.7427 \\ -0.4317 & -0.3857 & 0.6358 \\ -0.5132 & 0.5348 & -0.2104 \end{bmatrix}\begin{Bmatrix} 0 \\ F_2 \\ 0 \end{Bmatrix} = \frac{F_2}{\sqrt{m}}\begin{Bmatrix} 0.4816 \\ -0.3857 \\ 0.5348 \end{Bmatrix}$$

(2) 求振动响应。由式(3-114),得正则坐标的响应为

$$\overline{y} = \begin{Bmatrix} y_1 \\ y_2 \\ y_3 \end{Bmatrix} = \begin{Bmatrix} \overline{F}_1/(\omega_{n1}^2 - \omega^2) \\ \overline{F}_2/(\omega_{n1}^2 - \omega^2) \\ \overline{F}_3/(\omega_{n1}^2 - \omega^2) \end{Bmatrix}\sin\omega t = \frac{F_2}{\sqrt{m}}\begin{Bmatrix} 0.4816/(\omega_{n1}^2 - \omega^2) \\ -0.3857/(\omega_{n1}^2 - \omega^2) \\ 0.5348/(\omega_{n1}^2 - \omega^2) \end{Bmatrix}$$

由式(3-88),变换到原坐标下的响应,即

$$x = \overline{U}\overline{y} = \frac{1}{\sqrt{m}}\begin{bmatrix} 0.2242 & -0.4317 & -0.5132 \\ 0.4816 & -0.3857 & 0.5348 \\ 0.7427 & 0.6358 & -0.2104 \end{bmatrix} \times \frac{F_2}{\sqrt{m}}\begin{Bmatrix} 0.4816/(\omega_{n1}^2 - \omega^2) \\ -0.3857/(\omega_{n2}^2 - \omega^2) \\ 0.5348/(\omega_{n3}^2 - \omega^2) \end{Bmatrix}\sin\omega t$$

$$= \frac{F_2}{m}\begin{Bmatrix} 0.1080/(\omega_{n1}^2 - \omega^2) + 0.1665/(\omega_{n2}^2 - \omega^2) - 0.2745/(\omega_{n3}^2 - \omega^2) \\ 0.2319/(\omega_{n1}^2 - \omega^2) + 0.1488/(\omega_{n2}^2 - \omega^2) + 0.2860/(\omega_{n3}^2 - \omega^2) \\ 0.3577/(\omega_{n1}^2 - \omega^2) - 0.2542/(\omega_{n2}^2 - \omega^2) - 0.1125/(\omega_{n3}^2 - \omega^2) \end{Bmatrix}\sin\omega t$$

若激振力为非简谐周期激振函数时,应将激振函数展成傅里叶级数,之后仍

可按振型叠加法如同上述步骤进行求解。

3.6 有阻尼多自由度系统的受迫振动响应

3.6.1 多自由度系统阻尼

由第2章可知,如果系统激振频率接近于固有频率,则系统阻尼起着非常显著的抑制共振振幅的作用。因此,在共振分析中,必须考虑系统的阻尼影响。由于阻尼本身的复杂性,目前对它机理的研究还不充分,通常对小阻尼情况作近似计算。

如图3-12所示的具有黏性阻尼的n自由度系统,引用式(3-16)和式(3-108),在激振力$f(t)$作用下系统受迫振动方程为

$$M\ddot{x} + C\dot{x} + Kx = f(t) \tag{3-115}$$

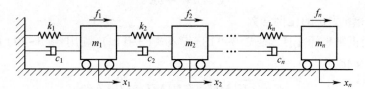

图3-12 具有黏性阻尼的多自由度受迫振动系统

式中,质量矩阵M、刚度矩阵K及激振力列阵$f(t)$的意义如前所述,阻尼矩阵为

$$C = \begin{bmatrix} C_{11} & C_{12} & \cdots & C_{1n} \\ C_{21} & C_{22} & \cdots & C_{2n} \\ \vdots & \vdots & \ddots & \vdots \\ C_{n1} & C_{n2} & \cdots & C_{nn} \end{bmatrix} \tag{3-116}$$

式中,阻尼矩阵元素C_{ij}称为阻尼影响系数。在通常情况下,矩阵C也是对称阵,而且一般都是正定或半正定的。

引入阻尼后,系统的振动分析变得复杂化。设正则坐标$\bar{y}$,无阻尼振动系统的正则振型矩阵$\bar{U}$,引用坐标变换$x = \bar{U}y$,仿照式(3-109),将式(3-115)进行变换,得

$$\ddot{\bar{y}} + \bar{C}\dot{\bar{y}} + \Lambda\bar{y} = \bar{f}(t) \tag{3-117}$$

式中,$\bar{f}(t)$为正则坐标下的激振力列阵,$\bar{f}(t) = \bar{U}^T f(t)$;$\bar{C}$为正则坐标下的阻

矩阵,称为正则阻尼矩阵,即

$$\overline{C} = \overline{U}^T C \overline{U} = \begin{bmatrix} \overline{C}_{11} & \overline{C}_{12} & \cdots & \overline{C}_{1n} \\ \overline{C}_{21} & \overline{C}_{22} & \cdots & \overline{C}_{2n} \\ \vdots & \vdots & \ddots & \vdots \\ \overline{C}_{n1} & \overline{C}_{n2} & \cdots & \overline{C}_{nn} \end{bmatrix} \quad (3-118)$$

一般来说,$\overline{C}$ 不是对角线矩阵,因此式(3-117)仍是一组通过速度项 $\dot{\overline{y}}$ 互相耦联的微分方程式。为了使方程组解耦,工程上常采用比例阻尼或振型阻尼进行正交化处理。

1. 比例阻尼

比例阻尼是指阻尼矩阵正比于质量矩阵或刚度矩阵,或者正比于它们二者的线性组合,即

$$C = aM + bK \quad (3-119)$$

式中,a 和 b 为正的比例常数。

引用正则坐标变换,将式(3-118)代入式(3-119),利用式(3-89)和式(3-90)的正交化,得

$$\overline{C} = a\,\overline{U}^T M \overline{U} + b\,\overline{U}^T K \overline{U} = aI + b\Lambda$$

$$= \begin{bmatrix} a + b\omega_{n1}^2 & 0 & \cdots & 0 \\ 0 & a + b\omega_{n2}^2 & \cdots & 0 \\ \vdots & \vdots & \ddots & \vdots \\ 0 & 0 & \cdots & a + b\omega_{nn}^2 \end{bmatrix} \quad (3-120)$$

将式(3-120)代入式(3-118),得到 n 个相互独立的 2 阶常系数线性微分方程式:

$$\ddot{\overline{y}}_i + (a + b\omega_{ni}^2)\dot{\overline{y}}_i + \omega_{ni}^2 \overline{y}_i = \overline{f}_i \quad (i = 1,2,\cdots,n) \quad (3-121)$$

式中,ω_{ni} 为无阻尼振动系统的第 i 阶固有频率;$\overline{f}_i$ 为对应于第 i 个正则坐标的广义激振力。这里必须注意,当引入比例阻尼时,方程组得以解耦,但这只是 C 与 M、K 的线性组合成比例的一种特殊情况。

2. 振型阻尼

上面提到,比例阻尼只是一种使正则阻尼矩阵 $\overline{C}$ 对角线化的特殊情况。在工程中,多数情况下 $\overline{C}$ 都不是对角线矩阵,但一般来说系统阻尼比较小,各种阻尼产生机理复杂,要精确测定阻尼大小存在很多困难。因此,为使正则阻尼矩阵

$\overline{C}$ 对角线化,最简单的办法就是将式(3-118)中非对角线元素赋值为零,只保留对角线上各元素的原有数值。即构造一个新的正则阻尼矩阵,称为**振型阻尼**,将式(3-118)改写为

$$\overline{C} \approx \overline{C}_N = \begin{bmatrix} \overline{C}_{11} & 0 & \cdots & 0 \\ 0 & \overline{C}_{22} & \cdots & 0 \\ \vdots & \vdots & \ddots & \vdots \\ 0 & 0 & \cdots & \overline{C}_{nn} \end{bmatrix} \quad (3\text{-}122)$$

只要系统中阻尼比较小,且系统的各阶固有频率数值彼此不等又有一定的间隔,进行上述处理可获得很好的近似解。因此,振型叠加法可以推广到有阻尼的多自由度系统。

将式(3-122)代入式(3-117),得到解耦的运动微分方程为

$$\ddot{\overline{y}} + \overline{C}_N \dot{\overline{y}} + \Lambda \overline{y} = \overline{f}(t) \quad (3\text{-}123)$$

将式(3-123)展开,第 i 阶正则振型坐标下的振动方程为

$$\ddot{\overline{y}}_i + \overline{C}_{ii} \dot{\overline{y}} + \omega_{ni}^2 \overline{y}_i = \overline{f}_i(t) \quad (i = 1, 2, \cdots, n) \quad (3\text{-}124)$$

式中,$\overline{C}_{ii}$ 为第 i 阶正则振型的阻尼系数。在实际振动分析时,通常采用实验或实测给出的各阶振型阻尼比 $\overline{\zeta}_{ii}$。实测结果表明,各阶振型的阻尼比 $\overline{\zeta}_{ii}$ 数量级相同,高阶振型的数值略大些。

采用正则振型的阻尼比 $\overline{\zeta}_{ii}$ 表示,将振动方程式(3-124)改写为

$$\ddot{\overline{y}}_i + 2\overline{\zeta}_{ii}\omega_{ni} \dot{\overline{y}} + \omega_{ni}^2 \overline{y}_i = \overline{f}_i(t) \quad (i = 1, 2, \cdots, n) \quad (3\text{-}125)$$

式中,$\overline{\zeta}_{ii}$ 为第 i 阶正则坐标振型的阻尼比,可参考第 2 章阻尼比定义。对于小阻尼系统,通常规定所有振型的阻尼比均应在 $0 \leq \overline{\zeta}_{ii} \leq 0.2$ 范围内。为简单起见,通常还假设各阶振型的阻尼比相同,即 $\overline{\zeta}_{ii} = \zeta$,这时式(3-125)可以写为

$$\ddot{\overline{y}}_i + 2\zeta\omega_{ni} \dot{\overline{y}} + \omega_{ni}^2 \overline{y}_i = \overline{f}_i(t) \quad (i = 1, 2, \cdots, n) \quad (3\text{-}126)$$

如果通过实测得到了第 i 阶正则振型的阻尼比 $\overline{\zeta}_{ii}$ 值,可按式(3-125)进行计算。若假设各阶振型的阻尼比相等,则按式(3-126)进行计算,省去了对原坐标的阻尼矩阵 C 的计算或实测。假设需要对系统用原坐标表示的运动方程式直接求解,可由已确定的 $\overline{C}_N$ 计算出 C。

由式(3-118),得

$$C = (\overline{U}^T)^{-1}\overline{C}\,\overline{U}^{-1} \tag{3-127}$$

再根据式(3-89),得 $\overline{U}^T M = \overline{U}^{-1}$。把 $\overline{C}_N$ 看作 $\overline{C}$,将其代入式(3-127),得

$$C = M\overline{U}\,\overline{C}_N\,\overline{U}^T M \tag{3-128}$$

由式(3-122),得

$$\overline{C}_N = \begin{bmatrix} \overline{C}_{11} & 0 & \cdots & 0 \\ 0 & \overline{C}_{22} & \cdots & 0 \\ \vdots & \vdots & \ddots & \vdots \\ 0 & 0 & \cdots & \overline{C}_{nn} \end{bmatrix} = \begin{bmatrix} 2\overline{\zeta}_{11}\omega_{n1} & 0 & \cdots & 0 \\ 0 & 2\overline{\zeta}_{22}\omega_{n2} & \cdots & 0 \\ \vdots & \vdots & \ddots & \vdots \\ 0 & 0 & \cdots & 2\overline{\zeta}_{nn}\omega_{nn} \end{bmatrix}$$

$$\tag{3-129}$$

将式(3-129)代入式(3-128),得

$$C = M(\sum_{i=1}^{n} 2\overline{\zeta}_{ii}\omega_{ni}\,\overline{u}_i\,\overline{u}_i^{\,T})M \tag{3-130}$$

由式(3-130)可以看出各阶振型阻尼对阻尼矩阵 C 的作用。

3.6.2 有阻尼多自由度系统的简谐激振响应

以下仅讨论有阻尼多自由度系统的简谐激振响应计算。对于一个小阻尼系统,当各坐标上作用的激振力均与谐函数 $\sin\omega t$ 成比例时,令 $\overline{f}(t) = \overline{U}^T f(t)$,$\overline{f}_i(t) = \overline{F}_i \sin\omega t$,则系统在正则坐标下的受迫振动方程式为

$$\ddot{\overline{y}}_i + 2n_i\dot{\overline{y}}_i + \omega_{ni}^2\overline{y}_i = \overline{F}_i\sin\omega t \quad (i=1,2,\cdots,n) \tag{3-131}$$

式中,$\overline{F}_i$ 为广义激振力幅值;n_i 为衰减系数,比例阻尼 $n_i = (a + b\omega_{ni}^2)/2$,振型阻尼 $n_i = \zeta_{ii}\omega_{ni}$。

对于式(3-131)正则坐标的稳态响应,可按单自由度系统的计算方法,得

$$\overline{y}_i = \frac{\overline{F}_i}{\omega_{ni}^2}\beta_i\sin(\omega t - \psi_i) \tag{3-132}$$

式中,β_i 为正则坐标下的动力放大因子,其值为

$$\beta_i = \frac{1}{\sqrt{(1-\omega^2/\omega_{ni}^2)^2 + (2\zeta_{ii}\omega/\omega_{ni})^2}} \tag{3-133}$$

式中,ψ_i 为相位角,可表示为

$$\psi_i = \arctan\frac{2\zeta_{ii}\omega/\omega_{ni}}{1-(\omega/\omega_{ni})^2} \tag{3-134}$$

再利用正则坐标变换 $x = \overline{U}y$，得到系统原坐标下的稳态响应为

$$x = \overline{u}_1 \overline{y}_1 + \overline{u}_2 \overline{y}_2 + \cdots + \overline{u}_n \overline{y}_n \tag{3-135}$$

将式(3-135)展开为

$$\begin{Bmatrix} x_1 \\ x_2 \\ \vdots \\ x_n \end{Bmatrix} = \overline{y}_1 \begin{Bmatrix} \overline{U}_{11} \\ \overline{U}_{21} \\ \vdots \\ \overline{U}_{n1} \end{Bmatrix} + \overline{y}_2 \begin{Bmatrix} \overline{U}_{12} \\ \overline{U}_{22} \\ \vdots \\ \overline{U}_{n2} \end{Bmatrix} + \cdots + \overline{y}_n \begin{Bmatrix} \overline{U}_{1n} \\ \overline{U}_{2n} \\ \vdots \\ \overline{U}_{nn} \end{Bmatrix} \tag{3-136}$$

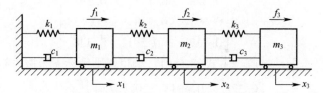

图 3-13 有阻尼三自由度受迫振动系统

例 3-14 如图 3-13 所示的有阻尼三自由度振动系统。假设激振力 $f_i = F_0 \sin\omega t$，振型阻尼比 $\zeta_i = 0.02$，质量 $m_i = m$，刚度 $k_i = k, i = 1, 2, 3$。当激振频率 $\omega = 1.25\sqrt{k/m}$ 时，试求各质量的稳态振动响应。

解 (1) 求固有频率和振型矩阵。不计阻尼影响，参照例 3-8，首先写出无阻尼系统的质量矩阵和刚度矩阵分别为

$$M = \begin{bmatrix} m & 0 & 0 \\ 0 & m & 0 \\ 0 & 0 & m \end{bmatrix}, K = \begin{bmatrix} 2k & -k & 0 \\ -k & 2k & -k \\ 0 & -k & k \end{bmatrix}$$

由自由振动方程式(3-28)，即 $M\ddot{x} + Kx = 0$，得系统的特征方程式为

$$\begin{vmatrix} 2k - m\omega_{ni}^2 & -k & 0 \\ -k & 2k - m\omega_{ni}^2 & -k \\ 0 & -k & k - m\omega_{ni}^2 \end{vmatrix} = 0$$

将上式展开后可得

$$(\omega_{ni}^2)^3 - 5\left(\frac{k}{m}\right)(\omega_{ni}^2)^2 + 6\left(\frac{k}{m}\right)^2 \omega_{ni}^2 - \left(\frac{k}{m}\right)^3 = 0。$$

解得固有频率为 $\omega_{n1}^2 = 0.198\frac{k}{m}, \omega_{n2}^2 = 1.555\frac{k}{m}, \omega_{n3}^2 = 3.247\frac{k}{m}$。

将以上 ω_{n1}^2、ω_{n2}^2 和 ω_{n3}^2 分别代入式(3-33)，求得特征向量为

$$\{u_1\} = \begin{Bmatrix} 1.000 \\ 1.802 \\ 2.247 \end{Bmatrix}, \quad \{u_2\} = \begin{Bmatrix} 1.000 \\ 0.445 \\ -0.802 \end{Bmatrix}, \quad \{u_3\} = \begin{Bmatrix} 1.000 \\ -1.247 \\ 0.555 \end{Bmatrix}$$

则振型矩阵为

$$\boldsymbol{U} = [\{u_1\} \quad \{u_2\} \quad \{u_3\}] = \begin{bmatrix} 1.000 & 1.000 & 1.000 \\ 1.802 & 0.445 & -1.247 \\ 2.247 & -0.802 & 0.555 \end{bmatrix}$$

在上式中,用正则化因子除各相应列之后,得正则振型矩阵为

$$\overline{\boldsymbol{U}} = \frac{1}{\sqrt{m}} \begin{bmatrix} 0.328 & 0.737 & 0.591 \\ 0.591 & 0.328 & -0.737 \\ 0.737 & -0.591 & 0.328 \end{bmatrix}$$

(2) 求稳态振动响应。由式(3-110),求得正则坐标下激振力幅值列阵为

$$\overline{\boldsymbol{F}} = \overline{\boldsymbol{U}}^{\mathrm{T}} \boldsymbol{F} = \frac{1}{\sqrt{m}} \begin{bmatrix} 0.328 & 0.591 & 0.737 \\ 0.737 & 0.328 & -0.591 \\ 0.591 & -0.737 & 0.328 \end{bmatrix} \begin{Bmatrix} F_1 \\ F_2 \\ F_3 \end{Bmatrix} = \frac{F_0}{\sqrt{m}} \begin{Bmatrix} 1.656 \\ 0.474 \\ 0.182 \end{Bmatrix}$$

由式(3-133)计算动力放大因子

$$\begin{cases} \beta_1 = \dfrac{1}{\sqrt{(1 - 1.5625/0.198)^2 + (2 \times 0.02 \times 1.25/0.445)^2}} = 0.145 \\ \beta_2 = \dfrac{1}{\sqrt{(1 - 1.5625/1.555)^2 + (2 \times 0.02 \times 1.25/1.247)^2}} = 24.761 \\ \beta_3 = \dfrac{1}{\sqrt{(1 - 1.5625/3.247)^2 + (2 \times 0.02 \times 1.25/1.802)^2}} = 1.925 \end{cases}$$

由式(3-134)计算相位角如下:

$$\begin{cases} \psi_1 = \arctan \dfrac{2 \times 0.02 \times 1.25/0.445}{1 - (1.25/0.445)^2} = 179°4' \\ \psi_2 = \arctan \dfrac{2 \times 0.02 \times 1.25/1.247}{1 - (1.25/1.247)^2} = 96°52' \\ \psi_3 = \arctan \dfrac{2 \times 0.02 \times 1.25/1.802}{1 - (1.25/1.802)^2} = 3°4' \end{cases}$$

由式(3-135)求出正则坐标下的稳态响应为

$$\begin{cases}\bar{y}_1 = \dfrac{1.656F_0}{0.198\sqrt{m}}\dfrac{m}{k}\times 0.145\sin(\omega t - 179°4') = 1.213\dfrac{F_0\sqrt{m}}{k}\sin(\omega t - 179°4')\\ \bar{y}_2 = \dfrac{0.474F_0}{1.555\sqrt{m}}\dfrac{m}{k}\times 24.761\sin(\omega t - 96°52') = 7.548\dfrac{F_0\sqrt{m}}{k}\sin(\omega t - 96°52')\\ \bar{y}_3 = \dfrac{0.182F_0}{3.247\sqrt{m}}\dfrac{m}{k}\times 1.925\sin(\omega t - 3°4') = 0.108\dfrac{F_0\sqrt{m}}{k}\sin(\omega t - 3°4')\end{cases}$$

将上式转化为原坐标下的稳态响应为

$$\boldsymbol{x} = \begin{Bmatrix}x_1\\x_2\\x_3\end{Bmatrix} = \bar{y}_1\begin{Bmatrix}\bar{U}_{11}\\\bar{U}_{21}\\\bar{U}_{31}\end{Bmatrix} + \bar{y}_2\begin{Bmatrix}\bar{U}_{12}\\\bar{U}_{22}\\\bar{U}_{32}\end{Bmatrix} + \bar{y}_3\begin{Bmatrix}\bar{U}_{13}\\\bar{U}_{23}\\\bar{U}_{33}\end{Bmatrix}$$

$$= \dfrac{1.213F_0}{k}\begin{Bmatrix}0.328\\0.591\\0.737\end{Bmatrix}\sin(\omega t - 179°4') + \dfrac{7.548F_0}{k}\begin{Bmatrix}0.737\\0.328\\-0.591\end{Bmatrix}\sin(\omega t - 96°52')$$

$$+ \dfrac{0.108F_0}{k}\begin{Bmatrix}0.591\\-0.737\\0.328\end{Bmatrix}\sin(\omega t - 3°4')$$

将上式整理后,可得

$$\boldsymbol{x} = \begin{Bmatrix}x_1\\x_2\\x_3\end{Bmatrix} = \dfrac{F_0}{k}\begin{Bmatrix}0.398\sin(\omega t - 179°4') + 5.563\sin(\omega t - 96°52') + 0.064\sin(\omega t - 3°4')\\ 0.717\sin(\omega t - 179°4') + 2.476\sin(\omega t - 96°52') - 0.080\sin(\omega t - 3°4')\\ 0.894\sin(\omega t - 179°4') - 4.461\sin(\omega t - 96°52') + 0.035\sin(\omega t - 3°4')\end{Bmatrix}$$

由以上计算结果看出,各阶主振型的响应不同,第2阶主振型的响应占主要部分,而第1阶与第3阶主振型的响应则很小。

3.7 动力吸振器

3.7.1 无阻尼动力吸振器

在工程实际中,一般要求避免产生或减弱有害的振动与噪声,与振动隔离技术一样,动力吸振器是振动控制的有效措施之一。

如图3-14所示系统,悬臂梁上有一固定转速的电机,可简化为质量为m_1、支撑弹簧刚度为k_1的单自由度系统,受到激振力$F_1\sin\omega t$作用产生受迫振动。

由于电机转子存在惯性不平衡,运转时产生失衡谐振力分量 $F_1\sin\omega t$,激振频率 ω 与转速有关。当激振频率等于主系统固有频率时,即 $\omega=\omega_{n1}=\sqrt{k_1/m_1}$,系统就要发生共振。

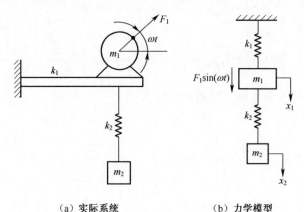

（a）实际系统　　　　　　（b）力学模型

图 3-14　无阻尼动力吸振器系统

忽略阻尼,在图 3-14(a)的主系统 m_1-k_1 上附加一个子系统 m_2-k_2,附加质量 m_2 和附加刚度 k_2。该子系统与主系统组合一起,构成了一个两自由度振动系统,力学模型如图 3-14(b)所示,其运动微分方程为

$$\begin{bmatrix} m_1 & 0 \\ 0 & m_2 \end{bmatrix} \begin{Bmatrix} \ddot{x}_1 \\ \ddot{x}_2 \end{Bmatrix} + \begin{bmatrix} k_1+k_2 & -k_2 \\ -k_2 & k_2 \end{bmatrix} \begin{Bmatrix} x_1 \\ x_2 \end{Bmatrix} = \begin{Bmatrix} F_1 \\ 0 \end{Bmatrix} \sin\omega t \quad (3-137)$$

新系统稳态响应的频率与激振力的频率相同,设式(3-137)的稳态响应解为

$$\begin{Bmatrix} x_1 \\ x_2 \end{Bmatrix} = \begin{Bmatrix} X_1 \\ X_2 \end{Bmatrix} \sin\omega t \quad (3-138)$$

式中,X_1 和 X_2 分别表示发动机质量 m_1 和附加质量 m_2 的稳态位移响应幅值。

将式(3-138)代入式(3-137),消去不等于零项 $\sin\omega t$,得

$$\begin{bmatrix} k_1+k_2-m_1\omega^2 & -k_2 \\ -k_2 & k_2-m_2\omega^2 \end{bmatrix} \begin{Bmatrix} X_1 \\ X_2 \end{Bmatrix} = \begin{Bmatrix} F_1 \\ 0 \end{Bmatrix} \quad (3-139)$$

记阻抗矩阵为 $Z(\omega)$,即

$$Z(\omega) = \begin{bmatrix} Z_{11} & Z_{12} \\ Z_{21} & Z_{22} \end{bmatrix} = \begin{bmatrix} k_1+k_2-m_1\omega^2 & -k_2 \\ -k_2 & k_2-m_2\omega^2 \end{bmatrix} \quad (3-140)$$

由式(3-139),可得

$$\begin{Bmatrix} X_1 \\ X_2 \end{Bmatrix} = [Z(\omega)]^{-1} \begin{Bmatrix} F_1 \\ 0 \end{Bmatrix} \tag{3-141}$$

阻抗矩阵的逆矩阵可参考式(3-45),有

$$Z(\omega)^{-1} = \frac{1}{\det[Z(\omega)]} \mathrm{adj}[Z(\omega)] \tag{3-142}$$

式中,$\det Z(\omega)$ 为阻抗矩阵的特征行列式;$\mathrm{adj}[Z(\omega)]$ 为阻抗矩阵的伴随矩阵。

记

$$\Delta(\omega) = \det[Z(\omega)] = (k_1 + k_2 - \omega^2 m_1)(k_2 - \omega^2 m_2) - k_2^2 \tag{3-143}$$

将式(3-140)代入式(3-142),得

$$[Z(\omega)]^{-1} = \frac{1}{\Delta(\omega)} \begin{bmatrix} k_2 - m_2\omega^2 & k_2 \\ k_2 & k_1 + k_2 - m_1\omega^2 \end{bmatrix} \tag{3-144}$$

将式(3-144)代入式(3-141),得

$$\begin{Bmatrix} X_1 \\ X_2 \end{Bmatrix} = \frac{F_1}{\Delta(\omega)} \begin{Bmatrix} k_2 - \omega^2 m_2 \\ k_2 \end{Bmatrix} \tag{3-145}$$

将式(3-145)展开,得

$$X_1 = \frac{F_1}{\Delta(\omega)}(k_2 - \omega^2 m_2), \quad X_2 = \frac{F_1 \cdot k_2}{\Delta(\omega)} \tag{3-146}$$

下面分别讨论附加动力吸振器后主系统的动态特性。

引入几个无因次量来表示系统的响应。定义主系统共振频率 ω_{01},子系统共振频率 ω_{02},频率比 r 和 a,质量比 μ,各项无量刚参数如下:

$$\omega_{01} = \sqrt{\frac{k_1}{m_1}}, \quad \omega_{02} = \sqrt{\frac{k_2}{m_2}}, \quad r = \frac{\omega}{\omega_{02}}, \quad a = \frac{\omega_{02}}{\omega_{01}}, \quad \mu = \frac{m_2}{m_1} \tag{3-147}$$

1. 系统的固有模态参数

令 $\Delta(\omega_n^2) = 0$,由式(3-143)得系统频率方程,可求出两个固有频率 ω_{n1} 和 ω_{n2}。

当激振力频率 ω 趋于 ω_{n1} 或 ω_{n2} 时,由式(3-146)可知,稳态响应的振幅会趋于无穷大。当激振力频率等于系统固有频率时,系统发生共振,此时的频率称为共振频率。由于组合系统有两个自由度,必存在两个固有频率,也就有两个共振频率。

由式(3-146)得振幅比为

$$\frac{X_1}{X_2} = \frac{k_2 - \omega^2 m_2}{k_2} = 1 - \frac{m_2}{k_2}\omega^2 \tag{3-148}$$

$$\omega_{02}^2 = \frac{k_2}{m_2} = \frac{k_1}{m_1} = \omega_{01}^2 \qquad (3-149)$$

可以证明,当激振力频率 ω 等于系统的固有频率时,$[1 \quad X_2/X_1]^T$ 就是系统的模态向量,系统的两个共振形态就是第一阶和第二阶固有模态或固有振型。

2. 系统的反共振频率

由式(3-146)可知,当激振力频率 $\omega = \sqrt{k_2/m_2}$ 时,位移幅值 $X_1 = 0$,主系统将保持不动(位移、速度和加速度均为零),或者说主系统的激振点固定不动。这种现象称为**反共振**,反共振频率就是子系统的固有频率 ω_{02},即 $\omega = \omega_{02} = \sqrt{k_2/m_2}$。因此,只要附加子系统的参数满足式(3-149),即使在主系统的共振点位置,也能使原系统的振幅趋于零,这种现象称为**动力吸振**,该附加子系统称为**动力吸振器**或**动力减振器**。在主系统上附加动力吸振器后,改变了原系统的动态特性。当主系统受到简谐激振力作用时,主系统的原有共振点 $\omega_{01} = \sqrt{k_1/m_1}$ 转化成新系统的反共振点 ω_{02},从而抑制了原系统的振动。当动力吸振器的振幅不等于零时,式(3-149)就是动力**吸振器的设计条件**。

在新系统的反共振点,由式(3-143)知,$\Delta(\omega_{02}) = -k_2^2$,将其代入式(3-146),得

$$X_2 = -\frac{F_1}{k_2} \qquad (3-150)$$

式(3-150)表明,附加子系统的振动与简谐激振力反相位。附加子系统的惯性力为

$$m_2 \ddot{x}_2 = m_2 \omega_{02}^2 \frac{F_1}{k_2} \sin\omega t = F_1 \sin\omega t \qquad (3-151)$$

该惯性力与作用在原系统上的激振力平衡,因此,附加质量吸收了外部激振力的全部能量,从而使原系统处于不动状态,达到了减振的目的,这就是**动力吸振器工作原理**。

3. 动力吸振器频率范围

由式(3-146)得主系统的失衡(动力)放大系数,表示为机器响应振幅 $k_1 X_1$ 与失衡力振幅 F_1 之比,即

$$\frac{k_1 X_1}{F_1} = \frac{1 - r_2^2}{[1 + \mu(r_1/r_2)^2 - r_1^2](1 - r_2^2) - \mu(r_1/r_2)^2} \qquad (3-152)$$

式中,$r_1 = \omega/\omega_{01}$,$r_2 = \omega/\omega_{02}$。若以 $\omega = \omega_{n0}$ 表示机器运行的额定角速度,一般动力吸振器设计成 $\omega_{01} = \omega_{02} = \omega_{n0}$。若机器在不变的额定角速度下运转,机器的振动便可完全消除。因此,令 $r_1 = r_2 = r$,则主系统振幅响应式(3-152)可简化为

$$\frac{k_1 X_1}{F_1} = \frac{1-r^2}{(1+\mu-r^2)(1-r^2)-\mu} \tag{3-153}$$

以上无因次的振幅放大系数 $|k_1 X_1/F_1|$ 与频率比 $r = \omega/\omega_{01}$ 的关系如图 3-15 所示,取 $\mu = 0.2$。由此可见,当 $r=1$,振幅 $X_1 = 0$,这是新系统的反共振频率。因此,若机器在一种不变的速度下运转时,采用这种反共振式吸振器效果显著。但是,从图 3-15 还可以看到,在机器启动后达到额定速度之前,当通过 $r = 0.762$ 时,X_1 达到了新系统的第一共振幅。为了避免机器通过第一共振幅时产生过大的振幅,可采用机械挡止装置。

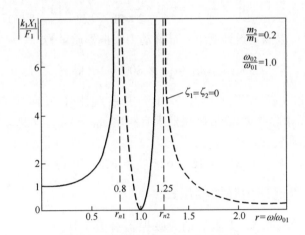

图 3-15 具有吸振器系统的幅频响应曲线

将 $r_1 = r_2 = r$ 代入式(3-143),记频率比 $r_n = \omega_n/\omega_{01}$,得频率方程为

$$r_n^4 - (2+\mu)r_n^2 + 1 = 0 \tag{3-154}$$

由式(3-154)解得二自由度系统的两个共振频率比为

$$r_{n1,n2}^2 = 1 + \frac{\mu}{2} \mp \sqrt{\mu\left(1+\frac{\mu}{4}\right)} \tag{3-155}$$

从式(3-155)可以看出,当质量比 μ 比较小时,即子系统吸振器的质量比较小时,新系统两个共振频率很接近反共振频率,对振动不利。μ 越小,无阻尼吸振器所起作用的频率范围越窄。

例如,当 $m_2/m_1 = 0.2$ 时,$\omega_{n1} = 0.8\sqrt{k_1/m_1}$,$\omega_{n2} = 1.25\sqrt{k_1/m_1}$;当 $m_2/m_1 = 0.1$ 时,$\omega_{n1} = 0.85\sqrt{k_1/m_1}$,$\omega_{n2} = 1.17\sqrt{k_1/m_1}$。因此必须保持一定的质量比,以避免发生新的共振,一般取 $\mu > 0.1$。

为了扩大动力吸振器的使用频率范围,需要在动力吸振器上附加阻尼。

例 3-15 已知某设备质量 $m_1 = 800\text{kg}$,系统自身固有频率 $\omega_{01} = 628\text{rad/s}$。

作用于该系统的激振频率 $\omega = 628\text{rad/s}$,因此产生水平方向的共振。试设计一台无阻尼动力吸振器,要求新系统共振点的固有频率比 $r_{n1} < 0.95, r_{n2} > 1.05$。

解 (1) 确定动力吸振器质量。选取质量比 $\mu = \dfrac{m_2}{m_1} = \dfrac{1}{50}$,将质量比 μ 代入式(3-155),得

$$\begin{cases} r_{n1} = \dfrac{\omega_{n1}}{\omega_{01}} = \sqrt{1 + \dfrac{\mu}{2} - \sqrt{\mu\left(1 + \dfrac{\mu}{4}\right)}} = \sqrt{1 + \dfrac{1}{2\times 50} - \sqrt{\dfrac{1}{50}\times\left(1 + \dfrac{1}{4\times 50}\right)}} = 0.932 < 0.95 \\ r_{n2} = \dfrac{\omega_{n2}}{\omega_{01}} = \sqrt{1 + \dfrac{\mu}{2} + \sqrt{\mu\left(1 + \dfrac{\mu}{4}\right)}} = \sqrt{1 + \dfrac{1}{2\times 50} + \sqrt{\dfrac{1}{50}\times\left(1 + \dfrac{1}{4\times 50}\right)}} = 1.072 > 1.05 \end{cases}$$

以上结果可以满足设计要求。计算动力吸振器质量为

$$m_2 = \mu m_1 = \dfrac{1}{50}\times 800 = 16(\text{kg})$$

(2) 确定吸振器弹簧刚度。由于主系统水平方向固有频率 $\omega_{01} = 628\text{rad/s}$,为了消除共振,选取吸振器固有频率 $\omega_{02} = \omega_{01} = 628\text{rad/s}$,由此计算吸振器的弹簧刚度为

$$k_2 = m_2 \omega_{02}^2 = 16\times 628^2 = 6.31\times 10^6(\text{N/m})$$

3.7.2 阻尼动力吸振器原理

通过以上分析可知,无阻尼动力吸振器有效工作频率范围很窄,需要附加阻尼。对于实际工程振动系统,阻尼总是存在的。

具有阻尼动力吸振器系统如图 3-16 所示。系统的运动方程为

$$\begin{bmatrix} m_1 & 0 \\ 0 & m_2 \end{bmatrix}\begin{bmatrix} \ddot{x}_1 \\ \ddot{x}_2 \end{bmatrix} + \begin{bmatrix} c_2 & -c_2 \\ -c_2 & c_2 \end{bmatrix}\begin{bmatrix} \dot{x}_1 \\ \dot{x}_2 \end{bmatrix} +$$

$$\begin{bmatrix} k_1 + k_2 & -k_2 \\ -k_2 & k_2 \end{bmatrix}\begin{bmatrix} x_1 \\ x_2 \end{bmatrix} = \begin{bmatrix} F_1 \\ 0 \end{bmatrix}\sin\omega t \quad (3\text{-}156)$$

由于系统存在黏性阻尼,系统响应与激振力之间存在相位差,令式(3-156)的特解为

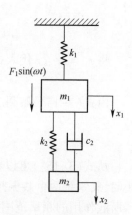

图 3-16 阻尼吸振器

$$\begin{cases} x_1 = X_1\sin(\omega t - \alpha_1) \\ x_2 = X_2\sin(\omega t - \alpha_2) \end{cases} \quad (3\text{-}157)$$

将式(3-157)代入式(3-156),可以得到参数 X_1、X_2、α_1 和 α_2。

为了说明原系统振幅 X_1 与系统参数之间的关系,只讨论振幅表达式,即

$$\beta^2 = \frac{(a^2 - r^2)^2 + (2ra\zeta_2)^2}{[\mu(ra)^2 - (1-r^2)(a^2-r^2)]^2 + (2ra\zeta_2)^2(1-r^2-\mu r^2)^2}$$
(3-158)

式中,$\beta = X_1/(F_1/k_1)$ 为原系统质量 m_1 的振幅与其静位移之比;$\zeta_2 = c_2/(2m_2\omega_{02})$ 为吸振器黏性阻尼比;其他参数说明见式(3-147),如 $r = r_1$ 为激振频率与原系统自身固有频率之比,μ 为吸振器质量与原系统质量之比,a 为吸振器自固有频率与原系统自固有频率之比。

为了分析吸振器各参数的减振作用,令频率比 $a = 1$,小吸振器质量比 $\mu = 0.05$,以阻尼比 ζ_2 为参变量,利用式(3-158)绘出振幅比 β 与频率比 r 关系曲线,如图 3-17 所示。

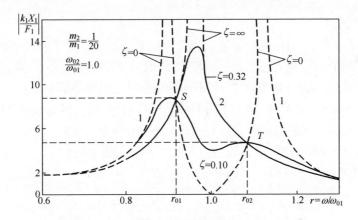

图 3-17 具有阻尼吸振器系统的幅频响应曲线

下面分几种情况进行讨论。

1. 无阻尼 $\zeta_2 = 0$ 情况

无阻尼情况下,式(3-158)蜕化成式(3-152),即

$$\beta^2 = \frac{(a^2 - r^2)^2}{[\mu(ra)^2 - (1-r^2)(a^2-r^2)]^2}$$
(3-159)

由式(3-159)给出的幅频特性曲线图,如图 3-17 标注有 $\zeta_2 = 0$ 的虚线部分。

2. 阻尼无穷大情况

即 $\zeta_2 = \infty$ 时,质量 m_1 和 m_2 黏结在一起,它们之间不可能发生相对运动,整个系统蜕化成为质量为 $m_1 + m_2$、刚度为 k_1 的单自由度系统。此时,式(3-158)变为

$$\beta^2 = \frac{1}{(1 - r^2 - \mu r^2)^2} \qquad (3\text{-}160)$$

式(3-160)给出的幅频特性曲线图,如图 3-17 中标注有 $\zeta_2 = \infty$ 的虚线部分。

3. 欠阻尼情况

除了上述两种极限情况之外,对于 $\zeta_2 < 1$ 的欠阻尼情况,幅频特性曲线如图 3-17 实线部分所示,分别给出了 $\zeta_2 = 0.1$ 和 $\zeta_2 = 0.32$ 两种阻尼比。

值得注意的是,无论阻尼比 ζ_2 为何值,幅频特性曲线均通过 S 和 T 两点。对于小阻尼情况,在有效减振频带范围内,振幅比 $\beta = X_1/(F_1/k_1)$ 的最高点不会低于 S 与 T 两点之间的纵坐标。为了提高减振效果,应降低 S 和 T 两点高度,使 S 和 T 两点的纵坐标相等,并成为曲线上的最高点。这样,振幅比限制在 S 和 T 的对应振幅以下,使吸振器的减振效果最佳。

4. 参数优化

为了使 S 和 T 两点等高,就要适当选择频率比 a 值。为了使振幅比 β 最大值在 S 和 T 两点上,就要适当选择阻尼比 ζ_2 值。所选择的 a 和 ζ_2 值,分别称为最佳频率比 a_{op} 和最佳阻尼比 ζ_{op}。下面分别介绍它们的确定方法。

令式(3-159)和式(3-160)的等号右边各项相等,可以得到如下方程:

$$(2 + \mu)r^4 - 2(1 + a^2 + \mu a^2)r^2 + 2a^2 = 0 \qquad (3\text{-}161)$$

求解式(3-161)就可以得到对应 S 和 T 两点的横坐标值 r_{01} 和 r_{02}。将 r_{01} 和 r_{02} 分别代入式(3-160),得到对应的 β_0 值,即

$$\beta_{01} = \frac{-1}{1 - r_{01}^2 - \mu r_{01}^2}, \ \beta_{02} = \frac{1}{1 - r_{02}^2 - \mu r_{02}^2} \qquad (3\text{-}162)$$

因此,通过选择合适的 ζ_2 值,可使幅频特性曲线 $\beta - r$ 在通过 S 和 T 两点后达到极值,这样的幅频特性具有最小的峰值,能够有效拓宽阻尼吸振器的减振频带范围。

令振幅比 $\beta_{01} = \beta_{02}$,由式(3-162),可得

$$r_{01}^2 + r_{02}^2 = \frac{2}{1 + \mu} \qquad (3\text{-}163)$$

根据代数方程的根和系数的关系,由式(3-161),可得

$$r_{01}^2 + r_{02}^2 = \frac{2(1 + a^2 + \mu a^2)}{2 + \mu} \qquad (3\text{-}164)$$

联立式(3-163)和式(3-164),可得

$$\frac{1}{1 + \mu} = \frac{1 + a^2 + \mu a^2}{2 + \mu} \qquad (3\text{-}165)$$

由此解得最佳频率比为

$$a_{op} = \frac{1}{1+\mu} \quad (3-166)$$

将式(3-166)代入式(3-161),得到与 S 和 T 两点对应的横坐标值为

$$r_{01}^2 = \frac{1}{1+\mu}\left(1 - \sqrt{\frac{\mu}{2+\mu}}\right), \; r_{02}^2 = \frac{1}{1+\mu}\left(1 + \sqrt{\frac{\mu}{2+\mu}}\right) \quad (3-167)$$

将式(3-165)代入式(3-162),得到与 S 和 T 两点对应的纵坐标值为

$$\beta_{01} = \beta_{02} = \sqrt{\frac{2+\mu}{\mu}} \quad (3-168)$$

将上面得到的 a、r 和 β 值代入式(3-158),可以得到 ζ_2 与 μ 的关系,即

$$\zeta_2^2 = \frac{(a_{op}^2 - r^2)^2 - [\mu(ra_{op})^2 - (1-r^2)(a_{op}^2 - r^2)]^2 \beta^2}{(2r)^2[(1-r^2-\mu r^2)^2 \beta^2 - 1]} \quad (3-169)$$

若给定质量比 μ,原则上可以根据上式计算设计吸振器所需要的阻尼比。但由于式(3-161)和式(3-162)的缘故,式(3-169)的分子和分母中均包含有为零的因子,不能直接由上式得到需要的阻尼比。若将 r_{01} 和 r_{02} 做人为的小幅度调整,仍可以依据式(3-169)计算吸振器阻尼比的设计值。

综上所述,动力吸振器的设计步骤是首先选定质量比 μ,然后根据式(3-166)~式(3-169),分别计算 a、r、β 和 ζ_2。

根据式(3-158),令 $\dfrac{\partial \beta}{\partial r} = 0$,可得两个最佳阻尼比 ζ_{op},分别与 S 和 T 两点对应。

取质量比 $\mu = 0.25$,经过上述参数优化的幅频特性曲线如图 3-18 所示。

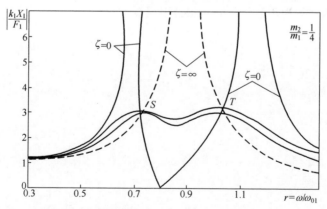

图 3-18 阻尼吸振器系统的优化幅频响应曲线

3.7.3 霍戴尔阻尼器

一种由质量 m_2 和阻尼 C_2 构成的纯阻尼动力吸振器力学模型如图 3-19 所示,适用于较宽的减振频率范围。与图 3-18 所示的阻尼动力吸振器的动态性能不一样的是,不同 ζ_2 值的主系统幅频特性曲线都通过一个点 S,令该点的斜率为零,通过求极值点导数,可得最佳阻尼比设计值 ζ_{op} 和对应的最佳共振频率比 r_{op},拓宽了吸振器的减振频率范围。

这种纯阻尼吸振器实际应用于柴油机或往复式发动机中,如图 3-20 所示,以吸收扭转振动为主。当吸振器做成扭转式时,它实际上是一个惯性矩为 J_d 的圆盘,在充满油的圆盘形空腔内自由旋转,油的黏性起了阻尼作用。

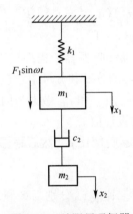 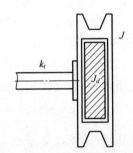

图 3-19 纯阻尼吸振器　　图 3-20 纯阻尼吸振器结构

若主系统惯性矩为 J,扭转刚度为 k_t,则扭转阻尼吸振器的力学模型与图 3-19 等效,通常称为霍戴尔(Houdaille)阻尼器。

第4章 线性连续系统振动分析——固体中的弹性波

工程实际中的任何机械系统及其结构都是由质量和刚度连续分布的弹性体所构成,需要采用无限个坐标来描述其运动,因此都属于具有无限自由度的连续系统,而有限自由度的离散系统仅是一种简化。连续系统的动力学方程是偏微分方程,尽管不同于描述离散系统的常微分方程,可以证明,连续系统是有限自由度趋于无穷大时的极限。因此,连续系统与离散系统是同一个物理系统的两种数学模型,所反映的物理现象相同,涉及的基本概念和分析方法也相似。对连续系统来说,运动方程是固体中的弹性波动方程,与声学波动方程是相似的。本章主要研究对象是几何形状简单的、质量和弹性连续分布的、材料均匀和各向同性以及小变形下的弹性体。

4.1 杆的纵向振动

直杆是指横截面的尺寸远小于杆长且仅承受纵向载荷的细长平直弹性体。假设在直杆的振动过程中杆的横截面保持为平面,并沿杆的轴线作平移运动且其形状不变。

均匀直杆纵向振动、圆轴的扭转振动和弦的横向振动这三类弹性体振动问题的振动微分方程的形式是完全相同的,因此这里仅讨论杆的纵向自由振动。

1. 运动微分方程的建立

均匀直杆如图 4-1 所示,设轴向坐标 x,原点位置取在杆的左端。

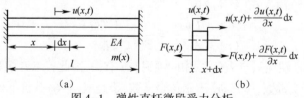

图 4-1 弹性直杆微段受力分析

相关的物理量分别为:$EA(x)$ 为杆的轴向刚度;$m(x)$ 为单位长度的质量;

$u(x,t)$ 为轴向位移；$F(x,t)$ 为作用在横截面上的轴向力。

取一个长为 dx 的微段，两端所受拉力分别为 $F(x,t)$，$F(x,t) + [\partial F(x,t)/\partial x]dx$。根据牛顿第二定律，微段的运动方程为 $m(x)dx\dfrac{\partial^2 u}{\partial t^2} = F + \dfrac{\partial F}{\partial x}dx - F$，则

$$m(x)\frac{\partial^2 u}{\partial t^2} = \frac{\partial F}{\partial x} \tag{4-1}$$

根据材料力学分析，应力与应变呈线性关系，得到轴向力与轴向位移的关系为

$$F = EA(x)\frac{\partial u}{\partial x} \tag{4-2}$$

将式(4-2)代入式(4-1)，得

$$m(x)\frac{\partial^2 u(x,t)}{\partial t^2} = \frac{\partial}{\partial x}\left[EA(x)\frac{\partial u(x,t)}{\partial x}\right] \tag{4-3}$$

式(4-3)为变截面杆纵向自由振动微分方程，这是一个包含 x 和 t 两个变量的偏微分方程。对于变截面杆或者质量分布不均匀杆，要获得自由振动问题的精确解相当困难。下面仅限于讨论等截面均匀杆。

对于等截面均匀杆，自由振动微分方程(4-3)可简化为

$$\frac{\partial^2 u(x,t)}{\partial x^2} = \frac{1}{a^2}\frac{\partial^2 u(x,t)}{\partial t^2} \tag{4-4}$$

式中，$a^2 = EA/m$，具有速度的量纲。

式(4-4)为一维波动方程，可以证明 a 是杆中纵波沿杆的轴线方向传播的速度。

2. 方程的求解

下面采用分离变量法求均匀杆的固有频率和振型函数。设

$$u(x,t) = U(x)T(t) \tag{4-5}$$

式中，$U(x)$ 为振型函数；$T(t)$ 为时间函数。

将式(4-5)代入式(4-4)，得

$$a^2\frac{1}{U(x)}\frac{d^2 U(x)}{dx^2} = \frac{1}{T(t)}\frac{d^2 T(t)}{dt^2} = -\omega^2 \tag{4-6}$$

式(4-6)左端项只与 x 有关，中间项只与 t 有关，因此若二者相等，其结果必然是等于同一个实常数，用 $-\omega^2$ 表示这个常数，于是式(4-6)等价下列两个方程：

$$\frac{d^2 U(x)}{dx^2} + \left(\frac{\omega}{a}\right)^2 U(x) = 0 \tag{4-7}$$

第4章 线性连续系统振动分析—固体中的弹性波

$$\frac{d^2T(t)}{dt^2} + \omega^2 T(t) = 0 \qquad (4\text{-}8)$$

式(4-7)与式(4-8)的数学解分别为

$$U(x) = C_1 \cos\frac{\omega}{a}x + C_2 \sin\frac{\omega}{a}x \qquad (4\text{-}9)$$

$$T(t) = B_1 \cos\omega t + B_2 \sin\omega t \qquad (4\text{-}10)$$

由此可见,$U(x)$即为杆纵向自由振动的振型函数,ω为杆纵向振动固有角频率。

将式(4-9)和式(4-10)代入式(4-5),得到

$$u(x,t) = \left(D_1 \cos\frac{\omega}{a}x + D_2 \sin\frac{\omega}{a}x\right)\sin(\omega t + \varphi) \qquad (4\text{-}11)$$

式中,D_1、D_2、ω、φ为4个待定常数,由杆的边界条件和初始条件确定。

3. 边界条件

边界条件是指杆件在振动的任意时刻,其形变所必须满足的边界约束条件。简单的边界条件指杆的自由端或固定端,复杂边界条件则连接端点质量或弹簧。下面针对三种简单边界约束情况,求均匀杆的固有频率和振型函数。

例 4-1 已知两端固定弹性均匀杆的材料常数,求纵向振动固有频率和振型函数。

解 固定杆的边界条件是两端的位移恒等于零,则

$$u(0,t) = U(0) \cdot T(t) = 0 \qquad (x = 0) \qquad (4\text{-}12)$$
$$u(l,t) = U(l) \cdot T(t) = 0 \qquad (x = l) \qquad (4\text{-}13)$$

因为$T(t)$不恒为零,则

$$U(0) = 0 \qquad (4\text{-}14)$$
$$U(l) = 0 \qquad (4\text{-}15)$$

由$x = 0$,将式(4-14)代入式(4-9),有$C_1 = 0$。

由$x = l$,则得$U(l) = C_2 \sin\frac{\omega l}{a} = 0$,有$C_2 \sin\frac{\omega l}{a} = 0$。因为$C_2 \neq 0$,所以

$$\sin\frac{\omega l}{a} = 0 \qquad (4\text{-}16)$$

或

$$\omega_i = \frac{i\pi a}{l} \qquad (i = 1,2,3,\cdots) \qquad (4\text{-}17)$$

式(4-17)就是两端固定杆的频率方程,具有无限个固有角频率,而离散多自由度系统的频率是有限个。零固有频率对应的振型函数是零,称为刚体模态,一

般略去不考虑。

固有频率由小到大排列,即 $\omega_1 < \omega_2 < \cdots < \omega_i < \cdots$。

将频率 ω_i 代入式(4-9),令 $C_2 = 1$,采用模态质量归一化,得到振型函数:

$$U_i(x) = \sin\frac{i\pi x}{l} \quad (i=1,2,3,\cdots) \tag{4-18}$$

取 $i=1,2,3$,由式(4-18)画出前三阶固有频率对应的振型图,如图4-2(a)所示。

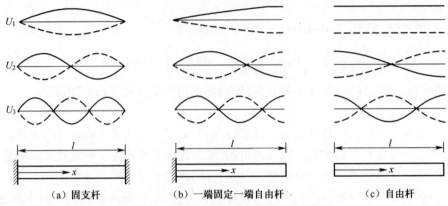

(a) 固支杆　　(b) 一端固定一端自由杆　　(c) 自由杆

图 4-2　弹性直杆纵向振动前 3 阶振型图

例 4-2　已知两端自由弹性均匀杆的材料常数,求纵向振动固有频率和振型函数。

解　自由杆的边界条件是两端轴向力恒等于零,由式(4-2)和式(4-5),得

$$EA\frac{\partial u(0,t)}{\partial x} = EA\frac{dU(0)}{dx}T(t) = 0 \quad 或 \quad \frac{dU(0)}{dx} = 0 \tag{4-19}$$

$$EA\frac{\partial u(l,t)}{\partial x} = EA\frac{dU(l)}{dx}T(t) = 0 \quad 或 \quad \frac{dU(l)}{dx} = 0 \tag{4-20}$$

将式(4-19)代入式(4-9),得 $C_2 = 0$,则

$$U(x) = C_1 \cos(\omega x/a) \tag{4-21}$$

将式(4-21)代入式(4-20),得 $C_1 \dfrac{\omega}{a}\sin\dfrac{\omega l}{a} = 0$,由此得频率方程为

$$\sin\frac{\omega l}{a} = 0 \tag{4-22}$$

或

$$\omega_i = \frac{(i-1)\pi a}{l} \quad (i=1,2,3,\cdots) \tag{4-23}$$

式(4-23)中1阶模态是零固有频率,对应振型函数是一个常数,表示两端自由杆的刚体振型,而非弹性振动振型。

在式(4-21)中令 $C_1 = 1$,得到两端自由杆振型函数为

$$U_i(x) = \cos(\omega_i x/a) = \cos\frac{(i-1)\pi x}{l} \quad (i=1,2,3,\cdots) \quad (4-24)$$

取 $i=1,2,3$,由式(4-24)画出前3阶固有频率对应的振型图,如图4-2(c)所示。

由式(4-24)可知,弹性杆具有无限多个固有振动角频率,而离散化多自由度系统只有有限个固有频率。由图4-2可以看出,随着频率阶数增加,振型节点数目也随之增加。

将式(4-10)、角频率 ω_i 和振型函数 U_i 一起代入式(4-5),有

$$u_i(x,t) = U_i(B_{1i}\cos\omega_i t + B_{2i}\sin\omega_i t) \quad (i=1,2,3,\cdots) \quad (4-25)$$

或

$$u_i(x,t) = b_i U_i \sin(\omega_i t + \theta_i) \quad (i=1,2,3,\cdots) \quad (4-26)$$

式中,积分常数 B_{1i}、B_{2i} 或 b_i、θ_i 由系统初始条件确定;u_i 是直杆以 ω_i 作为固有频率,以 U_i 作为模态的第 i 阶的主振动。

将各阶主振动叠加起来,得到直杆自由振动的位移响应为

$$u(x,t) = \sum_{i=1}^{\infty} U_i(B_{1i}\cos\omega_i t + B_{2i}\sin\omega_i t) \quad (4-27)$$

对于具有简单边界条件的均匀直杆,振型函数 U 是正弦函数或余弦函数,利用三角函数的正交性和初始条件容易确定式(4-27)中积分常数 B_{1i}、B_{2i}。非均匀杆的振型函数不一定是三角函数,但振型函数之间同样具有正交关系。

例4-3 一个简化的船舶推进轴系力学模型如图4-3所示,弹性模量 $E = 2.1 \times 10^{11} \text{N/m}^2$,质量密度 $\rho = 7.85 \times 10^3 \text{kg/m}^3$,轴端质量 M。求纵向振动固有频率和振型函数。

解 由图4-3,在 $x=0$,固定端边界条件为

$$u(0,t) = 0 \quad (4-28)$$

在 $x=l$ 处,轴向拉伸力等于质量 M 惯性力:

$$EA\frac{\partial u(l,t)}{\partial x} = -M\left(\frac{\partial^2 u(l,t)}{\partial t^2}\right) \quad (4-29)$$

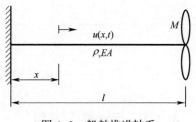

图4-3 船舶推进轴系

将式(4-11)代入式(4-28),得 $D_1=0$。

将式(4-11)代入式(4-29),得

$$AE\frac{\omega}{a}\cos\frac{\omega l}{a} = M\omega^2\sin\frac{\omega l}{a}$$

将上式整理,可得

$$\frac{AE}{aM\omega} = \tan\frac{\omega l}{a} \tag{4-30}$$

令 $\alpha = \rho Al/M$,$\beta = \omega l/a$,$a^2 = EA/m$,则式(4-30)改写为

$$\alpha = \beta\tan\beta \tag{4-31}$$

式(4-31)为超越方程,解得各阶固有频率为

$$\omega_i = \frac{\alpha\beta_i}{l} \qquad (i=1,2,3,\cdots) \tag{4-32}$$

对于一个确定的等截面轴,a 是已知值,即

$$a = \sqrt{\frac{E}{\rho}} = \sqrt{\frac{2.1\times10^{11}}{7.85\times10^3}} = 5.2\times10^3 \text{ (m/s)}$$

固有频率为

$$\omega_i \approx \frac{a\beta_i}{l} \approx 5.2\times10^3\frac{\beta_i}{l} \text{ (rad/s)}$$

将 $\beta\tan\beta = \alpha$ 以数表形式给出,如表4-1所列,其中 β_1 与系统基频 ω_1 相对应。振型函数按式(4-11)求解,即 $U_i(x) = D_{2i}\sin\frac{\omega_i x}{l}$。

表4-1 超越方程 β_1 与 α 的关系

α	0.01	0.10	0.30	0.50	0.70	0.90	1.00	1.50
β_1	0.10	0.31	0.52	0.65	0.75	0.83	0.86	0.99
α	2.00	3.00	4.00	5.00	10.0	20.0	100.0	∞
β_1	1.08	1.20	1.26	1.31	1.43	1.50	1.55	π/2

4.2 梁的横向振动

4.2.1 运动微分方程

梁是指其横截面尺寸小于梁轴长的平直弹性体,它受到垂直于梁轴线的横向载荷的作用而产生弯曲变形。限于篇幅,本书仅讨论所谓欧拉—伯努利梁的

横向弯曲振动问题,即梁的横向位移 $w = w(x,t)$ 仅由弯曲引起,不考虑横向剪切变形的影响。

如图 4-4 所示,在梁的主平面建立坐标系 xOz,坐标原点取在梁右端截面的形心,x 轴与梁的轴线重合。有关物理量分别为:EI 为梁的弯曲刚度,m 为单位长度梁的质量,$M(x,t)$ 与 $Q(x,t)$ 分别为梁的弯矩与剪力,分布横向载荷为 $f(x)$。根据牛顿第二定律,列出长度为 dx 的微元体沿 z 方向的运动方程为

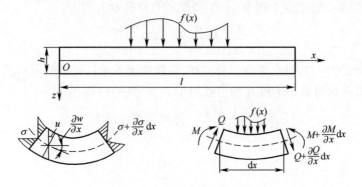

图 4-4 弯曲梁受力分析

$$m dx \frac{\partial^2 w}{\partial t^2} = Q + \frac{\partial Q}{\partial x}dx - Q + f dx$$

化简得

$$m \frac{\partial^2 w}{\partial t^2} = \frac{\partial Q}{\partial x} + f \tag{4-33}$$

当不考虑微元体转动惯量的影响时,以微元体右端截面上任意一点为矩心,写出力矩平衡方程:

$$M + \frac{\partial M}{\partial x}dx - M - Q dx + f dx \frac{dx}{2} = 0$$

将上式略去高阶小量,化简得

$$Q = \frac{\partial M}{\partial x} \tag{4-34}$$

根据欧拉—伯努利梁理论,梁的弯矩和横向位移的关系为

$$M = -EI \frac{\partial^2 w}{\partial x^2} \tag{4-35}$$

把式(4-34)、式(4-35)代入式(4-33),得到用横向位移 $w(x,t)$ 表示的梁弯曲振动微分方程为

$$\frac{\partial^2}{\partial x^2}\left(EI\frac{\partial^2 w}{\partial x^2}\right) + m\frac{\partial^2 w}{\partial t^2} = f \tag{4-36}$$

4.2.2 方程求解

式(4-36)含有对位置坐标 x 的 4 阶偏导数和对时间坐标的 2 阶偏导数,因此确定其自由振动解需要 4 个边界条件和 2 个初始条件。

在式(4-36)中令干扰力 $q=0$,得梁的自由振动方程为

$$\frac{\partial^2}{\partial x^2}\left(EI\frac{\partial^2 w}{\partial x^2}\right) = -m\frac{\partial^2 w}{\partial t^2} \tag{4-37}$$

运动式(4-37)是变系数微分方程,一般情况下难以得到封闭形式的解。当梁为等截面均匀梁,EI 和 m 均不依赖于 x,式(4-37)简化为

$$\frac{\partial^4 w}{\partial x^4} = -\frac{1}{a^2}\frac{\partial^2 w}{\partial t^2} \quad \text{或} \quad \frac{\partial^2 w}{\partial t^2} = -a^2\frac{\partial^4 w}{\partial x^4} \tag{4-38}$$

其中

$$a = \sqrt{\frac{EI}{m}} \tag{4-39}$$

式(4-38)是一个 4 阶齐次常微分方程,采用分离变量法,设解的形式为

$$w(x,t) = W(x)T(t) \tag{4-40}$$

将式(4-40)代入式(4-33),整理,可得

$$\frac{a^2}{W(x)}\frac{\mathrm{d}^4 W(x)}{\mathrm{d}x^4} = -\frac{1}{T(t)}\frac{\mathrm{d}^2 T(t)}{\mathrm{d}t^2}$$

按照已经熟知的理由,只有把分离常数取为 ω^2,上述公式等号方能成立,即

$$\frac{a^2}{W(x)}\frac{\mathrm{d}^4 W(x)}{\mathrm{d}x^4} = -\frac{1}{T(t)}\frac{\mathrm{d}^2 T(t)}{\mathrm{d}t^2} = \omega^2$$

由此得

$$\frac{\mathrm{d}^2 T(t)}{\mathrm{d}t^2} + \omega^2 T(t) = 0 \tag{4-41}$$

$$\frac{\mathrm{d}^4 W(x)}{\mathrm{d}x^4} - \frac{\omega^2}{a^2}W(x) = 0 \tag{4-42}$$

式(4-41)的解为

$$T(t) = B_1\cos\omega t + B_2\sin\omega t \tag{4-43}$$

令

$$\beta^4 = \frac{\omega^2}{a^2} = \frac{m}{EI}\omega^2 \tag{4-44}$$

式(4-42)改写为

$$\frac{\mathrm{d}^4 W(x)}{\mathrm{d}x^4} - \beta^4 W(x) = 0 \qquad (4\text{-}45)$$

将形式如 $e^{\lambda x}$ 的解代入式(4-45)，由特征方程 $\lambda^4 - \beta^4 = 0$，得到4个根及其相应的4个独立特解 $e^{\beta x}$、$e^{-\beta x}$、$e^{i\beta x}$、$e^{-i\beta x}$，可得

$$W(x) = C_1\sin\beta x + C_2\cos\beta x + C_3\sinh\beta x + C_4\cosh\beta x \qquad (4\text{-}46)$$

式中，C_i 为积分常数，$(i = 1,2,3,4)$。

利用梁的边界条件得到其频率方程，并且根据解频率方程得到的 β_i 确定其固有频率：

$$\omega_i = \beta_i^2 \sqrt{\frac{EI}{m}} = \beta_i^2 a \qquad (4\text{-}47)$$

例 4-4 试求简支梁弯曲振动固有频率与振型。

解 简支梁边界条件为当 $x = 0$ 与 $x = l$ 时，$w(x,t) = EI\dfrac{\partial^2 w(x,t)}{\partial x^2} = 0$，由此可得

$$W(0) = \frac{\mathrm{d}^2 W(0)}{\mathrm{d}x^2} = 0, \quad W(l) = \frac{\mathrm{d}^2 W(l)}{\mathrm{d}x^2} = 0$$

利用前两个边界条件，得 $C_2 = C_4 = 0$。

利用后两个边界条件，得 $C_1\sin\beta l + C_3\sinh\beta l = 0$，$C_1\sin\beta l - C_3\sinh\beta l = 0$。

因为 $\beta l \neq 0$ 时，$\sinh\beta l \neq 0$，故有 $C_3 = 0$；而 $C_1 \neq 0$。所以简支梁的频率方程为

$$\sin\beta l = 0, \text{ 或 } \beta_i = \frac{i\pi}{l} \ (i = 1,2,\cdots)$$

简支梁自由振动频率为

$$\omega_i = \beta_i^2 a = \frac{i^2\pi^2}{l^2}\sqrt{\frac{EI}{m}} \ (i = 1,2,\cdots)$$

把以上各式代入式(4-46)，可得固有振型

$$W_i(x) = C\sin\frac{i\pi}{l}x \ (i = 1,2,\cdots)$$

例 4-5 求两端固支梁弯曲振动固有频率与振型。

解 固支端边界条件为当 $x = 0, l$ 时，$w(x,t) = \dfrac{\partial w(x,t)}{\partial x} = 0$，由此可得

$$W(0) = \frac{\mathrm{d}W(0)}{\mathrm{d}x} = 0, \quad W(l) = \frac{\mathrm{d}W(l)}{\mathrm{d}x} = 0$$

利用前两个边界条件，得 $C_1 = -C_3$，$C_2 = -C_4$，再由后面两个边界条件，得

$$(\sin\beta l - \sinh\beta l)C_1 + (\cos\beta l - \cosh\beta l)C_2 = 0$$
$$(\cos\beta l - \cosh\beta l)C_1 + (-\sin\beta l - \sinh\beta l)C_2 = 0$$

由 C_1、C_2 不全为零得到频率方程

$$\sin^2\beta l - \sinh^2\beta l + (\cos\beta l - \cosh\beta l)^2 = 0$$

化简得

$$\cos\beta l \cosh\beta l = 1$$

前5阶的特征根为

$$\beta l = 4.730, 7.853, 10.996, 14.137, 17.279$$

固有频率和振型分别为

$$\omega_i = \beta_i^2 a = \beta_i^2 \sqrt{\frac{EI}{m}} \quad (i = 1, 2, \cdots)$$

$$W_i(x) = C\left[\sin\beta_i x - \sinh\beta_i x - \frac{\sin\beta_i l - \sinh\beta_i l}{\cos\beta_i l - \cosh\beta_i l}(\cos\beta_i x - \cosh\beta_i x)\right]$$

4.2.3 主振型函数的正交性

我们已经知道多自由度系统的主振型具有正交性。与多自由度离散系统类似,包括梁在内的连续系统也存在振型函数的正交性性质。下面仅就等截面均匀在梁的弯曲振动的振型函数论证其正交性。

设 $W_i(x)$、$W_j(x)$ 分别与第 i、j 阶固有频率 ω_i 和 ω_j 对应振型函数,由式(4-45),得

$$\frac{d^4 W_i(x)}{dx^4} = \omega_i^2 \frac{m}{EI} W_i(x) \tag{4-48}$$

$$\frac{d^4 W_j(x)}{dx^4} = \omega_j^2 \frac{m}{EI} W_j(x) \tag{4-49}$$

将式(4-48)和式(4-49)分别乘 $W_j(x)$ 和 $W_i(x)$,然后相减,再从 $0 \sim l$ 进行积分,得

$$\begin{aligned}
&(\omega_i^2 - \omega_j^2)\frac{m}{EI}\int_0^l W_i(x)W_j(x)dx \\
&= \int_0^l \left[W_j(x)\frac{d^4 W_i(x)}{dx^4} - W_i(x)\frac{d^4 W_j(x)}{dx^4}\right]dx \\
&= W_j(x)\frac{d^3 W_i(x)}{dx^3}\bigg|_0^l - W_i(x)\frac{d^3 W_j(x)}{dx^3}\bigg|_0^l \\
&\quad - \frac{dW_j(x)}{dx}\cdot\frac{d^2 W_i(x)}{dx^2}\bigg|_0^l + \frac{dW_i(x)}{dx}\frac{d^2 W_j(x)}{dx^2}\bigg|_0^l
\end{aligned} \tag{4-50}$$

可以说明,由简支、固支和自由边界条件之中的任意两个作为梁的边界条件组合,式(4-50)等号右边项恒等于零。于是当 $i \neq j, \omega_i \neq \omega_j$ 时,得正交关系为

$$\int_0^l m W_i(x) W_j(x) \mathrm{d}x = 0 \tag{4-51}$$

$$\int_0^l EI \frac{\mathrm{d}^2 W_i(x)}{\mathrm{d}x^2} \frac{\mathrm{d}^2 W_j(x)}{\mathrm{d}x^2} \mathrm{d}x = 0 \tag{4-52}$$

当 $i = j$ 时,给出梁的模态质量 M_i 和模态刚度 K_i 分别为

$$\int_0^l m W_i^2(x) \mathrm{d}x = M_i \tag{4-53}$$

$$\int_0^l EI \left[\frac{\mathrm{d}^2 W_i(x)}{\mathrm{d}x^2} \right] \mathrm{d}x = K_i \tag{4-54}$$

4.2.4 受迫振动响应分析的振型叠加法

离散系统使用振型叠加法求解系统对干扰力的响应,上述方法对于线性弹性连续系统的受迫振动响应分析同样也适用。响应分析也称为模态分析。

设梁的横向振动位移可以写成振型函数的线性叠加形式,即

$$w(x,t) = \sum_{i=1}^{\infty} W_i(x) T_i(t) \tag{4-55}$$

式中,$T_i(t)$ 为系统的第 i 个主坐标或模态坐标。

利用振型法分析受迫振动,需要先求出系统的固有频率和振型函数。下面采用拉格朗日方程导出主坐标满足的运动微分方程。不失一般性,设梁具有简单边界条件,即梁具有简支、固支和自由边界条件的任意组合。系统的动能和势能可分别表示为

$$T(t) = \frac{1}{2} \int_0^l m \left[\frac{\partial w(x,t)}{\partial t} \right]^2 \mathrm{d}x = \frac{m}{2} \int_0^l \left[\sum_{i=1}^{\infty} \frac{\mathrm{d}T_i(t)}{\mathrm{d}t} W_i(x) \right]^2 \mathrm{d}x = \frac{1}{2} \sum_{i=1}^{\infty} M_i \left(\frac{\mathrm{d}T_i}{\mathrm{d}t} \right)^2 \tag{4-56}$$

$$U(t) = \frac{1}{2} \int_0^l EI \left[\frac{\partial^2 w(x,t)}{\partial x^2} \right]^2 \mathrm{d}x = \frac{EI}{2} \int_0^l \left[\sum_{i=1}^{\infty} T_i(t) \frac{\mathrm{d}^2 W_i(x)}{\mathrm{d}x^2} \right]^2 = \frac{1}{2} \sum_{i=1}^{\infty} K_i T_i^2 \tag{4-57}$$

式中,模态质量 M_i 和模态刚度 K_i 分别由式(4-53)和式(4-54)计算。

将式(4-56)和式(4-57)代入拉格朗日方程,得

$$\frac{\mathrm{d}}{\mathrm{d}t} \left(\frac{\partial T}{\partial \dot{T}_i} \right) - \frac{\partial T}{\partial T_i} + \frac{\partial U}{\partial T_i} = F_i$$

式中，$\dot{T}_i$ 表示 T_i 对时间的一阶导数；F_i 为与广义坐标 T_i 对应的广义力。

可得广义坐标 T_i 的下列运动方程：

$$M_i \ddot{T}_i + K_i T_i = F_i \quad (i = 1, 2, \cdots) \tag{4-58}$$

或

$$\ddot{T}_i + \omega_i^2 T_i = \frac{F_i}{M_i} \quad (i = 1, 2, \cdots) \tag{4-59}$$

式(4-59)的解可以利用单自由度系统的结果得到。其通解为

$$T_i(t) = T_i(0)\cos\omega_i t + \frac{\dot{T}_i(0)}{\omega_i}\sin\omega_i t + \frac{1}{\omega_i M_i}\int_0^l F_i(\tau)\sin\omega_i(t-\tau)\,\mathrm{d}\tau \tag{4-60}$$

式(4-60)等号右边前两项代表初始条件决定的自由振动，$T_i(0)$ 和 $\dot{T}_i(0)$ 确定如下：

$$w(x,0) = \sum T_i(0) W_i(x) = f(x)$$

$$\frac{\partial w(x,0)}{\partial t} = \sum \dot{T}_i(0) W_i(x) = g(x)$$

利用振型函数的正交性，得

$$T_i(0) = \frac{1}{M_i}\int_0^l m f(x) W_i(x) \,\mathrm{d}x \tag{4-61}$$

$$\dot{T}_i(0) = \frac{1}{M_i}\int_0^l m g(x) W_i(x) \,\mathrm{d}x \tag{4-62}$$

例 4-6 如图 4-5 所示简支梁，在 $x = a$ 处作用有一个正弦激振力 $f = P\sin\omega t$。试求梁的横向振动响应，设梁的初始位移和初始速度都为零。

解 广义力为 $F_i = \int_0^l F(x,t) W_i(x) \,\mathrm{d}x$，$F(x,t)$ 表示梁的分布载荷。

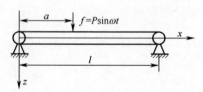

图 4-5 正弦激振简支梁

作用于 $x = a$ 处的集中力可表示为 $F(x,t) = f\delta(x-a) = P\sin\omega t\,\delta(x-a)$，$\delta(x)$ 为 δ 函数。

简支梁的固有频率和振型函数分别为

$$\omega_i = \left(\frac{i\pi}{l}\right)^2 \sqrt{\frac{EI}{m}}, \quad W_i(x) = \sin\frac{i\pi}{l}x$$

广义力为

$$F_i(t) = \int_0^l F(x,t) W_i(x) \mathrm{d}x = \int_0^l p\delta(x-a)\sin\omega t \sin\frac{i\pi}{l}x \mathrm{d}x = P\sin\omega t \sin\frac{i\pi}{l}a$$

模态质量为

$$M_i = \int_0^l m W_i^2(x) \mathrm{d}x = \int_0^l m \sin^2\frac{i\pi x}{l}\mathrm{d}x = \frac{ml}{2} = \frac{M}{2}$$

根据式(4-60),得

$$T_i(t) = \frac{2P}{M}\left[\frac{\sin\omega t}{\omega_i^2 - \omega^2} - \frac{\omega\sin\omega_i t}{\omega_i(\omega_i^2 - \omega^2)}\right]\sin\frac{i\pi a}{l}$$

将上式代入式(4-55),得

$$w(x,t) = \sum_{i=1}^{\infty}\frac{2P}{M}\frac{\sin\omega t}{\omega_i^2 - \omega^2}\sin\frac{i\pi a}{l}\sin\frac{i\pi x}{l} - \sum_{i=1}^{\infty}\frac{2P}{M}\frac{\omega\sin\omega_i t}{\omega_i(\omega_i^2 - \omega^2)}\sin\frac{i\pi a}{l}\sin\frac{i\pi x}{l}$$

上式等号右边第一项是稳态响应,第二项是伴生自由振动。有阻尼时自由振动将衰减。

4.3 薄板的横向振动

板的厚度 h 远小于它的平面的最小尺寸,这样的板称为薄板。薄板理论中一个最基本的假设是基尔霍夫假设,即变形前垂直于中面的直线在板变形后仍然是直线,并且与中面垂直而且长度不变。于是不必考虑横向剪切变形和板厚对位移的影响,板的变形状态仅取决于中面挠曲面形状。另外,当板作微幅振动时,中面内各点不存在面内位移。一般情况下,如果中面横向挠度 w 满足 $w/h < 0.2$,则板作微幅振动。

如图 4-6 所示,在薄板变形前的中面内建立笛卡儿坐标系 xOy,规定 u、v、w 分别为中面内任一点沿 x、y、z 三个方向的位移。薄板的内力的合力可以表示为

$$M_x = -D\left(\frac{\partial^2 w}{\partial x^2} + \mu\frac{\partial^2 w}{\partial y^2}\right), \quad M_y = -D\left(\mu\frac{\partial^2 w}{\partial x^2} + \frac{\partial^2 w}{\partial y^2}\right), \quad M_{xy} = -D(1-\mu)\frac{\partial^2 w}{\partial x zy}$$

(4-63)

式中,M_x、M_y 分别为作用于垂直于 x 和 y 方向单位长度中面上的弯矩;M_{xy} 为作用在垂直于 x 和 y 方向的单位长度中面上的扭矩;$D = Eh^3/12(1-\mu^2)$ 为板的抗弯刚度,μ 为泊松比。

忽略板单元体质量的转动惯量,由其动力平衡,得

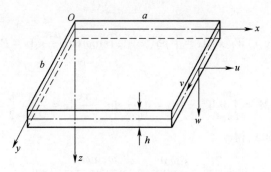

图 4-6 薄板位移

$$Q_x = \frac{\partial M_x}{\partial x} + \frac{\partial M_{xy}}{\partial y}, \ Q_y = \frac{\partial M_y}{\partial y} + \frac{\partial M_{xy}}{\partial x} \tag{4-64}$$

式中，Q_x 和 Q_y 分别为作用在垂直于 x 方向和 y 方向单位长度中面上的剪力。

根据 z 方向动力平衡，得到薄板的自由振动微分方程为

$$D\left(\frac{\partial^4 w}{\partial x^4} + 2\frac{\partial^4 w}{\partial x^2 \partial y^2} + \frac{\partial^4 w}{\partial y^4}\right) + \rho h\left(\frac{\partial^2 w}{\partial t^2}\right) = 0 \tag{4-65}$$

式中，ρh 为薄板单位面积的质量。

采用分离变量法设通解形式为

$$w(x,y,t) = W(x,y) T(t) \tag{4-66}$$

将式(4-66)代入式(4-65)，得

$$\frac{\partial^4 W}{\partial x^4} + 2\frac{\partial^4 W}{\partial x^2 \partial y^2} + \frac{\partial^4 W}{\partial y^4} - k^4 W = 0 \tag{4-67}$$

$$\ddot{T} + \omega^2 T = 0 \tag{4-68}$$

式中，ω 为薄板横向弯曲振动固有角频率；$k^4 = \dfrac{\rho h}{D}\omega^2$。

式(4-67)的精确求解，对于一般的边界条件来说是十分困难的，只有薄板的一组相对边为简支边界，而另外一组相对边为任意边界的情况下，才能获得其自由振动问题精确解。下面举例说明。

例 4-7 求解四边简支矩形板自由振动固有频率。

解 全部边界条件为

$$W\big|_{x=0} = W\big|_{x=a} = 0, \ \frac{\partial^2 W}{\partial x^2}\bigg|_{x=0} = \frac{\partial^2 W}{\partial x^2}\bigg|_{x=a} = 0,$$

$$W\big|_{y=0} = W\big|_{y=b} = 0, \ \frac{\partial^2 W}{\partial y^2}\bigg|_{y=0} = \frac{\partial^2 W}{\partial y^2}\bigg|_{y=b} = 0$$

将振型函数 $W(x,y)$ 用双重三角级数展开,即

$$W(x,y) = \sum_{m=1}^{\infty}\sum_{n=1}^{\infty} A_{mn}\sin\frac{m\pi x}{a}\sin\frac{n\pi y}{b}$$

上式能够满足矩形板四个边的简支边界条件。将上式代入式(4-67),得

$$\sum_{m=1}^{\infty}\sum_{n=1}^{\infty} A_{mn}\left\{\left[\left(\frac{m\pi}{a}\right)^2 + \left(\frac{n\pi}{b}\right)^2\right]^2 - k^4\right\}\sin\frac{m\pi x}{a}\sin\frac{n\pi y}{b} = 0$$

将 $\sin\dfrac{i\pi x}{a}\sin\dfrac{j\pi y}{b}$ 乘以上式,并且进行面积积分,得 $k^4 = \left[\left(\dfrac{m}{a}\right)^2 + \left(\dfrac{n}{b}\right)^2\right]^2\pi^4$,所以有

$$\omega_{mn} = \sqrt{\frac{D}{\rho h}}k^2 = \sqrt{\frac{D}{\rho h}}\pi^2\left[\left(\frac{m}{a}\right)^2 + \left(\frac{n}{b}\right)^2\right]$$

第5章 线性振动的近似分析方法

在理论分析中,把线性振动系统分为连续系统和离散系统。实际结构一般都是复杂的连续系统,可建立微分方程研究其振动特性,但除了几何形状简单的杆、梁和板壳外,求精确解基本上是不可能的。工程应用中一般将复杂连续系统离散化为一个有限自由度系统,采用适当的近似分析方法求解,离散系统的自由度数主要取决于精度要求。离散振动系统近似分析方法主要涉及两方面内容:一是求解固有频率和固有振型;二是求解振动响应。很多实际问题只关心系统的最低几阶固有频率,应用近似方法可以直接求解。

5.1 瑞 利 法

连续振动系统经过离散化后,数学模型是常微分方程组,可采用直接积分法和振型叠加法求解。如第3章采用振型叠加法求受迫振动系统的稳态响应,但必须先求出系统固有频率和振型。一般由实际结构简化得到的振动方程阶数较高,求解全部特征值是比较困难且也并非必需的。因此,工程上选择近似方法求解部分特征值。

瑞利法是以英国著名力学家瑞利(Lord Rayleigh)命名的一种近似求解连续系统基频的简便而有效的方法。能量守恒定律是瑞利法的理论基础,表述为无阻尼自由振动系统的能量保持常量。

5.1.1 单自由度系统

对于一个如图2-2所示单自由度无阻尼质量—弹簧系统,其自由振动位移响应为

$$x(t) = X\sin(\omega_n t + \varphi) \tag{5-1}$$

式中,X 为振幅;ω_n 为固有频率;φ 为初相位(角)。

系统的动能、势能分别为

$$T = \frac{1}{2}m\dot{x}^2 \tag{5-2}$$

$$U = \frac{1}{2}kx^2 \tag{5-3}$$

当通过平衡位置时,系统势能或变形能为零,动能达到最大值 $T_{\max}$;当位移达到最大值时,动能为零,势能达到最大值 $U_{\max}$。根据机械能守恒原理,有

$$T_{\max} = U_{\max} \tag{5-4}$$

将式(5-1)代入式(5-2)和式(5-3),得

$$T_{\max} = \frac{1}{2}m\dot{x}_{\max}^2 = \frac{1}{2}mX^2\omega_n^2 \tag{5-5}$$

$$U_{\max} = \frac{1}{2}kx_{\max} = \frac{1}{2}kX^2 \tag{5-6}$$

将式(5-5)和式(5-6)代入式(5-4),得

$$\omega_n = \sqrt{\frac{k}{m}} \tag{5-7}$$

式(5-7)为第2章所列振动微分方程的频率计算公式。下面将能量法应用到多自由度系统,对固有频率求解具有明显优越性。

5.1.2 多自由度系统

将多自由度无阻尼系统自由振动的位移列阵表示为

$$\{x\} = \{X\}\sin(\omega t + \varphi) \tag{5-8}$$

速度列阵为

$$\{\dot{x}\} = \{X\}\omega\cos(\omega t + \varphi) \tag{5-9}$$

系统最大动能为

$$T_{\max} = \frac{1}{2}\{\dot{x}_{\max}\}^{\mathrm{T}}[M]\{\dot{x}_{\max}\} = \frac{1}{2}\omega^2\{X\}^{\mathrm{T}}[M]\{X\} = \omega^2 T_0 \tag{5-10}$$

$$T_0 = \frac{1}{2}\{X\}^{\mathrm{T}}[M]\{X\} \tag{5-11}$$

式中,T_0 为动能系数或参考动能;$[M]$ 为质量矩阵;$\{X\}$ 为位移幅值列阵。

系统最大势能为

$$U_{\max} = \frac{1}{2}\{x_{\max}\}^{\mathrm{T}}[K]\{x_{\max}\} = \frac{1}{2}\{X\}^{\mathrm{T}}[K]\{X\} \tag{5-12}$$

式中,$[K]$ 为刚度矩阵。

按照能量守恒定律,最大动能与最大变形能相等,有

$$\omega^2 = \frac{\{X\}^{\mathrm{T}}[K]\{X\}}{\{X\}^{\mathrm{T}}[M]\{X\}} \tag{5-13}$$

将式(5-11)和式(5-12)代入式(5-13),记瑞利商为

$$R(X) = \omega^2 = \frac{U_{\max}}{T_0} \tag{5-14}$$

若系统呈现第 i 阶主振动形态,振型为 $\{u_i\}$,将 $\{X_i\} = \{u_i\}$ 代入式(5-14),得

$$R(X_i) = \omega_i^2 = \frac{\{u_i\}^T [K] \{u_i\}}{\{u_i\}^T [M] \{u_i\}} \tag{5-15}$$

式(5-15)表明,当系统按某一阶固有频率振动时,将这阶固有振型代入瑞利商公式,将给出这阶固有频率的平方,这是瑞利商的一个重要性质。但在实际应用瑞利商时,待求频率是未知的,对应的振型也是未知的。因此,只能采用假设的振型近似计算多自由度系统固有频率。

利用式(5-15)求频率的近似解时,应当注意:①把任意一个假设的振型代入瑞利商,将得到系统基频平方的上限。采用真实振型所得到的频率,是近似计算固有频率中最低的一个。②瑞利商可以估算任何高阶频率,但精确估计高阶主振型是困难的,因此计算高阶频率的精度较差,瑞利法常用于求解基频。③频率的精度取决于所假设的振型函数的好坏,可以利用节点数判断振型阶数。原则上,只要满足系统的位移约束条件,都可成为振型函数的选取对象。一般采用静变形作为近似的第一阶振型,可以得到精度相当高的预估结果。

例 5-1 如图 5-1(a)所示绳索—质点横向振动系统,绳索上有三个质点 m_1、m_2、m_3,各段绳索张力 T 相同,绳索长度 $4l$。试用瑞利法估计系统的基频 ω_1。

解 (1) 由图 5-1 质点运动分析,取位移坐标 x_1、x_2、x_3,由牛顿第二定律,得

$$\sum F_{x1} = m_1 \ddot{x}_1, \quad \sum F_{x2} = m_2 \ddot{x}_2, \quad \sum F_{x3} = m_3 \ddot{x}_3$$

得到运动微分方程:

$$T\sin\theta_2 - T\sin\theta_1 = m_1 \ddot{x}_1, \quad -T\sin\theta_3 - T\sin\theta_2 = m_2 \ddot{x}_2, \quad T\sin\theta_3 - T\sin\theta_4 = m_3 \ddot{x}_3$$

列出矩阵形式运动微分方程:

$$m \begin{bmatrix} 2 & 0 & 0 \\ 0 & 1 & 0 \\ 0 & 0 & 3 \end{bmatrix} \begin{Bmatrix} \ddot{x}_1 \\ \ddot{x}_2 \\ \ddot{x}_3 \end{Bmatrix} + \frac{T}{l} \begin{bmatrix} 2 & -1 & 0 \\ -1 & 2 & -1 \\ 0 & -1 & 2 \end{bmatrix} \begin{Bmatrix} x_1 \\ x_2 \\ x_3 \end{Bmatrix} = \begin{Bmatrix} 0 \\ 0 \\ 0 \end{Bmatrix}$$

质量矩阵为

$$\boldsymbol{M} = \begin{bmatrix} 2 & 0 & 0 \\ 0 & 1 & 0 \\ 0 & 0 & 3 \end{bmatrix} m$$

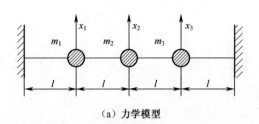

(a) 力学模型

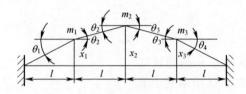

(b) 运动分析

图 5-1 绳索—质点横向振动系统

刚度矩阵为

$$K = \begin{bmatrix} 2 & -1 & 0 \\ -1 & 2 & -1 \\ 0 & -1 & 2 \end{bmatrix} \frac{T}{l}$$

(2) 假设系统静变形作为近似的第一阶振型,如图 5-1(b) 所示,并取 $\{u_1\}^T = [1\ 1\ 1]$,得

$$\{u_1\}^T [M] \{u_1\} = 6m, \quad \{u_1\}^T [K] \{u_1\} = \frac{2T}{L}$$

将上式代入式(5-15)求瑞利商 $R(X_1) = \omega_1^2 \approx \frac{2T}{L} \cdot \frac{1}{6m} = 0.333 \frac{T}{ml}$,得 $\omega_1 \approx 0.573 \sqrt{\frac{T}{ml}}$

基频精确值为 $\omega_{1精} = 0.562 \sqrt{\frac{T}{ml}}$,瑞利商计算基频的相对误差为 1.95%。

例 5-2 如图 5-2 所示弹性梁上作用有 n 个重力为 W_i 的集中质量,已知梁在重力作用点处静挠度 δ_i,梁本身分布质量不计。试用瑞利法求该振动系统的基频。

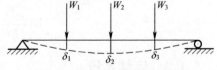

图 5-2 简支梁—集中质量系统

解 系统最大变形能和最大动能分别为

$$U_{\max} = \sum_{i=1}^{n} \frac{1}{2} W_i \delta_i$$

$$T_{\max} = \sum_{i=1}^{n} \frac{1}{2} m_i v_i^2 = \frac{1}{2g} \sum W_i (\omega \delta_i)^2 = \frac{1}{2g} \omega^2 \sum_{i=1}^{n} W_i \delta_i^2$$

令以上两式相等,得

$$\omega^2 = \frac{g \sum_{i=1}^{n} W_i \delta_i}{\sum_{i=1}^{n} W_i \delta_i^2}$$

例 5-3 如图 5-3 所示的弹性支承梁,梁长 l,载荷 W。试用瑞利法求出梁的基频。

解 对于弹簧悬挂质量的振动系统,有静挠度 δ,弹簧静伸长为 $\delta = mg/k$,因此得 $\omega^2 = g/\delta$。

载荷 W 作用点挠度或位移为

$$\delta = \delta_w + \delta_s$$

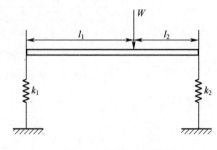

图 5-3 弹性支承梁

载荷 W 引起的梁的挠度

$$\delta_w = \frac{W}{3EI} \frac{l_1^2 l_2^2}{l}$$

支承弹簧变形引起的挠度或位移为

$$\delta_s = \delta_2 - \frac{\delta_2 - \delta_1}{l} l_2 = \frac{\delta_2 l_1 + \delta_1 l_2}{l}$$

其中,δ_1、δ_2 为支承弹簧的静变形,可定义为

$$\delta_1 = \frac{l_2 W}{k_1 l}, \quad \delta_2 = \frac{l_1 W}{k_2 l}$$

因此,基频近似值为

$$\omega_1 = \sqrt{\frac{g}{W\left(\dfrac{l_1^2 l_2^2}{3EIl} + \dfrac{l_2^2}{k_1 l^2} + \dfrac{l_1^2}{k_2 l^2}\right)}}$$

5.1.3 连续系统

在例 5-2 和例 5-3 中,只考虑了集中质量或载荷作用点的挠度。下面讨论具有分布质量和分布挠度梁的能量函数。

横向振动梁的动能为

$$T = \frac{1}{2}\int_0^l m\left(\frac{\partial w}{\partial t}\right)^2 dx \qquad (5\text{-}16)$$

式中,$w(x,t)$ 表示梁的动挠度;m 为梁单位长度质量。

梁的变形势能为

$$U = \frac{1}{2}\int_0^l M d\theta \qquad (5\text{-}17)$$

式中,M 为弯矩;θ 为转角。

对于小挠度梁,设 R 为曲率半径,EI 为抗弯刚度,由材料力学知识,可知

$$\theta = \frac{\partial w}{\partial x},\ \frac{1}{R} = \frac{\partial \theta}{\partial x} = \frac{\partial^2 w}{\partial x^2},\ \frac{M}{EI} = \frac{1}{R} \qquad (5\text{-}18)$$

将式(5-18)代入式(5-17),得

$$U = \frac{1}{2}\int_0^l \frac{M}{R}dx = \frac{1}{2}\int_0^l EI\left(\frac{\partial^2 w}{\partial x^2}\right)^2 dx \qquad (5\text{-}19)$$

设 $w(x,t) = W(x)\sin\omega t$,则 $\dfrac{\partial w(x,t)}{\partial t} = W(x)\omega\cos\omega t$,$\dfrac{\partial^2 w(x,t)}{\partial x^2} = W''(x)\sin\omega t$,$W(x)$ 是梁的分布振幅,称为振型函数或模态函数。将 $\dfrac{\partial w(x,t)}{\partial t}$ 和 $\dfrac{\partial^2 w(x,t)}{\partial x^2}$ 的表达式分别代入式(5-16)和式(5-19),得

$$\begin{cases} T_{\max} = \dfrac{\omega^2}{2}\int_0^l m[W(x)]^2 dx = T_0\omega^2 \\ U_{\max} = \dfrac{1}{2}\int_0^l EI[W''(x)]^2 dx \end{cases} \qquad (5\text{-}20)$$

由能量守恒,即 $T_{\max} = U_{\max}$,得

$$R(\omega) = \overline{\omega}^2 = \frac{\int_0^l EI[W''(x)]^2 dx}{\int_0^l m[W(x)]^2 dx} = \frac{U_{\max}}{T_0} \qquad (5\text{-}21)$$

利用式(5-21)可近似估算梁的基频,其精度与振型函数 $W(x)$ 的选取有关,而对 $W(x)$ 的基本要求是它必须满足梁的边界条件。

例 5-4 如图 5-4 所示一个均匀悬臂梁,试利用式(5-21)估算梁的基频 $\overline{\omega}_1$。

解 (1)设梁的静挠度 $y(x)$ 为抛物线,假设振型函数为 $W(x) = \alpha x^2$,其中 α 为

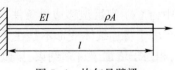

图 5-4 均匀悬臂梁

常数,并且满足悬臂梁固定端的边界条件。

将 $W(x)$ 代入式(5-21),得

$$\overline{\omega}_1^2 = \frac{EI}{ml^4}(4.47)^2, \overline{\omega}_1 = 4.47\sqrt{\frac{EI}{ml^4}}$$

基频精确值为 $\omega_{1精}^2 = \frac{EI}{ml^4}(3.52)^2$,与近似解 $\overline{\omega}_1$ 比较,得到相对误差为27%。

(2) 若对 $W(x) = \alpha x^2$ 中指数作修正,引入待定指数 n。考虑到用估计的振型代入式(5-21)试算时,所得到的最小的 $R(X)$ 的值更接近实际值,使 $\overline{\omega}_1$ 最小。

令 $W(x) = \alpha x^n$,并将其代入式(5-21),得

$$\overline{\omega}_1^2 = \frac{n^2(n-1)^2(2n+1)}{2n-3}$$

令 $\dfrac{d\overline{\omega}_1^2}{dn} = 0$,则由上式可得

$$8n^3 - 16n^2 + 2n + 3 = 0$$

解得 $n = 1.7303$,于是得 $\overline{\omega}_1 = 3.932$,与精确值3.52比较,相对误差为12%。若选用 $W(x) = \alpha_1 x^2 + \alpha_2 x^n$,则可得 $n = 2.7$, $\overline{\omega}_1 = 3.521$,非常接近精确值3.52。

5.2 瑞利—里兹法

瑞利法适用于求解多自由度系统基频,为了估计多自由度系统前几阶特征对(每一个频率与相应的振型称为一个特征对),可以采用所谓里兹法(Ritz)。里兹法实质上是对瑞利法的推广,习惯称为瑞利—里兹法。瑞利—里兹法在物理和力学中的应用十分广泛,为建立有限元方法奠定了理论基础。

在瑞利—里兹法中,对于连续系统,将近似位移函数 $W(x)$ 作为待定量,并假设可表示为 n 个已知函数 $f_i(x)$ 的线性组合,即

$$W(x) = \sum_{i=1}^{n} \alpha_i f_i(x) \tag{5-22}$$

式中,$f_i(x)$ 满足位移边界条件,称为**里兹基函数**;α_i 为待定系数,或时间函数。

由于将连续体变形不是在无限维函数空间而是在有限 n 维函数空间内展开,相当于增加了许多约束,导致系统刚度提高。

对于具有 m 个自由度的离散多自由度系统,可设

$$\{X\} = (\{v_1\}\ \{v_2\}\ \cdots\{v_n\}\ )\{\alpha\} \tag{5-23}$$

式中，$\{X\}$ 为系统原有的 m 维广义坐标列向量；$\{v_i\}$ $(i=1,2,\cdots,n)$ 为人为选取的 n 个线性无关的 m 维向量；$\{\alpha\}$ 为与所选取的坐标向量系相关的待定的 n 维广义坐标列向量。

若 $n=m$，则瑞利—里兹法退化为瑞利法，通常取 $n \ll m \ll \infty$，因此瑞利—里兹法是采取施加人为约束来缩减自由度，达到减少计算工作量的目的。下面将分别从式(5-22)和式(5-23)出发，简要说明瑞利—里兹法分别在连续系统和离散系统中的应用。

对于连续系统，在选定里兹基函数 $f_i(x)$ 之后，将式(5-22)代入瑞利商表达式中，得

$$R(\alpha_1,\alpha_2,\cdots,\alpha_n) = \frac{U_{\max}(\alpha_1,\alpha_2,\cdots,\alpha_n)}{T_0(\alpha_1,\alpha_2,\cdots,\alpha_n)} \tag{5-24}$$

利用瑞利商的驻值条件，得

$$\frac{\partial R(\alpha_1,\alpha_2,\cdots,\alpha_n)}{\partial \alpha_i} = 0\ (i=1,2,\cdots,n) \tag{5-25}$$

或

$$\frac{\partial R}{\partial \alpha_i} = \frac{1}{T_0}\left(\frac{\partial U_{\max}}{\partial \alpha_i} - R\frac{\partial T_0}{\partial \alpha_i}\right) = 0 \tag{5-26}$$

当瑞利商取极值时，有 $R(\alpha_1,\alpha_2\cdots,\alpha_n) = \omega^2$，则

$$\frac{\partial U_{\max}}{\partial \alpha_i} - \omega^2 \frac{\partial T_0}{\partial \alpha_i} = 0\ (i=1,2,\cdots,n) \tag{5-27}$$

式(5-27)是关于 $\alpha_i(i=1,2,\cdots,n)$ 的齐次线性方程组，由其有非零解条件得出求解 ω 的频率方程，由此确定前 n 阶频率的近似值，将其代回齐次方程组，得到 α_i 相对比值，再由式(5-22)就得到近似模态函数。

例 5-5 如图 5-4 所示一个均匀悬臂梁，试推导它的 n 阶广义特征值方程式(5-27)。

解 弹性梁的变形势能和动能系数，由式(5-20)得

$$U_{\max} = \frac{1}{2}\int_0^l EI[W''(x)]^2 dx,\ T_0 = \frac{1}{2}\int_0^l \rho A[W(x)]^2 dx$$

将式(5-22)代入上式，得

$$U_{\max} = \frac{1}{2}\{\alpha\}^T[\overline{K}]\{\alpha\},\ T_0 = \frac{1}{2}\{\alpha\}^T[\overline{M}]\{\alpha\} \tag{5-28}$$

式中，$[\overline{K}] = \int_0^l EI\{f''\}\{f''\}^T dx$；$[\overline{M}] = \int_0^l \rho A\{f\}\{f\}^T dx$；$\{\alpha\} = [\alpha_1,\alpha_2,\cdots\alpha_n]^T$；

$\{f\} = [f_1, f_2, \cdots, f_n]^{\mathrm{T}}$。

将式(5-28)代入式(5-27),得

$$[\overline{K}]\{\alpha\} = \omega^2 [\overline{M}]\{\alpha\} \tag{5-29}$$

对于具有 m 个坐标的离散系统,将式(5-23)代入式(5-13)计算瑞利商,得

$$[\overline{K}]\{\alpha\} = \omega^2 [\overline{M}]\{\alpha\} \tag{5-30}$$

式中,$[\overline{K}] = [v]^{\mathrm{T}}[K][v]$;$[\overline{M}] = [v]^{\mathrm{T}}[M][v]$;$[v] = [\{v_1\}, \{v_2\}, \cdots, \{v_n\}]$。

由此可见,$[\overline{K}]$、$[\overline{M}]$ 为 $n \times n$ 阶矩阵,且 $n < m$,所以瑞利—里兹法相当于缩减了系统的自由度,有利于数值计算。

例 5-6 一端固定、一端自由直杆,杆长为 l,试用瑞利—里兹法近似计算固有频率。

解 (1) 取里兹基函数为

$$f_i(x) = \left(\frac{x}{l}\right)^i$$

显然满足固定端位移边界条件,由式(5-22),杆的近似位移函数为

$$W(x) = \sum_{i=1}^{n} \alpha_i \left(\frac{x}{l}\right)^i$$

(2) 最大变形能和动能系数分别为

$$U_{\max} = \frac{1}{2}\{\alpha\}^{\mathrm{T}}[\overline{K}]\{\alpha\}, \quad T_0 = \frac{1}{2}\{\alpha\}^{\mathrm{T}}[\overline{M}]\{\alpha\}$$

式中,$[\overline{K}] = \int_0^l EI\{f''\}\{f''\}^{\mathrm{T}}\mathrm{d}x$;$[\overline{M}] = \int_0^l \rho A\{f\}\{f\}^{\mathrm{T}}\mathrm{d}x$;$f = \left[\frac{x}{l}, \left(\frac{x}{l}\right)^2, \cdots, \left(\frac{x}{l}\right)^n\right]^{\mathrm{T}}$。

广义特征值问题:$[\overline{K}]\{\alpha\} = \omega^2[\overline{M}]\{\alpha\}$

对于不同的 n 值,通过求解上述特征方程,得到无量纲频率 $\lambda = \frac{\rho l^2}{E}\omega^2$ 的近似解,列入表 5-1,并且与利用频率方程 $\cos(\omega l/\sqrt{E/\rho}) = 0$ 算得的精确解进行比较。

结论:①瑞利—里兹法不仅能计算基频,也能计算高阶频率,其高阶频率的数量等于里兹基函数个数;②当里兹基函数个数 n 增加时,各阶固有频率收敛速度较快,但总是高于精确解;③约有50%的频率具有较好的计算精度,因此使用瑞利—里兹法时,里兹函数个数应当取欲求频率数量的2~3倍。

表 5-1 瑞利—里兹法求杆的近似固有频率

里兹函数维数 n	固有频率/Hz				
	ω_1	ω_2	ω_3	ω_4	ω_5
2	2.48596	32.1807	—		
3	2.46774	23.3912	109.141	—	
4	2.46740	22.3218	69.4044	265.806	
5	2.46740	22.2138	63.0277	148.205	545.753
精确解	2.46740	22.2066	61.6850	120.903	199.859

5.3 子空间迭代法

瑞利—里兹法可用于估计基频与高阶频率,但为了获得高精度解,势必要增加里兹基(函数)个数,即坐标维数,从而增加计算量。子空间迭代法把向量迭代与瑞利—里兹法相结合,在不增加里兹基个数的前提下,仍然可以提高计算精度。子空间迭代技术主要用于离散多自由度系统。下面首先简要介绍向量迭代法。

1. 迭代法

迭代法基本思路是先假设一个初始振型,通过迭代直到获得一个与真实振型适当接近的近似振型为止,然后利用此振型获得振动频率。

由第 3 章多自由度振动系统的特征矩阵方程式(3-31),得到广义特征方程为

$$[K]\{X\} = \lambda [M]\{X\} \tag{5-31}$$

式中,$\lambda = \omega^2$ 为特征值;$\{X\}$ 为特征向量。若 $[K]$ 的逆存在,则式(5-31)可表示为

$$[D]\{X\} = \frac{1}{\lambda}\{X\} \tag{5-32}$$

式中,$[D] = [K]^{-1}[M]$ 为柔度矩阵。任意向量 $\{X_0\}$ 在特征向量空间中都可以表示为

$$\{X_0\} = \sum_{i=1}^{n} \alpha_i \{v_i\} \tag{5-33}$$

用矩阵 $[D]$ 前乘式(5-33)两端,得

$$\{X_1\} = [D]\{X_0\} = \sum_{i=1}^{n} \alpha_i [D]\{v_i\} = \sum_{i=1}^{n} \alpha_i \frac{1}{\lambda_i}\{v_i\} \tag{5-34}$$

用矩阵 $[D]$ 前乘式(5-34)两端,得

$$\{X_2\} = [D]\{X_1\} = [D]^2\{X_0\} = \sum_{i=1}^{n} \alpha_i \frac{1}{\lambda_i}[D]\{v_i\} = \sum_{i=1}^{n} \alpha_i \frac{1}{\lambda_i^2}\{v_i\} \tag{5-35}$$

继续到第 k 次,得

$$\{X_k\} = [D]\{X_{k-1}\} = [D]^k\{X_0\} = \sum_{i=1}^{n} \alpha_i \frac{1}{\lambda_i^k}\{v_i\} \tag{5-36}$$

或者展开为

$$\{X_k\} = \alpha_1 \frac{1}{\lambda_1^k}\{v_1\} + \sum_{i=2}^{n} \alpha_i \frac{1}{\lambda_i^k}\{v_i\} = \frac{1}{\lambda_1^k}[\alpha_1\{v_1\} + \sum_{i=2}^{n} \alpha_i \left(\frac{\lambda_1}{\lambda_i}\right)^k \{v_i\}] \tag{5-37}$$

由于 $\lambda_1/\lambda_i < 1(i=2,3,\cdots,n)$,随着 k 的增加,式(5-37)方括弧中第二项越来越小,设第 k 次时,忽略其影响,则有 $\{X_k\} \approx \frac{1}{\lambda_1^k}\alpha_1\{v_1\}$ 可作为第 1 阶振型的近似。在 $\{X_k\}$ 基础上再迭代一次,则

$$\{X_{k+1}\} = \frac{1}{\lambda_1}\{X_k\} \tag{5-38}$$

由式(5-38)可知,向量 $\{X_k\}$ 与 $\{X_{k+1}\}$ 的任意两个对应元素比都是基频的平方,$\{X_k\}$ 即为第 1 阶振型。

2. 子空间迭代法

以 m 自由度振动系统为例,简要介绍采用子空间迭代法求解前 p 个特征值与特征向量的步骤。

第 1 步:取 q 个线性无关初始迭代向量 $\{v_i\}$ $(i=1,2,\cdots,q)$,$n \geq q > p$,并且 $q = \min(2p, p+q)$,形成初始迭代矩阵 $[\overline{\psi}_1] = [\{v_1\},\{v_2\},\cdots,\{v_q\}]$,这 q 个初始迭代向量张成离散系统 m 维向量空间的子空间。

第 2 步:进行向量迭代

$$[K][\overline{\psi}_{k+1}] = [M][\overline{\psi}_k] \tag{5-39}$$

第 3 步:用瑞利—里兹法求特征值和特征向量。

(1) 计算矩阵:

$$[\widetilde{K}_{k+1}] = [\overline{\psi}_{k+1}]^T[K][\overline{\psi}_{k+1}], \quad [\widetilde{M}_{k+1}] = [\overline{\psi}_{k+1}]^T[M][\overline{\psi}_{k+1}] \tag{5-40}$$

(2) 求解广义特征值问题:

$$[\widetilde{K}_{k+1}][Q_{k+1}] = [\widetilde{M}_{k+1}][Q_{k+1}][\Lambda_{k+1}] \tag{5-41}$$

式中，$[\Lambda_{k+1}]$ 为对角元为固有频率平方的对角矩阵；$[Q_{k+1}]$ 为里兹坐标矩阵。由 $[\overline{\psi}_{k+1}]$ 和 $[Q_{k+1}]$ 可以得到精度改善的振型向量：

$$[\psi_{k+1}] = [\overline{\psi}_{k+1}][Q_{k+1}] \tag{5-42}$$

重复第 2 步与第 3 步的迭代，直至满足给定精度为止。

只要初始迭代向量 $\{v_i\}$ ($i = 1, 2, \cdots, q$) 与待求向量不正交，则迭代一定收敛，初始迭代向量越靠近真实振型，迭代过程收敛越快。

例 5-7 如图 5-5 所示的无阻尼四自由度振动系统，令 $k = 1, m = 1$。试用子空间迭代法求系统的第 1 阶固有频率与振型。

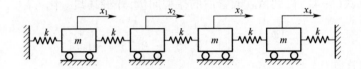

图 5-5 无阻尼四自由度振动系统

解 （1）列出系统的运动微分方程：

$$\begin{bmatrix} 1 & 0 & 0 & 0 \\ 0 & 1 & 0 & 0 \\ 0 & 0 & 1 & 0 \\ 0 & 0 & 0 & 1 \end{bmatrix} \begin{Bmatrix} \ddot{x}_1 \\ \ddot{x}_2 \\ \ddot{x}_3 \\ \ddot{x}_4 \end{Bmatrix} + \begin{bmatrix} 2 & -1 & 0 & 0 \\ -1 & 2 & -1 & 0 \\ 0 & -1 & 2 & -1 \\ 0 & 0 & -1 & 2 \end{bmatrix} \begin{Bmatrix} x_1 \\ x_2 \\ x_3 \\ x_4 \end{Bmatrix} = \begin{Bmatrix} 0 \\ 0 \\ 0 \\ 0 \end{Bmatrix}$$

刚度矩阵与质量矩阵分别为

$$[K] = \begin{bmatrix} 2 & -1 & 0 & 0 \\ -1 & 2 & -1 & 0 \\ 0 & -1 & 2 & -1 \\ 0 & 0 & -1 & 2 \end{bmatrix}, \quad [M] = \begin{bmatrix} 1 & 0 & 0 & 0 \\ 0 & 1 & 0 & 0 \\ 0 & 0 & 1 & 0 \\ 0 & 0 & 0 & 1 \end{bmatrix}$$

频率与振型精确值为

$$\omega_1^2 = \lambda_1 = 0.382, \quad \omega_2^2 = \lambda_2 = 1.382, \quad \omega_3^2 = \lambda_3 = 2.618, \quad \omega_4^2 = \lambda_4 = 3.618$$

$$\{X_1\} = \begin{bmatrix} 1 & 1.618 & 1.618 & 1 \end{bmatrix}^T, \quad \{X_2\} = \begin{bmatrix} 1 & 0.618 & -0.618 & -1 \end{bmatrix}^T$$

$$\{X_3\} = \begin{bmatrix} 1 & -0.618 & -0.618 & 1 \end{bmatrix}^T, \quad \{X_4\} = \begin{bmatrix} 1 & -1.618 & 1.618 & -1 \end{bmatrix}^T$$

（2）$P = 1$，令 $q = 2$，取初始迭代向量矩阵为

$$\overline{\psi}_1^T = \begin{bmatrix} 1 & 1 & 1 & 1 \\ 1 & 1 & -1 & -1 \end{bmatrix}$$

第 1 次迭代：

根据式(5-39)计算迭代一次的向量：

$$[\bar{\psi}_2]^T = \begin{bmatrix} 2 & 3 & 3 & 2 \\ 0.8 & 0.6 & -0.6 & -0.8 \end{bmatrix}$$

根据式(5-40)计算缩减刚度矩阵和质量矩阵：

$$[\widetilde{K}_2] = \begin{bmatrix} 10 & 0 \\ 0 & 2.8 \end{bmatrix}, [\widetilde{M}_2] = \begin{bmatrix} 26 & 0 \\ 0 & 2 \end{bmatrix}$$

根据式(5-41)求特征矩阵 $[Q_2]$ 和特征值矩阵 $[\Lambda_2]$：

$$[Q_2] = \begin{bmatrix} 1 & 0 \\ 0 & 1 \end{bmatrix}, [\Lambda_2] = \begin{bmatrix} 0.3846 & 0 \\ 0 & 1.4 \end{bmatrix}$$

根据式(5-42)得到精度改善后的振型向量，并将其归一化，得

$$[\psi_2]^T = \begin{bmatrix} 1 & 1.5 & 1.5 & 1 \\ 1 & 0.75 & -0.75 & -1 \end{bmatrix}$$

第2次迭代：

$$[\bar{\psi}_3]^T = \begin{bmatrix} 2.5 & 4 & 4 & 2.5 \\ 0.75 & 0.5 & -0.5 & -0.75 \end{bmatrix}$$

$$[\widetilde{K}_3] = \begin{bmatrix} 17 & 0 \\ 0 & 2.25 \end{bmatrix}, [\widetilde{M}_3] = \begin{bmatrix} 44.5 & 0 \\ 0 & 1.625 \end{bmatrix}$$

$$[Q_3] = \begin{bmatrix} 1 & 0 \\ 0 & 1 \end{bmatrix}, [\Lambda_3] = \begin{bmatrix} 0.3820 & 0 \\ 0 & 1.3846 \end{bmatrix}$$

求振型向量：

$$[\psi_3]^T = \begin{bmatrix} 1 & 1.6 & 1.6 & 1 \\ 1 & 0.667 & -0.6667 & -1 \end{bmatrix}$$

可以看出，经两次迭代后固有频率与振型已接近精确解。

经过第4次迭代的结果为

$$[\Lambda_5] = \begin{bmatrix} 0.3820 & 0 \\ 0 & 1.382 \end{bmatrix}, [\psi_5]^T = \begin{bmatrix} 1 & 1.618 & 1.618 & 1 \\ 1 & 0.625 & -0.625 & -1 \end{bmatrix}$$

前2阶频率及其第1阶振型已与精确解相同，但第2阶振型还有一定误差。

5.4 有 限 元 法

瑞利—里兹法假设近似位移函数及其导数在结构内处处连续，因此不能够处理带有刚度或质量密度点的结构。

有限元法是求解连续振动系统的近似方法。有限元法是将连续系统分为有限个离散单元，在每个单元内应用瑞利—里兹法。单元之间是靠交界面上的点

连接起来,这些点称为节点,单元连接必须满足界面上节点位移的协调条件和节点力的平衡条件。

有限元法求解弹性体动力学方程的主要步骤如下:

(1) 连续体单元划分。将结构划分为有限个单元,单元之间通过一些节点连接,单元形状尽可能简单规划。

(2) 确定位移形状函数。位移有限元选用多项式函数作为单元近似位移函数,相当于瑞利—里兹法中的里兹基函数,它们是用节点位移插值得到。

(3) 单元分析及单元组装。建立单元刚度矩阵和质量矩阵,然后将所有单元的刚度矩阵和质量矩阵组装在一起,形成结构总刚度矩阵和总质量矩阵。

5.4.1 单元刚度矩阵与质量矩阵

杆单元如图 5-6 所示,$u_1(t)$、$u_2(t)$ 分别代表单元左、右位移。单元位移函数近似取为

$$u(\xi,t) = \left(1 - \frac{\xi}{l}\right)u_1(t) + \frac{\xi}{l}u_2(t)$$

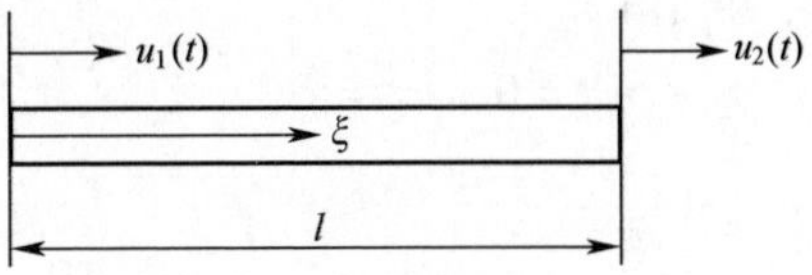

图 5-6 杆单元

显然满足位移边界条件。

单元势能为

$$U = \frac{1}{2}\int_0^l EA\left(\frac{\partial u}{\partial \xi}\right)^2 \mathrm{d}\xi = \frac{1}{2}\frac{EA}{l}(u_1^2 - 2u_1 u_2 + u_2^2) = \frac{1}{2}\frac{EA}{l}\begin{bmatrix}u_1 & u_2\end{bmatrix}\begin{bmatrix}1 & -1 \\ 1 & 1\end{bmatrix}\begin{bmatrix}u_1 \\ u_2\end{bmatrix}$$

$$= \frac{1}{2}\begin{bmatrix}u_1 & u_2\end{bmatrix}[K]\begin{bmatrix}u_1 \\ u_2\end{bmatrix}$$

式中,$[K] = \dfrac{EA}{l}\begin{bmatrix}1 & -1 \\ -1 & 1\end{bmatrix}$ 表示单元刚度矩阵。

单元动能为

$$T = \frac{1}{2}\int_0^l \rho A\left(\frac{\partial u}{\partial t}\right)^2 \mathrm{d}x = \frac{1}{2}\frac{\rho A l}{3}(\dot{u}_1^2 + \dot{u}_1\dot{u}_2 + \dot{u}_2^2) = \frac{1}{2}\begin{bmatrix}\dot{u}_1 & \dot{u}_2\end{bmatrix}[M]\begin{bmatrix}\dot{u}_1 \\ \dot{u}_2\end{bmatrix}$$

式中,$[M] = \dfrac{\rho A l}{6}\begin{bmatrix}2 & 1 \\ 1 & 2\end{bmatrix}$ 表示单元质量矩阵,称为一致质量法;还有集中质量法:

$$[M] = \frac{\rho A l}{2}\begin{bmatrix}1 & 0 \\ 0 & 1\end{bmatrix}$$

5.4.2 总体刚度矩阵和总体质量矩阵

本节以一端固定一端自由均匀杆纵向振动为例,建立具有 4 个单元的结构总刚度矩阵与总质量矩阵。如图 5-7 所示,整个杆剖分为 4 个单元。

图 5-7 均匀杆单元划分

定义总位移向量

$$\{U\} = \begin{bmatrix} U_1 & U_2 & U_3 & U_4 \end{bmatrix}^{\mathrm{T}}$$

按上述划分,结构有 4 个自由度,总刚度矩阵和总质量矩阵都是 4×4 阶矩阵,分别写出每个单元的刚度矩阵和质量矩阵。

单元 1:

$$u_1 = 0, \ u_2 = U_1$$

$$U = \frac{1}{2}\frac{EA}{l}U_1^2 = \frac{1}{2}\frac{EA}{l}\begin{bmatrix} U_1 & U_2 & U_3 & U_4 \end{bmatrix}\begin{bmatrix} 1 & 0 & 0 & 0 \\ 0 & 0 & 0 & 0 \\ 0 & 0 & 0 & 0 \\ 0 & 0 & 0 & 0 \end{bmatrix}\begin{bmatrix} U_1 \\ U_2 \\ U_3 \\ U_4 \end{bmatrix}$$

$$T = \frac{1}{2}\frac{\rho Al}{6}2\dot{U}_1^2 = \frac{1}{2}\frac{\rho Al}{6}\begin{bmatrix} \dot{U}_1 & \dot{U}_2 & \dot{U}_3 & \dot{U}_4 \end{bmatrix}\begin{bmatrix} 2 & 0 & 0 & 0 \\ 0 & 0 & 0 & 0 \\ 0 & 0 & 0 & 0 \\ 0 & 0 & 0 & 0 \end{bmatrix}\begin{bmatrix} \dot{U}_1 \\ \dot{U}_2 \\ \dot{U}_3 \\ \dot{U}_4 \end{bmatrix}$$

单元 2:

$$u_1 = U_1, \ u_2 = U_2$$

$$U = \frac{1}{2}\frac{EA}{l}\begin{bmatrix} U_1 & U_2 \end{bmatrix}\begin{bmatrix} 1 & -1 \\ -1 & 1 \end{bmatrix}\begin{bmatrix} U_1 \\ U_2 \end{bmatrix}$$

$$= \frac{1}{2}\frac{EA}{l}\begin{bmatrix} U_1 & U_2 & U_3 & U_4 \end{bmatrix}\begin{bmatrix} 1 & -1 & 0 & 0 \\ -1 & 1 & 0 & 0 \\ 0 & 0 & 0 & 0 \\ 0 & 0 & 0 & 0 \end{bmatrix}\begin{bmatrix} U_1 \\ U_2 \\ U_3 \\ U_4 \end{bmatrix}$$

$$T = \frac{1}{2}\frac{\rho A l}{6}\begin{bmatrix}\dot{U}_1 & \dot{U}_2\end{bmatrix}\begin{bmatrix}2 & 1\\ 1 & 2\end{bmatrix}\begin{bmatrix}\dot{U}_1\\ \dot{U}_2\end{bmatrix}$$

$$= \frac{1}{2}\frac{\rho A l}{6}\begin{bmatrix}\dot{U}_1 & \dot{U}_2 & \dot{U}_3 & \dot{U}_4\end{bmatrix}\begin{bmatrix}2 & 1 & 0 & 0\\ 1 & 2 & 0 & 0\\ 0 & 0 & 0 & 0\\ 0 & 0 & 0 & 0\end{bmatrix}\begin{bmatrix}\dot{U}_1\\ \dot{U}_2\\ \dot{U}_3\\ \dot{U}_4\end{bmatrix}$$

单元3：

$u_1 = U_2, u_2 = U_3$

$$U = \frac{1}{2}\frac{EA}{l}\begin{bmatrix}U_2 & U_3\end{bmatrix}\begin{bmatrix}1 & -1\\ -1 & 1\end{bmatrix}\begin{bmatrix}U_2\\ U_3\end{bmatrix}$$

$$= \frac{1}{2}\frac{EA}{l}\begin{bmatrix}U_1 & U_2 & U_3 & U_4\end{bmatrix}\begin{bmatrix}0 & 0 & 0 & 0\\ 0 & 1 & -1 & 0\\ 0 & -1 & 1 & 0\\ 0 & 0 & 0 & 0\end{bmatrix}\begin{bmatrix}U_1\\ U_2\\ U_3\\ U_4\end{bmatrix}$$

$$T = \frac{1}{2}\frac{\rho A l}{6}\begin{bmatrix}\dot{U}_2 & \dot{U}_3\end{bmatrix}\begin{bmatrix}2 & 1\\ 1 & 2\end{bmatrix}\begin{bmatrix}\dot{U}_2\\ \dot{U}_3\end{bmatrix}$$

$$= \frac{1}{2}\frac{\rho A l}{6}\begin{bmatrix}\dot{U}_1 & \dot{U}_2 & \dot{U}_3 & \dot{U}_4\end{bmatrix}\begin{bmatrix}0 & 0 & 0 & 0\\ 0 & 2 & 1 & 0\\ 0 & 1 & 2 & 0\\ 0 & 0 & 0 & 0\end{bmatrix}\begin{bmatrix}\dot{U}_1\\ \dot{U}_2\\ \dot{U}_3\\ \dot{U}_4\end{bmatrix}$$

单元4：

$u_1 = U_3, u_2 = U_4$

$$U = \frac{1}{2}\frac{EA}{l}\begin{bmatrix}U_3 & U_4\end{bmatrix}\begin{bmatrix}1 & -1\\ -1 & 1\end{bmatrix}\begin{bmatrix}U_3\\ U_4\end{bmatrix}$$

$$= \frac{1}{2}\frac{EA}{l}[U_1 \quad U_2 \quad U_3 \quad U_4]\begin{bmatrix} 0 & 0 & 0 & 0 \\ 0 & 0 & 0 & 0 \\ 0 & 0 & 1 & -1 \\ 0 & 0 & -1 & 1 \end{bmatrix}\begin{bmatrix} U_1 \\ U_2 \\ U_3 \\ U_4 \end{bmatrix}$$

$$T = \frac{1}{2}\frac{\rho Al}{6}[\dot{U}_3 \quad \dot{U}_4]\begin{bmatrix} 2 & 1 \\ 1 & 2 \end{bmatrix}\begin{bmatrix} \dot{U}_3 \\ \dot{U}_4 \end{bmatrix}$$

$$= \frac{1}{2}\frac{\rho Al}{6}[\dot{U}_1 \quad \dot{U}_2 \quad \dot{U}_3 \quad \dot{U}_4]\begin{bmatrix} 0 & 0 & 0 & 0 \\ 0 & 0 & 0 & 0 \\ 0 & 0 & 2 & 1 \\ 0 & 0 & 1 & 2 \end{bmatrix}\begin{bmatrix} \dot{U}_1 \\ \dot{U}_2 \\ \dot{U}_3 \\ \dot{U}_4 \end{bmatrix}$$

将每个单元的势能和动能依次相加,得总势能、总动能分别为

$$U = \sum U^{(i)} = \frac{1}{2}\frac{EA}{l}[U_1 \quad U_2 \quad U_3 \quad U_4]\begin{bmatrix} 2 & -1 & 0 & 0 \\ -1 & 2 & -1 & 0 \\ 0 & -1 & 2 & -1 \\ 0 & 0 & -1 & 1 \end{bmatrix}\begin{bmatrix} U_1 \\ U_2 \\ U_3 \\ U_4 \end{bmatrix}$$

$$T = \sum T^{(i)} = \frac{1}{2}\frac{\rho Al}{6}[\dot{U}_1 \quad \dot{U}_2 \quad \dot{U}_3 \quad \dot{U}_4]\begin{bmatrix} 4 & 1 & 0 & 0 \\ 1 & 4 & 1 & 0 \\ 0 & 1 & 4 & 1 \\ 0 & 0 & 1 & 2 \end{bmatrix}\begin{bmatrix} \dot{U}_1 \\ \dot{U}_2 \\ \dot{U}_3 \\ \dot{U}_4 \end{bmatrix}$$

由此得到总体刚度矩阵、总体质量矩阵分别为

$$[K] = \frac{EA}{l}\begin{bmatrix} 2 & -1 & 0 & 0 \\ -1 & 2 & -1 & 0 \\ 0 & -1 & 2 & -1 \\ 0 & 0 & -1 & 1 \end{bmatrix}, [M] = \frac{\rho Al}{6}\begin{bmatrix} 4 & 1 & 0 & 0 \\ 1 & 4 & 1 & 0 \\ 0 & 1 & 4 & 1 \\ 0 & 0 & 1 & 2 \end{bmatrix}$$

5.4.3 有限元分析软件

有限元法是 20 世纪 50 年代首先在飞机设计中使用并获得迅速发展的一种

有效的工程数值方法,它是以高速电子计算机的发展为前提,充分体现了数学理论与程序设计技巧的结合。采用有限元手段,通常总能够获得精度满足工程要求的数值解。而采用求解偏微分方程获得解析解,工程上往往难以实现。

早先比较成熟的有限元分析软件有 Wilson 的 SAP5 以及 NASA 的 NASTRAN。近年来工程中流行的大型商用软件有 ANSYS 等。ANSYS 具有更加丰富的单元类型,以及基于 Windows 平台的直观易学、便于修改的友好界面,能够与 AutoCAD、UG 等大型绘图软件接口分析,还允许处理非线性问题。

例 5-8 有一个均质直钢杆,长度 $l=3$m,弹性模量 $E=200$GPa,泊松比 $\mu=0.3$,密度 $\rho=7800$kg/m^3。利用 ANSYS 分析软件,求不同边界条件下杆纵向振动的前 3 阶固有频率。

解 (1) 利用直杆纵向振动方程求解析解(理论解)。

两端自由直杆:由 $\omega_i = \dfrac{(i-1)\pi a}{l}$,有 $f = \dfrac{(i-1)a}{2l}$,其中 $a = \sqrt{E/\rho} = 5063.7$。

两端固定:由 $\omega_i = \dfrac{i\pi a}{l}$,有 $f = \dfrac{ia}{2l}$。

一端固定一端自由:由 $\omega_i = \dfrac{(2i-1)\pi a}{2l}$,$f = \dfrac{(2i-1)a}{4l}$。

(2) 利用 ANSYS 软件求解。建立弹性杆的纵向振动模型,采用杆单元 link180 划分网格。网格划分越细,计算精度越高。为消除刚体模态,约束 link180 单元所有横向自由度,再进行求解。计算划分了 100 个单元。

表 5-2 列出了杆振动的前 3 阶固有频率,将 ANSYS 计算结果和解析解进行了对比。

表 5-2 杆振动的前 3 阶固有频率   单位:Hz

边界条件	两端自由		两端固定		一端固定一端自由	
	ANSYS 解	解析解	ANSYS 解	解析解	ANSYS 解	解析解
第 1 阶固有频率	0	0	843.98	843.95	421.98	422.1
第 2 阶固有频率	843.98	843.95	1688.2	1687.9	1266.0	1266.1
第 3 阶固有频率	1688.2	1687.9	2532.8	2531.8	2110.4	2110.1

例 5-9 有一个长度为 3m 的矩形截面梁,宽度 $b=0.02$m,高度 $h=0.05$m,弹性模量 $E=200$GPa,泊松比 $\mu=0.3$,密度 $\rho=7800$kg/m^3。利用 ANSYS 分析软件,求梁弯曲振动的前 3 阶固有频率。

解 由梁固有频率计算公式 $\omega_i = \beta_i^2 \sqrt{\dfrac{EI}{m}}$，有 $f_i = \dfrac{\omega_i}{2\pi}$。

根据例 5-1 和例 5-2 可知，两端简支情况下，$\beta_i l = i\pi (i = 1,2,3,\cdots)$，而对于两端固定情况，$\beta_1 l = 4.731$，$\beta_2 l = 7.853$，$\beta_3 l = 10.996$，从而可以确定梁前 3 阶固有频率的解析解。

对于同样的梁，在 ANSYS 中建立起梁的模型，采用梁单元 Beam4 划分网格，计算梁的固有频率，结果表明网格划分越细计算精度越高，本例题采用 50 个单元进行计算。

表 5-3 列出了梁振动的前 3 阶固有频率，ANSYS 计算和解析解结果进行了对比。

表 5-3 梁振动的前 3 阶固有频率　　　　　　　　　　　单位：Hz

边界条件	两端简支		两端固支	
	ANSYS 解	解析解	ANSYS 解	解析解
第 1 阶固有频率	12.754	12.756	28.911	28.929
第 2 阶固有频率	50.998	51.025	79.662	79.707
第 3 阶固有频率	115.68	115.807	156.07	156.277

由计算结果看，ANSYS 计算结果与解析解非常接近，因此可以采用有限元计算结果来近似代替解析解。

5.5　传递矩阵法

传递矩阵法是把一个复杂系统分为易于分析的子系统，采用矩阵表示方法进行综合递推，因而简洁而且便于计算机数值求解。应用传递矩阵法时不必建立系统的刚度矩阵或柔度矩阵，对于汽轮发电机轴系、发动机螺旋桨轴系等，可以简化为由一系列弹性元件与惯性元件组成的链式系统，近似计算系统的固有频率与振型，工程应用十分广泛。

下面针对一个具有多个刚性圆盘的圆轴，介绍应用传递矩阵法计算固有频率和振型的基本原理和步骤。

典型轴系振动系统模型如图 5-8 所示。假设圆盘是刚性的，轴段只有弹性而没有惯性。当系统发生振动时，描述系统振动状态的位移和内力分别是圆盘的扭转角 θ 和作用在圆盘上的扭矩 T，$\{x\} = [\theta\ T]^T$ 称为状态向量，或 $\{x\} = \begin{Bmatrix} \theta \\ T \end{Bmatrix}$。

为了导出传递矩阵,取第 i 个圆盘和第 i 轴段进行受力分析,如图 5-9 和图 5-10 所示。

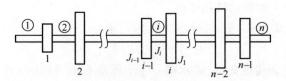

图 5-8 轴系振动简化模型

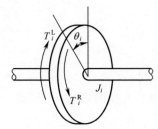

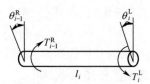

图 5-9 第 i 个圆盘受力图　　图 5-10 第 i 个轴段受力图

对于第 i 个圆盘,其左侧面转角和右侧面转角相等,即

$$\theta_i^L = \theta_i^R = \theta_i \tag{5-43}$$

根据牛顿第二定律,其扭转振动方程为

$$J_i \ddot{\theta}_i = T_i^R - T_i^L \tag{5-44}$$

对于简谐振动,$\ddot{\theta}_i = -\omega^2 \theta_i$,将其代入式(5-44),得

$$T_i^R = T_i^L - \omega^2 J_i \theta_i \tag{5-45}$$

利用状态向量,将式(5-43)与式(5-45)用矩阵表示,得

$$\{x_i^R\} = [P_i]\{x_i^L\} \tag{5-46}$$

式中,$\{x_i^R\} = [\theta_i \quad T_i^R]^T$,$x_i^L = [\theta_i \quad T_i^L]^T$ 分别为第 i 个圆盘右侧面和左侧面的状态向量。

点传递矩阵可表示为

$$[P_i] = \begin{bmatrix} 1 & 0 \\ -\omega^2 J_i & 1 \end{bmatrix} \tag{5-47}$$

式中,点传递矩阵 $[P_i]$ 表示第 i 个圆盘的两个侧面状态变量的传递关系。

对于第 i 个轴段,其两端的扭矩相等,即

$$T_i^L = T_{i-1}^R \tag{5-48}$$

由材料力学知识,可知

$$\theta_i^L = \theta_{i-1}^R + \frac{l_i}{GI_i} T_{i-1}^R \tag{5-49}$$

式中，GI_i 为第 i 个轴段的抗扭刚度。

用状态向量表示式(5-48)和式(5-49)，则

$$\{x_i^L\} = [F_i]\{x_{i-1}^R\} \tag{5-50}$$

式中，$[F_i]$ 称为**场传递矩阵**，表示第 $i-1$ 个圆盘右侧面到第 i 个圆盘左侧面的状态变量传递关系，即

$$[F_i] = \begin{bmatrix} 1 & \dfrac{l_i}{GI_i} \\ 0 & 1 \end{bmatrix} \tag{5-51}$$

将式(5-50)代入式(5-46)，得

$$\{x_i^R\} = [P_i][F_i]\{x_{i-1}^R\} = [G_i]\{x_{i-1}^R\} \tag{5-52}$$

式中，$[G_i]$ 为总传递矩阵，表示从第 $i-1$ 个圆盘的右侧面到第 i 个圆盘的右侧面的状态变量传递关系，即

$$[G_i] = [P_i][F_i] = \begin{bmatrix} 1 & \dfrac{l_i}{GI_i} \\ -\omega^2 J_i & 1 - \omega^2 J_i \dfrac{l_i}{GI_i} \end{bmatrix} \tag{5-53}$$

对于给定的圆轴扭转振动系统，其边界上的状态向量有一部分信息是已知的，因此利用传递矩阵，总可以从左向右逐单元传递，引入已知边界条件后，就可以求出系统固有频率 ω 和各单元状态向量，从而确定系统的振型。

例 5-10 均匀圆轴上带有三个刚性圆盘，如图 5-11 所示。已知 $J_1 = J_3 = J$，$J_2 = 2J$，三个轴段长度都是 l，圆轴的扭转刚度为 GI，采用传递矩阵法求系统的固有频率和振型。

解 为了方便起见，给出圆盘和轴段的编号，已知边界条件为

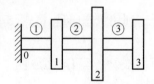

图 5-11 圆轴扭转振动

$$\theta_0^R = 0, \quad T_3^R = 0 \tag{5-54}$$

所以第 0 个圆盘，有

$$\{x_0^R\} = \begin{bmatrix} 0 \\ T \end{bmatrix} \tag{5-55}$$

式中，T 为圆轴固定端扭矩。

由式(5-53)，轴段单元传递矩阵分别为

$$[G_1] = [G_3] = \begin{bmatrix} 1 & \dfrac{l}{GI} \\ -\omega^2 J & 1 - \omega^2 J \dfrac{l}{GI} \end{bmatrix}, \quad [G_2] = \begin{bmatrix} 1 & \dfrac{l}{GI} \\ -2\omega^2 J & 1 - 2\omega^2 J \dfrac{l}{GI} \end{bmatrix}$$

各单元状态传递分别计算如下：

$$\{x_0^R\} \to \{x_1^R\}, \quad \{x_1^R\} = \begin{bmatrix} \theta_1 \\ T_1^R \end{bmatrix} = [G_1]\{x_0^R\} = T \begin{bmatrix} \dfrac{l}{GI} \\ 1 - \lambda \end{bmatrix} \tag{5-56}$$

式中

$$\{x_1^R\} \to \{x_2^R\}, \quad \{x_2^R\} = \begin{bmatrix} \theta_2 \\ T_2^R \end{bmatrix} = [G_2]\{x_1^R\} = T \begin{bmatrix} \dfrac{l}{GI}(2-\lambda) \\ 2\lambda^2 - 5\lambda + 1 \end{bmatrix} \tag{5-57}$$

$$\{x_2^R\} \to \{x_3^R\}, \quad \{x_3^R\} = \begin{bmatrix} \theta_3 \\ T_3^R \end{bmatrix} = [G_3]\{x_2^R\} = T \begin{bmatrix} \dfrac{l}{GI}(3 - 6\lambda + 2\lambda^2) \\ -2\lambda^3 + 8\lambda^2 - 8\lambda + 1 \end{bmatrix} \tag{5-58}$$

$\lambda = \omega^2 lJ/GI$ 为无量纲频率。

总传递矩阵方程为

$$\{x_3^R\} = [G_3][G_2][G_1]\{x_0^R\} \tag{5-59}$$

由自由端边界条件 $T_3^R = 0$ 以及式(5-58)，得频率方程：

$$-2\lambda^3 + 8\lambda^2 - 8\lambda + 1 = 0$$

由此得：$\lambda_1 = 0.145$，$\lambda_2 = 1.40$，$\lambda_3 = 2.45$。

将 λ_1、λ_2、λ_3 分别代入式(5-56)~式(5-58)中，得到振型 $\{u\} = [\theta_1 \quad \theta_2 \quad \theta_3]^T$，并有

$$\{u_1\} = \begin{bmatrix} 1 \\ 1.86 \\ 2.17 \end{bmatrix}, \quad \{u_2\} = \begin{bmatrix} 1 \\ 0.597 \\ -1.48 \end{bmatrix}, \quad \{u_3\} = \begin{bmatrix} 1 \\ -0.453 \\ 0.316 \end{bmatrix}$$

第6章 机械噪声分析基础

噪声就是人们不需要的声音。机械及其结构运动发生冲击、碰撞、磨损与惯性不平衡等,就产生了振动,在空气中传播就形成了声音。能够发声的物体称为声源,常见的声源是固体振动或流体扰动。噪声作为一种信号,可以诊断机器的运行故障,衡量机械结构的完善程度和制造质量。噪声作为一种污染因子,对人类的生存环境造成极大影响,控制噪声就是要获得良好的声学环境,把噪声污染限制在容许的范围内。本章介绍几种主要的声波形式和典型声源辐射特性及其评价方法,这是机械噪声评价与控制的重要基础。

6.1 声波波动方程

6.1.1 声波概念

1. 质点的概念

波动声学是研究声学问题的经典方法。波动声学引入了质点概念,质点是空气媒质中的一个微团,简称体积元。质点满足以下三个条件:①从微观上看质点体积足够大,包含大量分子,可视为连续体,微团内分子作无规运动,总平均速度为零;②从宏观上看质点体积足够小,质点内各部分物理特性参数如密度、温度、压力及振动速度等视为均匀一致;③质点既具有质量,能运动存储动能,又具有弹性,可压缩存储势能。

2. 声场参数

存在声波的空间称为声场。描述声场的基本参数是声压 p、质点振动速度 u、密度增量 ρ' 和温度增量 T',也是空气质点的 4 个状态参数。设空气处于平衡状态下的压强为 P_0、平均流速为 U_0、密度为 ρ_0、热力学温度为 T_0,空气质点在某一时刻的状态参数绝对值为 $P(x,y,z,t)$、$U(x,y,z,t)$、$\rho(x,y,z,t)$、$T(x,y,z,t)$。定义声场参数为叠加在平衡状态参数上的脉动量如下:

声压: $p(x,y,z,t) = P(x,y,z,t) - P_0$

质点速度: $u(x,y,z,t) = U(x,y,z,t) - U_0$

密度增量： $\rho'(x,y,z,t) = \rho(x,y,z,t) - \rho_0$

温度增量： $T'(x,y,z,t) = T(x,y,z,t) - T_0$

由于声压容易测量,还可间接地求得质点速度等参数,因此声压是最常见的声场参数。

3. 基本假设

为简化分析过程,在声传播理论方程中引入一些基本假设:①空气媒质是无黏性的理想流体,声波在这种理想流体媒质中传播时没有能量损耗;②媒质是均匀连续的,无声扰动时媒质在宏观上处于静止状态,即平均流速 $U_0 = 0$,在平衡状态下空气状态参数如压力 P_0、密度 ρ_0 及温度 T_0 都是常数;③声波传播过程是绝热过程,热量来不及扩散,可以忽略温度影响,声场参数变为三个;④媒质中传播的是小振幅压力波,声学参数皆为一阶微量,远小于平衡状态参数。

6.1.2 声场基本方程

1. 运动方程

运动方程表示压力 p 及质点速度 u 之间的关系,可以通过应用牛顿第二定律获得。如图 6-1 所示,在媒质中取一个微小单元体,体积 $\mathrm{d}V = \mathrm{d}x\mathrm{d}y\mathrm{d}z$,密度 ρ,单元体质量为 $\mathrm{d}m = \rho\mathrm{d}x\mathrm{d}y\mathrm{d}z = \rho\mathrm{d}V$。

设质点振动速度向量为 $\boldsymbol{u} = u_x\boldsymbol{i} + u_y\boldsymbol{j} + u_z\boldsymbol{k}$,$\boldsymbol{i}$、$\boldsymbol{j}$、$\boldsymbol{k}$ 为坐标向量,u_x、u_y、u_z 为速度分量。由于单元体速度是时间与空间函数,加速度等于速度对时间

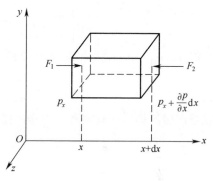

图 6-1 媒质中微单元体受力分析

的全微分导数。根据复合函数求导数法则,一维波动问题的质点加速度为

$$a_x = \frac{\mathrm{d}u_x}{\mathrm{d}t} = \frac{\partial u_x}{\partial t} + \frac{\partial u_x}{\partial x} \cdot \frac{\partial x}{\partial t} = \frac{\partial u_x}{\partial t} + \frac{\partial u_x}{\partial x} \cdot u_x$$

推广到三维情况,得加速度向量为

$$\boldsymbol{a} = \frac{\mathrm{d}\boldsymbol{u}}{\mathrm{d}t} = \frac{\partial \boldsymbol{u}}{\partial t} + \frac{\partial \boldsymbol{u}}{\partial x} \cdot u_x + \frac{\partial \boldsymbol{u}}{\partial y} \cdot u_y + \frac{\partial \boldsymbol{u}}{\partial z} \cdot u_z \qquad (6-1)$$

记汉密尔顿算子为

$$\nabla = \frac{\partial}{\partial x}\boldsymbol{i} + \frac{\partial}{\partial y}\boldsymbol{j} + \frac{\partial}{\partial z}\boldsymbol{k}$$

则三维空间加速度表示为

$$a = \frac{d\boldsymbol{u}}{dt} = \frac{\partial \boldsymbol{u}}{\partial t} + (\boldsymbol{u} \cdot \nabla)\boldsymbol{u} \tag{6-2}$$

式(6-2)等号右边第一项为当地加速度,第二项为迁移加速度。

再看图6-1单元体受力。若忽略单元体上黏性力的作用,沿 x 方向的合力为

$$df_x = F_1 - F_2 = \left[p_x - \left(p_x + \frac{\partial p}{\partial x}dx \right) \right] dydz = -\frac{\partial p}{\partial x}dV$$

据此写出完整的三维力向量为

$$d\boldsymbol{f} = -\left\{ \frac{\partial p}{\partial x}\boldsymbol{i} + \frac{\partial p}{\partial y}\boldsymbol{j} + \frac{\partial p}{\partial z}\boldsymbol{k} \right\} dV = -(\nabla p)dV \tag{6-3}$$

根据牛顿第二定律 $d\boldsymbol{f} = dm \cdot \boldsymbol{a}$,将 $d\boldsymbol{f}$ 的表达式代入式(6-2)和式(6-3),得

$$\rho dV \left\{ \frac{\partial \boldsymbol{u}}{\partial t} + (\boldsymbol{u} \cdot \nabla)\boldsymbol{u} \right\} = -(\nabla p)dV$$

即

$$\rho \left[\frac{\partial \boldsymbol{u}}{\partial t} + (\boldsymbol{u} \cdot \nabla)\boldsymbol{u} \right] + \nabla p = 0$$

将 $\rho = \rho_0 + \rho'$ 代入上式,忽略2阶以上的高阶微量,得

$$\rho_0 \frac{\partial \boldsymbol{u}}{\partial t} + \nabla p = 0 \tag{6-4}$$

这就是理想流体的运动方程。对于一维情况(如平面波),运动方程为

$$\rho_0 \frac{\partial u_x}{\partial t} + \frac{\partial p}{\partial x} = 0 \tag{6-5}$$

2. 连续方程

连续方程也称质量守恒方程,它反映媒质密度增量 ρ' 与质点速度 $\boldsymbol{u}$ 之间的关系。设在媒质中存在一个微单元体,体积为 $dV = dxdydz$,如图6-2所示。为保持质量守恒,dV 体积内质量随时间的变化率必须等于单位时间内进入 dV 的净质量流。

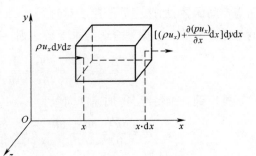

图6-2 空间体积元的质量流

在一维情况下,单元体框架内质量随时间的变化率为 $d(\rho dV)/dt$,每秒流

入质量为 $\rho u_x \mathrm{d}y\mathrm{d}z$，流出质量为 $\left[(\rho u_x) + \dfrac{\partial(\rho u_x)}{\partial x}\mathrm{d}x\right]\mathrm{d}y\mathrm{d}z$，根据质量守恒定律得 $\dfrac{\partial \rho}{\partial t}\mathrm{d}V = -\dfrac{\partial(\rho u_x)}{\partial x}\mathrm{d}V$，将该方程整理，可得

$$\frac{\partial \rho}{\partial t} + \frac{\partial(\rho u_x)}{\partial x} = 0 \tag{6-6}$$

此上式为 x 方向的一维连续方程。推广到三维情况，有

$$\frac{\partial \rho}{\partial t} + \frac{\partial(\rho u_x)}{\partial x} + \frac{\partial(\rho u_y)}{\partial y} + \frac{\partial(\rho u_z)}{\partial z} = 0 \tag{6-7}$$

即

$$\frac{\partial \rho}{\partial t} + \nabla \cdot \rho \boldsymbol{u} = 0 \tag{6-8}$$

这是一个标量方程。将 $\rho = \rho_0 + \rho'$ 代入式(6-8)，忽略 2 阶及 2 阶以上微量得

$$\frac{\partial \rho'}{\partial t} + \rho_0(\nabla \cdot \boldsymbol{u}) = 0 \tag{6-9}$$

此即理想流体的连续方程。对于一维情况，显然有

$$\frac{\partial \rho'}{\partial t} + \rho_0 \frac{\partial u_x}{\partial x} = 0 \tag{6-10}$$

3. 状态方程

根据基本假设，声波传播过程是绝热过程。理想气体绝热过程存在关系式 $PV^\gamma =$ 常数，即 $P/\rho^\gamma =$ 常数，其中，P 为气体压力；V 为体积；ρ 为密度；γ 为比热容比，是气体比定压热容与比定容热容之比。设 P_0、ρ_0 为平衡状态气体的压力和密度，则

$$\frac{P}{P_0} = \left(\frac{\rho}{\rho_0}\right)^\gamma \tag{6-11}$$

将 $P = P_0 + p$ 及 $\rho = \rho_0 + \rho'$ 代入式(6-11)，并按泰勒级数展开，得

$$1 + \frac{p}{P_0} = \left(1 + \frac{\rho'}{\rho_0}\right)^\gamma = 1 + \gamma\frac{\rho'}{\rho_0} + \frac{\gamma(\gamma-1)}{2!}\left(\frac{\rho'}{\rho_0}\right)^2 + \cdots$$

由于 $\rho' \ll \rho$，忽略 2 阶及 2 阶以上微量，得

$$p = \frac{\gamma P_0}{\rho_0} \cdot \rho' \tag{6-12}$$

设常数 $c_0^2 = \dfrac{\gamma \cdot P_0}{\rho_0}$，将其代入式(6-12)，得理想气体状态方程为

$$p = c_0^2 \cdot \rho' \tag{6-13}$$

从以后对波动方程解的分析可以看出，c_0 为平衡状态空气中的声速。

6.1.3 声波波动方程

将式(6-13)对时间求导数，得

$$\frac{\partial p}{\partial t} = c_0^2 \frac{\partial \rho'}{\partial t} \tag{6-14}$$

将式(6-14)代入式(6-9)得 $\frac{1}{c_0^2}\frac{\partial p}{\partial t} = -\rho_0(\nabla^2 \cdot \boldsymbol{u})$，将该式对 t 求导数，得

$$\frac{1}{c_0^2}\frac{\partial^2 p}{\partial t^2} = -\rho_0 \frac{\partial(\nabla \cdot \boldsymbol{u})}{\partial t} \tag{6-15}$$

用汉密尔顿算子 ∇ 乘以式(6-4)两边，得

$$\rho_0 \nabla \cdot \frac{\partial \boldsymbol{u}}{\partial t} + \nabla^2 p = 0 \tag{6-16}$$

将式(6-16)代入式(6-15)，得

$$\frac{\partial^2 p}{\partial t^2} = c_0^2 \cdot \nabla^2 p \tag{6-17}$$

式(6-17)即为理想流体中的三维声波方程，式中 $\nabla^2 = \frac{\partial^2}{\partial x^2} + \frac{\partial^2}{\partial y^2} + \frac{\partial^2}{\partial z^2}$ 为拉普拉斯算子。对于一维情况，式(6-17)简化为一维声波方程，即

$$\frac{\partial^2 p}{\partial t^2} = c_0^2 \cdot \frac{\partial^2 p}{\partial x^2} \tag{6-18}$$

6.1.4 声速

声波的传播是物体振动在介质中的传播，产生声波的振源为声源。声源的振动使得介质出现一疏一密，两个相邻密部或两个相邻疏部之间的距离称为波长，用 λ 表示，声源每秒振动的次数称为频率，用 f 表示。波长、频率与声速的关系为

$$\lambda = \frac{c}{f} \tag{6-19}$$

声波在不同介质中有不同的速度，声速大小与介质有关，与声源无关。在不同介质中，声波具有不同的波长。

例 6-1 已知常温下，空气中的声速为 344m/s，水中的声速为 1450m/s，计算频率为 1000Hz 的声波在空气与水中的波长。

解 由式(6-19)，得

$$\lambda_1 = \frac{344}{1000} = 0.344\text{m}, \quad \lambda_2 = \frac{1450}{1000} = 1.45\text{m}$$

空气中的声速随温度而变化,当温度范围 t 高于 30℃ 或低于 -30℃ 时,空气中的声速可用下式计算:

$$c = c_0\sqrt{1 + \frac{t}{273}} = 20.05\sqrt{T} \text{ (m/s)} \tag{6-20}$$

式中,T 为热力学温度(K)。

当 t 范围为 -30~30℃ 时,空气中的声速可用下式计算:

$$c = c_0 + 0.61t \text{ (m/s)} \tag{6-21}$$

声波在大气中的传播速度受温度梯度的影响。晴天阳光照射下的午后,从地面向上存在显著的温度负梯度,声速在地面大、上空小,声波沿地面传播时声线向上偏斜,在声线下方出现声影区。故晴天日间声波沿地面传播不能达到很远处。而在夜间地面温度降低,随高度增加温度上升,引起声线向下弯曲,因此夜间声音可以传播很远。

例 6-2 当空气温度为 20℃ 时,计算空气中的声速。

解 温度低于 30℃,由式(6-21),得

$$c = c_0 + 0.61t = 331.6 + 0.61 \times 20 = 343.8 \text{(m/s)}$$

因此,在常温 20℃ 时,空气中的声速约为 344m/s。

6.2 声场类型

6.2.1 平面声场

在声波的传播过程中,所有振动幅值和相位相同的点组成的面称为波阵面(或波前),波阵面是平面的声波称为平面波。如果在无限均匀的媒质里有一个无限大的刚性平面沿法线方向往复振动,这时在空气中产生的就是平面波。在实验室的声管中,凡频率在声管截止频率以下的波在管内也是以平面波的形式传播的。以矩形声波导管为例,声管的简谐频率为

$$f(n_x, n_y) = \frac{c_0}{2}\sqrt{\left(\frac{n_x}{l_x}\right)^2 + \left(\frac{n_y}{l_y}\right)^2} \tag{6-22}$$

式中,l_x、l_y 为矩形声波导管截面两条边的长度;c_0 为声速;$n_x = 0, 1, 2, \cdots$,$n_y = 0, 1, 2, \cdots$;$f(n_x, n_y)$ 代表管中传播各种模式声波的简正频率,其中除零以外最低的简谐频率为声波导管的截止频率。

平面波声场是一维波动方程式(6-18)的解。采用分离变量法,设式(6-18)解的形式为

$$p(x, t) = p(x)e^{i\omega t} \tag{6-23}$$

式中，ω 为角频率(rad/s)，$\omega = 2\pi f$。

将式(6-23)代入式(6-18)，得出与声压空间分布有关的常微分方程，即

$$\frac{d^2 p(x)}{dx^2} + k^2 p(x) = 0 \qquad (6\text{-}24)$$

式中，k 称为波数(rad/m)，$k = \omega/c_0 = 2\pi/\lambda$。

求式(6-24)的解为

$$p(x) = p_A e^{-ikx} + p_B e^{ikx} \qquad (6\text{-}25)$$

式中，p_A 和 p_B 为两个任意常数，由边界条件确定。将式(6-25)代入式(6-23)，得声波方程的通解为

$$p(x,t) = p_A e^{i(\omega t - kx)} + p_B e^{i(\omega t + kx)} \qquad (6\text{-}26)$$

式(6-26)等号右边第一项代表沿 x 轴正方向的行进波，第二项代表沿 x 轴负方向的行进波。现在讨论无限媒质中声场，若无障碍物，也不存在边界反射，可令第二项 $p_B = 0$，则式(6-26)变为

$$p(x,t) = p_A e^{i(\omega t - kx)} \qquad (6\text{-}27)$$

式中，p_A 等于初始 $t = 0$ 时刻和声源 $x = 0$ 处的最大声压，是由初始条件和声源表面振速(在 $x = 0$ 处的振速，即为边界条件)决定的复常数，它的模为简谐波的振幅，它的相位为此波的初相位。

设想经过 Δt 时间间隔后，具有同样声压值的波阵面传播了距离 Δx，即要求满足 $e^{i(\omega \Delta t - k \Delta x)} = 1$，得

$$\Delta x = \frac{\omega}{k} \cdot \Delta t = c_0 \cdot \Delta t \qquad (6\text{-}28)$$

上式说明 c_0 代表单位时间内波阵面传播的距离，也就是声速。

根据式(6-27)还可以深入讨论角频率 ω 和波数 k 的含义。角频率 ω 表示在时间域中每秒时间间隔对应的相位角变化($\omega = 2\pi/\tau = 2\pi f$)，振动频率越大，则 ω 大，表示每秒钟对应的振动相位差大。波数 k 表示在空间域中每米长度对应的相位角变化($k = 2\pi/\lambda = 2\pi f/c$)，振动频率 f 越大，k 也越大，表示每米长度对应的相位差也越大。因此，从物理意义上讲，可以认为 ω 是时间域的角频率，而 k 则相当于空间域的角频率。

声阻抗率 Z_0 定义为声压 p 与质点速度 u 之比，即

$$Z_0 = \frac{p}{u} \qquad (6\text{-}29)$$

对于平面声波，声压为

$$p(x,t) = p_A e^{i(\omega t - kx)} \qquad (6\text{-}30)$$

根据式(6-5)，质点速度为

$$u(x,t) = -\frac{1}{\rho_0}\int \frac{\partial p}{\partial x} \cdot \mathrm{d}t = \frac{k}{\rho_0 \omega} \cdot p(x,t) = \frac{p(x,t)}{\rho_0 c_0} \tag{6-31}$$

所以平面波的声阻抗率为

$$Z_0 = \frac{p(x,t)}{u(x,t)} = \rho_0 c_0 \tag{6-32}$$

上式表明,在平面波自由声场中,声压与质点速度始终按照同相位变化,声阻抗率为实数常数。数值 $\rho_0 c_0$ 称为媒质的特性阻抗。在一个大气压(10^5Pa)、20℃条件下, $\rho_0 = 1.21\text{kg/m}^3$, $c_0 = 343\text{m/s}$,空气的特性阻抗 $\rho_0 c_0 = 415\text{N} \cdot \text{s/m}^3$(Rayl,瑞利)。

6.2.2 球面声场

在声场中,若波阵面是一系列同心球面,则这种声波称为球面波,其波阵面也与传播方向(径向)垂直。

将三维声场波动方程(6-17)进行坐标变换,可得到球面波的波动方程为

$$\frac{\partial^2 (rp)}{\partial r^2} = \frac{1}{c_0^2} \frac{\partial^2 (rp)}{\partial t^2} \tag{6-33}$$

式(6-33)的一个特解为

$$p(r,t) = \frac{p_A}{r} \cos(\omega t - kr) \tag{6-34}$$

式(6-33)的指数形式的解为

$$p(r,t) = \frac{p_A}{r} \mathrm{e}^{\mathrm{i}(\omega t - kr)} \tag{6-35}$$

式中, p_A 为复常数。球面声波的一个重要特性是,其振幅与传播距离成反比。

6.2.3 柱面声场

在声场中,若波阵面是一系列同轴的柱面,就称为柱面波,其声源一般可视为"线声源"。柱面波的振幅与距离的平方根成反比。

柱面声波的波动方程

$$\frac{1}{r} \frac{\partial}{\partial r} \left(r \frac{\partial}{\partial r} \right) = \frac{1}{c_0^2} \frac{\partial^2 p}{\partial t^2} \tag{6-36}$$

对于远声场简谐柱面波有解

$$p \approx p_A \sqrt{\frac{2}{\pi k r}} \cos(\omega t - kr) \tag{6-37}$$

平面波、球面波和柱面波虽然是理想的传播类型,但在实际情况下总可以找

到近似于某种类型波的条件。例如一列火车,常可被近似于线声源,当声波传播距离在比该线声源的长度小的范围内,可以认为它遵循柱面波的传播规律;当声波传播距离远大于该线声源的长度时,则在某个方向上的传播,又可以当作球面波的一部分来考虑;如果考虑在远小于传播距离的某个小区域内的传播问题,则又可简化为平面波的传播,正如在一个很大球面上截取一小块面元,可被视为一小块平面一样。

6.3 声场描述

6.3.1 声压、声强、声能密度、声功率

(1) 声压:指声场内某点空气绝对压力与平衡状态压力之差。一般测量的是声压的均方根值,也称为有效声压,即

$$p_e = \sqrt{\frac{1}{T}\int_0^T P^2(t)\,dt} \qquad (6-38)$$

对于声压按正弦规律变化的简谐声波,有

$$p = p_e = \frac{p_m}{\sqrt{2}} \qquad (6-39)$$

式中,p_m 为声压幅值,单位 Pa;p_e 为有效声压,单位 Pa(帕)。

(2) 声强:定义为垂直于声传播方向单位面积上通过的声能量流速率,即单位时间单位面积上通过的能量流,单位为 J/s·m²。由定义可得出瞬时声强为

$$I(t) = p(t)u(t) \qquad (6-40)$$

式中,$p(t)$ 为声压,单位 Pa 或 W/m²;$u(t)$ 为质点速度,单位 m/s。

将式(6-40)对时间取平均值,得平均声强

$$I = \frac{1}{T}\int_0^T p(t)u(t)\,dt \qquad (6-41)$$

对于自由场中的声波,声强为

$$I = \frac{p_m^2}{2\rho_0 c_0} = \frac{p_e^2}{\rho_0 c_0} \qquad (6-42)$$

有必要指出,声强实质上是一个向量,它不仅有大小,而且有方向。在固体结构振动与声辐射关系的研究中,利用测量出的声强向量分布图,可以清楚地表示出声能的强度与流向。声强向量 **I** 的方向取决于质点速度 **u** 的方向,即有

$$I = p \cdot u \qquad (6-43)$$

(3) 声能密度:定义为声场中单位体积的声能,包含媒质质点的动能和势

能。设流体元体积为 v_0，动能为 V，势能为 U。在远离声源处，多数声波都近似于平面波。对于自由场中的平面波，单位体积的动能为

$$\frac{V}{v_0} = \frac{1}{2}\rho_0 u^2 = \frac{p^2}{2\rho_0 c_0^2} \tag{6-44}$$

当流体元体积由 v_0 变为 v_1 时，得到势能

$$U = -\int_{v_0}^{v_1} p\mathrm{d}v \tag{6-45}$$

式中，负号是考虑正压力使体积减小的缘故。由密度 $\rho = m/v$ 得

$$\mathrm{d}\rho = -\frac{m}{v^2}\mathrm{d}v \tag{6-46}$$

将绝热关系式 $\partial P/\partial \rho = \gamma P/\rho$ 代入上式，得

$$\mathrm{d}v = -\frac{v}{\gamma P}\mathrm{d}P \tag{6-47}$$

对于压力和体积的微小变化，上式可近似为

$$\mathrm{d}v = -\frac{v_0}{\gamma P_0}\mathrm{d}P \tag{6-48}$$

将上式代入式(6-45)，从 0 至 p 积分，得单位体积势能为

$$\frac{U}{v_0} = \frac{p^2}{2\gamma P_0} = \frac{p^2}{2\rho_0 c_0^2} \tag{6-49}$$

式中，声速 $c_0^2 = \gamma P_0/\rho_0$。

单位体积总声能为单位体积动能与势能之和，故得瞬时声能密度为

$$\varepsilon(t) = \frac{V+U}{v_0} = \frac{p^2(t)}{\rho_0 c_0^2} \tag{6-50}$$

平均声能密度可由上式对时间积分得出

$$\varepsilon = \frac{1}{T}\int \frac{p^2(t)}{\rho_0 c_0^2}\mathrm{d}t = \frac{p_e^2}{\rho_0 c_0^2} \tag{6-51}$$

由式(6-51)与式(6-42)比较可见，声强与声能密度存在下述关系：

$$I = \varepsilon c_0 \tag{6-52}$$

(4) 声功率：定义为声源发出的总功率，等于声强在与声能流方向垂直表面上的面积分，即

$$W = \int_s I\mathrm{d}S \tag{6-53}$$

必须指出，声压或声强表示的是声场小振幅声波的点强度，对于非平面波一般声场，它们随测点至声源距离的增加而减小，同时还受到周围声学环境(比如

房间边界反射引起混响效应)的影响。而声功率表示声源辐射的总强度,它与测量距离及测点的具体位置无关,所以在机械噪声源的声学特性参数中声功率具有更好的可对比性。

6.3.2 声压级、声强级、声功率级

人耳可听声的动态范围很大,声压上下相差100万倍。但是听觉感受到的响度大小并不与绝对声压成正比,而是与绝对声压比的对数值成一定比例。为了反映上述特点,从电工学中引入反映倍比关系的对数量——"级"来表示声音的强弱,这就是声压级、声强级和声功率级。以lg表示以10为底的常用对数,定义如下:

(1) 声压级:

$$L_P = 10\lg\left(\frac{p}{p_0}\right)^2 = 20\lg\left(\frac{p}{p_0}\right) \text{ (dB)} \tag{6-54}$$

(2) 声强级:

$$L_I = 10\lg\left(\frac{I}{I_0}\right) \text{ (dB)} \tag{6-55}$$

(3) 声功率级

$$L_W = 10\lg\left(\frac{W}{W_0}\right) \text{ (dB)} \tag{6-56}$$

式中,基准声压 $p_0 = 20\mu Pa = 20\times10^{-6} N/m^2$,基准声强 $I_0 = 10^{-12} W/m^2$,基准声功率 $W_0 = 10^{-12} W$。其中,L_P、L_I 和 L_W 的单位都是dB(分贝),是来源于电信工程的无量纲相对单位,大小等于两个具有功率量纲的量的比值的常用对数(Bell)的1/10。表6-1给出一些噪声源或环境噪声的声压和声压级数据。表6-2给出一些噪声源或环境噪声的声功率和声功率级数据。

表6-1 一些噪声源或环境噪声的声压和声压级

噪声源或环境	声压/Pa	声压级/dB	噪声源或环境	声压/Pa	声压级/dB
喷气式飞机喷口附近	630	150	繁华街道	0.063	70
喷气式飞机附近	200	140	普通谈话	0.02	60
铆钉机附近	63	130	微电机附近	0.0063	50
大型球磨机附近	20	120	安静房间	0.002	40
鼓风机进口	6.3	110	轻声耳语	0.00063	30
织布车间	2	100	树叶沙沙声	0.0002	20
地铁	0.63	90	农村静夜	0.000063	10
公共汽车内	0.2	80	听阈	0.00002	0

表 6-2　一些噪声源或环境噪声的声功率和声功率级

声源	声功率/W	声功率级/dB	声源	声功率/W	声功率级/dB
"阿波罗"运载火箭	$4×10^7$	195	空压机	10^{-2}	100
导弹,火箭	10^5	170	通风扇	10^{-3}	90
波音飞机	10^4	160	大声喊	10^{-4}	80
大型锅炉排气	10^3	150	一般谈话	10^{-5}	70
螺旋桨飞机	10^2	140	微电机	10^{-6}	60
大型球磨机	10^1	130	安静空调机	10^{-7}	50
空气锤及有齿锯	10^0	120	小电钟	10^{-8}	40
织布机	10^{-1}	110	耳语	10^{-9}	30

下面考察一下声强级与声压级的关系,即

$$L_I = 10\lg\frac{I}{I_0} = 10\lg\frac{p^2}{\rho_0 c_0 I_0} = 10\lg\left(\frac{p}{p_0}\right)^2 + 10\lg\frac{p_0^2}{\rho_0 c_0 I_0} = L_p - 10\lg k \tag{6-57}$$

式中, k 取决于环境条件。一个大气压(10^5Pa)、20℃时空气特性阻抗 $\rho_0 c_0$ = 415kg/m·s, $k = 415/400 = 1.038$, $10\lg k = 0.16$dB。在工程中 0.16dB 可以忽略不计,因此常温下声强级近似等于声压级。

声功率是声强的面积分,因此声功率级与声强级的关系为

$$L_W = 10\lg\frac{W}{W_0} = 10\lg\frac{I \cdot S}{I_0 \cdot S_0} = L_I + 10\lg S \tag{6-58}$$

式中,基准声功率 $W_0 = 10^{-12}$W,基准面积 $S_0 = 1$m^2。

例 6-3　某一声音的有效声压为 2Pa,用声压级表示为多少?某一声音的声强为 0.01W/m^2,用声强级表示为多少?某一声音的声功率为 0.1W,用声功率级表示为多少?

解　基准声压 $p_0 = 2 × 10^{-5}$Pa,有

$$L_p = 20\lg\left(\frac{p}{p_0}\right) = 20\lg\left(\frac{2}{2 × 10^{-5}}\right) = 20 × 5 = 100(\text{dB})$$

基准声强 $I_0 = 10^{-12}$ W/m^2,有

$$L_I = 10\lg\left(\frac{I}{I_0}\right) = 10\lg\left(\frac{0.01}{10^{-12}}\right) = 10 × 10 = 100(\text{dB})$$

基准声功率 $W_0 = 10^{-12}$W,有

$$L_W = 10\lg\left(\frac{W}{W_0}\right) = 10\lg\left(\frac{0.1}{10^{-12}}\right) = 10 × 11 = 110(\text{dB})$$

6.3.3 噪声叠加

在声场中某点有两个声源共同作用,设每个声源单独产生的声压分别为 p_1 和 p_2,则总声压为

$$p = p_1 + p_2 \tag{6-59}$$

总声压的时间均方值为

$$\bar{p}^2 = \frac{1}{T}\int_0^T p^2 \mathrm{d}t = \frac{1}{T}\int_0^T (p_1+p_2)^2 \mathrm{d}t$$

$$= \frac{1}{T}\int_0^T p_1^2 \mathrm{d}t + \frac{1}{T}\int_0^T p_2^2 \mathrm{d}t + \frac{2}{T}\int_0^T p_1 p_2 \mathrm{d}t = \bar{p}_1^2 + \bar{p}_2^2 + \frac{2}{T}\int_0^T p_1 p_2 \mathrm{d}t \tag{6-60}$$

式中,$\bar{p}^2$ 表示 p^2 的时间平均值。设

$$\begin{cases} p_1 = p_{1m}\cos(\omega_1 t - \varphi_1) \\ p_2 = p_{2m}\cos(\omega_2 t - \varphi_2) \end{cases} \tag{6-61}$$

下面分两种情况进行讨论。

1. 两个频率相同的单频声源叠加

此时 $\omega = \omega_1 = \omega_2$,式(6-60)右边第三项为

$$\frac{2}{T}\int_0^T p_{1m}\cdot p_{2m}\cdot \cos(\omega t - \varphi_1)\cdot \cos(\omega t - \varphi_2)\cdot \mathrm{d}t \neq 0$$

声源叠加将会产生干涉现象,两个声压的合成结果与它们之间的相位差密切相关。如果相位相同,叠加后该点声压为单个声源产生声压的 2 倍,总声压级比单个声源声压级高 6dB;若两个声源相位正好相反,则该点总声压为零,声压级为负无穷。一般情况介于上述两个极端之间。利用声程差消声或有源消声的依据就是上述反相同频率声波的相消干涉原理。

2. 若干不相关声源叠加

对于两个声源,$\omega_1 \neq \omega_2$,根据三角函数系的正交性,式(6-60)中右边第三项为

$$\frac{2}{T}\int_0^T p_{1m}\cdot p_{2m}\cdot \cos(\omega_1 t - \varphi_1)\cdot \cos(\omega_2 t - \varphi_2)\cdot \mathrm{d}t = 0$$

因此有

$$\bar{p}^2 = \bar{p}_1^2 + \bar{p}_2^2 \tag{6-62}$$

对于多个不相干声源,总均方声压为

$$\bar{p}^2 = \sum_{i=1}^n \bar{p}_i^2 \tag{6-63}$$

因此，除同频率声源的特殊情况外，多数场合的噪声都适用"能量相加法则"。总声压级按下式计算：

$$L_p = 10\lg\left(\frac{\bar{p}}{p_0}\right)^2 = 10\lg\left(\sum_{i=1}^{n} 10^{\frac{L_{pi}}{10}}\right) \tag{6-64}$$

若干个噪声平均值的计算也可以按照能量平均法则。设有 n 个声压级 L_{pi}，则平均声压级 $\bar{L}_p$ 按下式计算：

$$\bar{L}_p = 10\lg\left(\frac{1}{n}\sum_{i=1}^{n} 10^{\frac{L_{pi}}{10}}\right) \tag{6-65}$$

例 6-4 某车间同时存在 3 个噪声源，在监测点测得总声压级 L_p = 102.9dB，前两个噪声源声压级分别为 L_{p1} = 100dB，L_{p2} = 95dB，求第三个噪声源声压级 L_{p3} = ?。

解 由式(6-64)，三个噪声源叠加声压级为

$$L_p = 10\lg\left(\sum_{i=1}^{n} 10^{\frac{L_{pi}}{10}}\right) = 10\lg(10^{\frac{100}{10}} + 10^{\frac{95}{10}} + 10^{0.1 \times L_{p3}}) = 102.9(\text{dB})$$

得到

$$L_{p3} = 10\lg(10^{\frac{102.9}{10}} - 10^{\frac{100}{10}} - 10^{\frac{95}{10}}) = 98(\text{dB})$$

例 6-5 某车间有 3 台同样机床，单独开动一台时，声压级均为 90dB，如果开动 2 台声压级为多少？如果 3 台都开动声压级为多少？

解 根据声源叠加式(6-64)，如果开动 2 台机床，有

$$L_p = 10\lg\left(\sum_{i=1}^{n} 10^{\frac{L_{pi}}{10}}\right) = 10\lg(10^{\frac{90}{10}} + 10^{\frac{90}{10}}) = 10\lg(10^{\frac{90}{10}} \times 2)$$
$$= 10 \times (9 + 0.3) = 93(\text{dB})$$

如果开动 3 台机床，有

$$L_p = 10\lg\left(\sum_{i=1}^{n} 10^{\frac{L_{pi}}{10}}\right) = 10\lg(10^{\frac{90}{10}} + 10^{\frac{90}{10}} + 10^{\frac{90}{10}}) = 10\lg(10^{\frac{90}{10}} \times 3)$$
$$= 10 \times (9 + 0.48) = 94.8(\text{dB})$$

由此可知，若 n 个性质相同、声压级为 L_{p1} 相等的声源叠加，可按下式计算：

$$L_p = L_1 + 10\lg n \tag{6-66}$$

例 6-6 某噪声源 3 个方向测得的声压级分别为 100dB，95dB，98dB，求其平均声压级。

解 由(6-65)得

$$L_p = 10\lg\left(\frac{1}{n} \times \sum_{i=1}^{n} 10^{\frac{L_{pi}}{10}}\right) = 10\lg\left[\frac{1}{3} \times (10^{\frac{100}{10}} + 10^{\frac{95}{10}} + 10^{\frac{98}{10}})\right] = 98.1(\text{dB})$$

具有多个独立噪声源的声压级分贝，合成总声压级可采用声压级叠加法计算。

如两个独立噪声源声压级分别为 L_{p1} 与 L_{p2}，且 $L_{p1}>L_{p2}$，由于

$$L_{p1}=10\lg\frac{p_1^2}{p_0^2}, L_{p2}=10\lg\frac{p_2^2}{p_0^2}, \text{由反对数可得} \frac{p_1^2}{p_0^2}=10^{\frac{L_{p1}}{10}}, \frac{p_2^2}{p_0^2}=10^{\frac{L_{p2}}{10}}。因此$$

$$L_p=10\lg\frac{p_1^2+p_2^2}{p_0^2}=10\lg(10^{\frac{L_{p1}}{10}}+10^{\frac{L_{p2}}{10}})$$

$$=10\lg\frac{L_{p1}}{10}(1+10^{\frac{L_{p2}-L_{p1}}{10}})=L_{p1}+10\lg(1+10^{\frac{L_{p2}-L_{p1}}{10}})$$

$$=L_{p1}+\Delta L_p \tag{6-67}$$

式中，L_p 为总声压级；L_{p1}、L_{p2} 为两个声源的声压级；ΔL_p 为修正项，取值如表 6-3 所示。

上式表明，两个独立噪声源的声压级叠加，总声压级等于较大声压级加上一个修正项。

当两个声压级相差 15dB 以上，小的声压级对总声压级的影响可以忽略。声压级叠加结果与叠加次序无关，一般选择两个相近的声压级依次叠加，结果精确度较高。

表 6-3 两个噪声源声压级叠加修正项

$L_{p1}-L_{p2}$	0	1	2	3	4	5	6	7	8	9	10	11	12	13	14	15
ΔL_p	3	2.5	2.1	1.8	1.5	1.2	1	0.8	0.6	0.5	0.4	0.3	0.3	0.2	0.2	0.1

例 6-7 现有 6 个噪声源作用于一点，声压级分贝数值分别为 80、80、90、92、95、100，求它们合成的总声压级。

解 总声压级计算可按各声压级任意顺序叠加（由高到低，或由低到高），计算步骤如图 6-3 所示。两个声源叠加查表 6-3，求得总声压级为 102.1(dB)。

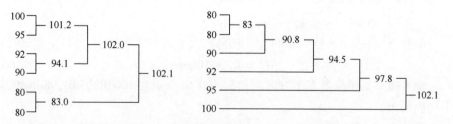

图 6-3 具有多个噪声源的总声压级叠加法

工程噪声测试中，往往需要从总的声压级减去背景噪声，来确定单独声源产生的声压级。根据式(6-67)，可用声压级分贝的减法计算，即

$$L_{p2}=L_p-\Delta L_p \tag{6-68}$$

式中，L_p 为总声压级；L_{p2} 为机器本身声压级；L_{p1} 为环境本底噪声声压级，其中修正项与 L_p-L_{p1} 的关系如图 6-4 所示。

例 6-8 为测定某车间中一台机器的噪声大小，从声级计上测得声级为 102dB，当机器停止工作，测得背景噪声为 95dB，求该机器噪声的实际大小。

解 由题可知 102dB 是指机器噪声和背景噪声之和，而背景噪声是 95dB。由于 $L_p-L_{p1}=7$dB，可查得相应 $\Delta L_p=0.9$dB，因此该机器的实际噪声级 $L_{p2}=L_p-\Delta L_p=101.1$dB。

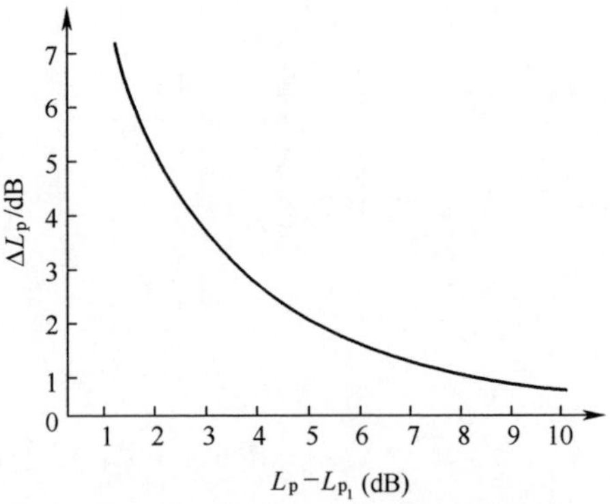

图 6-4 修正项与 L_p-L_{p1} 的关系曲线

6.3.4 噪声频谱

噪声与乐音的区别除了主观感觉上有悦耳和不悦耳之分外，在物理测量上可对其进行频率分析，并根据其频率组成及强度分布的特点来区分。对复杂的声音进行频率分析，用横轴代表频率，纵轴代表各频率成分的强度（如声压级或声强级），这样画出的图形叫频谱图。乐音的频谱图是由不连续的离散频谱线构成，而噪声的频谱图上各频率成分的谱线排列得非常密集，具有连续的频谱特性。

声波在传播过程中，由于阻尼的存在，强度（幅值）会衰减，但频率却不会改变。频谱分析能够揭示出噪声中含有的频率成分，将其与机械部件及机构参数联系起来分析，如齿轮的转数与齿数、通风机的转速与叶片数、柴油机转速与缸数等，就会成为识别噪声源的有力工具。噪声频谱分析主要有 1/1（或 1/3）倍频带分析和恒定带宽窄带分析两种，其特点说明如下：

1. 1/1 或 1/3 倍频带频谱分析

应用恒定百分比带宽滤波器，其幅频特性曲线如图 6-5 所示。f_0 为滤波段中心频率，从 f_0 处幅值下降 3dB 对应的是下限截止频率 f_1 和上限截止频率 f_2，滤波器带宽为

$$B=f_2-f_1 \tag{6-69}$$

设相邻两个滤波器"窗口"中心频率之比为

$$(f_0)_{i+1}/(f_0)_i=2^n \tag{6-70}$$

式中，$n=1$ 时为 1/1 倍频带滤波段，$n=1/3$ 时为 1/3 倍频带滤波器。上、下截止频率与中心频率的关系为

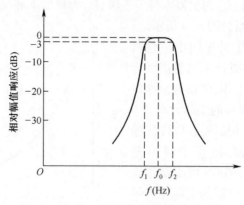

图 6-5　恒定百分比带宽滤波器幅频特性

$$\frac{f_2}{f_0} = \frac{f_0}{f_1} \tag{6-71}$$

上式表明，f_0 是 f_1 和 f_2 的几何中心而不是算术中心。当横坐标采用对数标尺 $\lg f$ 时，f_0 是 f_1 和 f_2 的中点。由于相邻两个滤波器首尾相接，即 $(f_1)_{i+1} = (f_2)_i$，$i=1,2,3,\cdots$，故有

$$\frac{f_2}{f_1} = 2^n \tag{6-72}$$

滤波器带宽 B 与中心频率 f_0 之比称为"相对带宽"，即

$$\frac{B}{f_0} = \frac{f_2 - f_1}{f_0} = 2^{\frac{n}{2}} - 2^{-\frac{n}{2}}$$

对于 1/1 倍频带滤波器：$n=1$，$B/f_0=70.7\%$；对于 1/3 倍频带滤波器：$n=1/3$，$B/f_0=23\%$。

表 6-4 列出 1/1 倍频带和 1/3 倍频带的中心频率及上、下限截止频率。由此可见，每一个 1/1 倍频带带宽均包含 3 个 1/3 倍频带。

2. 恒定带宽窄带频谱分析

随着数字信号处理技术及微型计算机的发展，各种 FFT（快速傅里叶变换）分析仪或传导处理机都实现了数字化的恒定带宽窄带分析，带宽为 50Hz，10Hz，5Hz 或更细。在百分比带宽分析中，中心频率越高，对应的带宽越大，得出的数据越粗糙。而在恒定带宽分析中，高频域仍然保持同样带宽，故可以达到很高的分析精度。

必须强调指出，频谱数据表示的是某中心频率对应的分析带宽内的总能量级，数值上等于频谱密度与带宽的乘积。因此，提供频率分析结果一定要同时说明属于哪一类频谱，只有同类频谱方可比较。例如，同一个噪声信号的 1/3 倍频

带数据肯定小于 1/1 倍频带数据,因为频谱密度相同,而前者带宽仅为后者带宽的 1/3。

在噪声测量中经常使用的频带是倍频带或 1/3 倍频带。图 6-6 分别给出了一种空压机、电锯和柴油机噪声源的倍频带噪声频谱图。由频谱图可知,有的机器噪声低频成分多些,如图 6-6(a)所示,空压机噪声都在低频段,称为低频噪声。有的机器像电锯、铆枪等辐射的噪声以高频成分为主,如图 6-6(b)所示,称为高频噪声。而如图 6-6(c)所示的是宽带噪声,它均匀地辐射从低频到高频的噪声。一般来说,测量时用的频带宽度不同,所测得的声压级就不同。为了对不同噪声源进行比较,可将 1/3 倍频带的声压级与倍频带声压级按能量等效原则换算。

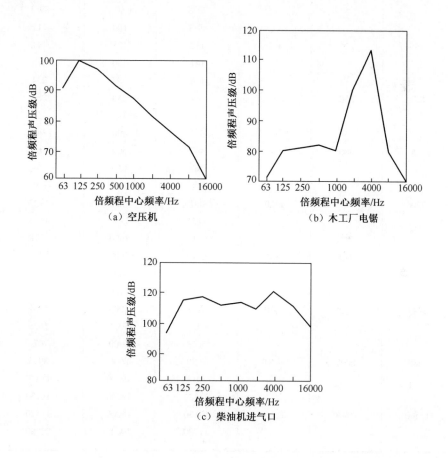

图 6-6 噪声源倍频带频谱图

表 6-4　1/1 及 1/3 倍频带频率表(Hz)

1/1 倍频带			1/3 倍频带		
下限截止频率	中心频率	上限截止频率	下限截止频率	中心频率	上限截止频率
11	16	22	14.1	16	17.8
			17.8	20	22.4
			22.4	25	28.2
22	31.5	44	28.2	31.5	35.5
			36.5	40	44.7
			44.7	50	56.2
44	63	88	56.2	63	70.8
			70.8	80	89.1
			89.1	100	112
88	125	177	112	125	141
			141	160	178
			178	200	234
177	250	355	224	250	282
			282	315	355
			355	400	447
355	500	710	447	500	562
			562	630	708
			708	800	891
710	1000	1420	891	1000	1122
			1122	1250	1413
			1413	1600	1778
1420	2000	2840	1778	2000	2239
			2239	2500	2818
			2818	3150	3548
2840	4000	5680	3548	4000	4467
			4467	5000	5623
			5623	6300	7079
5680	8000	11360	7079	8000	8913
			8913	10000	11220
			11220	12220	14130
11360	16000	22720	14130	16000	17780
			17780	20000	22390

6.4 声源特性

6.4.1 声源模型

机械噪声源辐射的声场一般比较复杂,但是从工程角度考虑,尤其是研究噪声源远场特性时,往往可以由单极子、偶极子、四极子等不同声源模型来表示。

1. 单极子源

设媒质中有一个均匀脉动球进行声辐射,波阵面为同心球面,这种声源模型称为单极子源,是一种体积源。常见的单极子源有爆炸、质点的燃烧、装在吸声及隔声性能良好的音箱内的扬声器,以及在低频时稳态喷口等。如发动机的排气管端,当声波波长大于排气管直径时也可以看成一个单极子源。

由于单极子源具有球对称的特点,以球坐标表示的波动方程可简化为

$$\frac{\partial^2(rp)}{\partial r^2} - \frac{1}{c_0^2}\frac{\partial^2(rp)}{\partial t^2} = 0 \tag{6-73}$$

式中,r 为至球心的距离。将乘积 $r \cdot p$ 看作是一个变量,对照平面声波波动方程的解,可直接得出式(6-73)的解为

$$rp = f_1(c_0 t - r) + f_2(c_0 t + r)$$

即

$$p = \frac{1}{r}f_1(c_0 t - r) + \frac{1}{r}f_2(c_0 t + r) \tag{6-74}$$

式中,第一项表示由球心向外传播的波,这是需要研究的;第二项表示向球心传播的波,在自由声场条件下可忽略。设式(6-73)的解具有下列形式简谐解:

$$p = \frac{A}{r}\cos(\omega t - kr + \varphi_1) \tag{6-75}$$

式中,A 为由源强度决定的声压振幅,它与脉动球球面上的振幅及其面积有关。根据球坐标运动方程

$$\rho_0\left(\frac{\partial u}{\partial t}\right) + \frac{\partial p}{\partial r} = 0 \tag{6-76}$$

可得出质点速度为

$$u(r,t) = \frac{A}{\rho_0 \omega \cdot r}\cos(\omega t - kr + \varphi_1) + \frac{Ak}{\rho_0 \omega \cdot r^2}\sin(\omega t - kr + \varphi_1) \tag{6-77}$$

在距离很远(r 很大)处,上式中右边第二项可以忽略,此时质点速度与声压

同相位,并符合 $p/u = \rho_0 c_0$ 关系(注意 $k = \omega/c_0$)。但在距离很近时这一项不可忽略, u 值显著增大,并且以正弦函数为主导, u 与 p 几乎成 90°相角关系,故声强为

$$I = \frac{1}{T}\int_0^T pu\,\mathrm{d}t = \frac{1}{2}\frac{A^2}{\rho_0 c_0 r^2} \tag{6-78}$$

均方声压为

$$p^2 = p_{rm0}^2 = \frac{1}{T}\int_0^T p^2\,\mathrm{d}t = \frac{1}{2}\frac{A^2}{r^2} \tag{6-79}$$

因而与平面波一样,有

$$I = \frac{p^2}{\rho_0 c_0} \tag{6-80}$$

由式(6-79)可见,球面波的声压与距离 r 成反比,声强与距离平方成反比,距离增加一倍,声压级降低 6dB,称为反平方定律。

声源辐射的总功率为

$$W_m = 4\pi r^2 I = \frac{2\pi A^2}{\rho_0 c_0} \tag{6-81}$$

设脉动球半径为 a ,表面振动速度幅值为 u ,则声源体积速度幅值为 $Q = 4\pi a^2 u$,这也就是体积源的源强度。球表面的质点速度为

$$u(a,t) = \frac{A}{\rho_0 \omega a^2}\cos(\omega t - ka + \varphi_1) + \frac{Ak}{\rho_0 \omega a}\sin(\omega t - ka + \varphi_1)$$

设球半径很小,或频率很低, $ka \ll 1$,上式中第一项可以忽略,因而

$$u = \frac{A}{\rho_0 \omega a^2} \tag{6-82}$$

$$Q = 4\pi a^2 u = \frac{4\pi A}{\rho_0 \omega} \tag{6-83}$$

以上代入式(6-75)和式(6-81),得

$$p = \frac{\rho_0 f Q}{r}\cos(\omega t - kr + \varphi_1) \tag{6-84}$$

$$W_m = \frac{\pi \rho_0 f^2 Q^2}{2c_0} = \frac{\rho_0 c_0 k^2 Q^2}{8\pi} \tag{6-85}$$

这就是单极子源(点声源)的辐射公式,任何形状的声源,只要尺寸比波长小得多,或者过滤得频率很低,满足 $ka \ll 1$ 条件,都可以看作点声源。

例 6-9 常温下,已知单极子球源半径为 0.01m,向空气中辐射频率为 1000Hz 的声波,测得距球心 1m 处的声压级为 75dB,球源表面振速幅值应为多

少? 辐射功率应为多大?

解 常温下,声强级与声压级近似相等

$$L_1 = 10\lg(\frac{I}{I_0}) = 10\lg(\frac{I}{10^{-12}}) = 75 \text{ (dB)}$$

可得 $I = 10^{-4.5}$。在一个大气压(10^5Pa)、20℃条件下,$\rho_0 = 1.21\text{kg/m}^3$,$c_0 = 343$ m/s,空气的特性阻抗 $\rho_0 c_0 = 415\text{N·s/m}^3$,由式(6-79),得

$$I = \frac{1}{2}\frac{A^2}{\rho_0 c_0 r^2}$$

求得 $A = 0.16$。由式(6-82),得

$$u = \frac{A}{\rho_0 \omega a^2} = \frac{0.16}{1.21 \times 2\pi \times 1000 \times 0.01^2} = 0.21(\text{m})$$

辐射功率

$$W_m = 4\pi r^2 I = 4.0 \times 10^{-4}(\text{W})$$

2. 偶极子源

两个声源强度皆为 Q 的单极子源相距 $l(l<<\lambda)$,并以反相位振动组合而成的声源称为偶极子源。如图 6-7 所示,由于其中两个单极子的振动相位相反,因此通过包含该偶极子在内的球面的净质量流为零。然而由于两个脉动球的运动相反,形成一个沿 z 方向的脉动力,所以偶极子源是一种脉动力源。常见的偶极子源如单个扬声器振膜对空气的推力,球的往复运动,

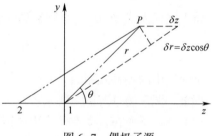

图 6-7 偶极子源

乐器上弦的振动,不平衡的转子,机翼和风扇叶片的尾部涡流脱落等。

图 6-7 中 P 点声压应为源 1 和源 2 产生声压的叠加。源 1 产生的声压为

$$p_1 = \frac{A}{r}\cos(\omega t - kr) \tag{6-86}$$

源 2 产生的声压为

$$p_2 = -(p_1 + \frac{\partial p_1}{\partial z}\delta z) \tag{6-87}$$

式中,$\delta z = l$ 为两点源之间的距离,而

$$\frac{\partial p_1}{\partial z} = \frac{\partial p_1}{\partial r} \cdot \cos\theta \tag{6-88}$$

故 P 点总声压为

$$p = p_1 + p_2 = -\frac{\partial p_1}{\partial r}\cos\theta \cdot l = \frac{Al\cos\theta}{r}\left[\frac{1}{r}\cos(\omega t - kr) - k\sin(\omega t - kr)\right]$$
(6-89)

根据运动方程 $-\partial p/\partial r = \rho_0(\partial u/\partial t)$，可求出质点速度为

$$u = \frac{Al\cos\theta}{\omega\rho_0}\left[\frac{2}{r^3}\sin(\omega t - kr) + \frac{2k}{r^2}\cos(\omega t - kr) - \frac{k^2}{r}\sin(\omega t - kr)\right]$$
(6-90)

在 P 点的声强为

$$I = \frac{1}{T}\int_0^T pu\mathrm{d}t = \frac{(Al)^2}{2\rho_0 c_0}\frac{k^2}{r^2}\cos^2\theta \tag{6-91}$$

在声源附近（近场），$kr \ll 1$，式(6-89)右边的第一项为主，均方声压为

$$p^2 = \frac{1}{T}\int_0^T \left(\frac{Al\cos\theta}{r^2}\right)^2 \cos^2(\omega t - kr)\mathrm{d}t = \frac{(Al)^2}{2}\frac{1}{r^4}\cos^2\theta \tag{6-92}$$

而在远场，$kr \gg 1$，式(6-89)右边的第二项为主，均方声压为

$$p^2 = \frac{1}{T}\int_0^T \left(\frac{Alk\cos\theta}{r}\right)^2 \sin^2(\omega t - kr)\mathrm{d}t = \frac{(Al)^2}{2}\frac{k^2}{r^2}\cos^2\theta \tag{6-93}$$

将上式代入式(6-91)，得到远场区的声强为

$$I = \frac{p^2}{\rho_0 c_0} \tag{6-94}$$

这与平面波中的关系式相同。

偶极子源声场具有以下特点：

(1) 偶极子源在自由空间产生的声场具有指向性，$p = p(\theta)$。在 $\theta = \pm 90°$ 方向，从两个点源来的声波幅值相等相位相反，因而全部抵消，合成声压为零。而在 $\theta = 0°$ 及 $180°$ 方向上合成声压最大，形成 ∞ 字形指向性图案。

(2) 偶极子源产生的声场在近场区与远场区有不同的发散规律，近场 $p \propto 1/r^2$，声压衰减很快，而在远场 $p \propto 1/r$。

(3) 在近场区声强与声压的关系比较复杂，只有在远场 $I = p^2/\rho_0 c_0$ 的关系存在，方可通过测量声压计算声强。

偶极子源发出的声功率为

$$W_d = \int_0^{2\pi}\int_0^\pi Ir^2\sin\theta\mathrm{d}\theta\mathrm{d}\varphi \tag{6-95}$$

将式(6-91)代入，得

$$W_d = \int_0^{2\pi}\int_0^\pi \frac{(Al)^2}{2\rho_0 c_0}\frac{k^2}{r^2}\cos^2\theta \cdot r^2 \cdot \sin\theta \cdot \mathrm{d}\theta \cdot \mathrm{d}\varphi = \frac{2}{3}\pi k^2 \frac{(Al)^2}{\rho_0 c_0} \tag{6-96}$$

再将式(6-78)代入,可得

$$W_d = \frac{\rho_0 c k^4 (Ql)^2}{24\pi} \tag{6-97}$$

上式与式(6-85)比较,得出在单个源强度相等的情况下,偶极子源与单极子源辐射声功率之比为

$$\frac{W_d}{W_m} = \frac{k^2 l^2}{3} \tag{6-98}$$

低频时 $kl \ll 1$,所以 $W_d \ll W_m$。偶极子源的辐射效率比单极子源低,这就说明为什么低频时不带音箱的扬声器辐射效率很差的原因。

3. 四极子源

四个单极子源组合构成四极子源,其中又分两类,一类称为横向四极子源,气体的混合过程或湍流的发声机理即属于这一类,由力偶源产生;另一类称为纵向四极子源,由两个物体的碰撞或挤压效应产生。四极子源辐射声场声压的表达式比偶极子源的更复杂。如喷气噪气和阀门噪声等都是四极声源,四极声源也有辐射指向特性,声源近场声压随距离衰减更快,$p \propto 1/r^3$,稍远一些,$p \propto 1/r^2$,到远场才逐渐地接近于单极子源特性,即

$$p \propto 1/r \tag{6-99}$$

四极子源辐射的声功率分别为:

(1) 横向四极子源

$$W_{1at} = \frac{\rho_0 c_0 k^6 Q_0^2}{480\pi} \tag{6-100}$$

(2) 纵向四极子源

$$W_{1ong} = \frac{\rho_0 c_0 k^6 Q_0^2}{40\pi} \tag{6-101}$$

式中,$Q_0 = Q l_1 l_2$ 为四极子源强度;Q 为单极子源强度。

将式(6-100)、式(6-101)与式(6-85)比较,可得两种四极子源与单极子源辐射声功率之比,即:

(1) 横向四极子源

$$\frac{W_{1at}}{W_m} = \frac{k^4 l_1^2 l_2^2}{60} \tag{6-102}$$

(2) 纵向四极子源

$$\frac{W_{1ong}}{W_m} = \frac{k^4 l_1^2 l_2^2}{5} \tag{6-103}$$

可见在低频区四极子源的辐射效率极低。

4. 实际声源的指向性

描述实际声源的指向性有两个量。

(1) 指向性因数 DF。指在远场距离 r 处,方位角 θ、φ 的均方声压 $p_{\theta,\varphi}^2$ 与具有同样声功率无指向性声源在 r 处的均方声压 $\bar{p}^2$(即 $p_{\theta,\varphi}^2$ 沿所有 θ、φ 方位的平均值)之比,即

$$DF = \frac{p_{\theta,\varphi}^2}{\bar{p}^2} = \frac{I_{\theta,\varphi}}{\bar{I}} \qquad (6\text{-}104)$$

式中,$I_{\theta,\varphi}$ 与 $\bar{I}$ 为相应的声强。

(2) 指向性指数 DI

$$DI = 10\lg DF = L_{\theta,\varphi} - L \qquad (6\text{-}105)$$

式中,$L_{\theta,\varphi}$ 与 L 分别为与均方声压 $p_{\theta,\varphi}^2$ 和 $\bar{p}^2$ 对应的声压级,故指向性指数 DI 表示某一方位上的声压级与平均声压级的级差。

6.4.2 声波的反射、透射与绕射

声波和光波相似,遇到不同媒质就要发生反射和折射,这里仅限于讨论平面声波。入射、反射与折射波的方向满足 Snell 定律,即

$$\frac{\sin\theta_i}{c_1} = \frac{\sin\theta_r}{c_1} = \frac{\sin\theta_t}{c_2} \qquad (6\text{-}106)$$

式中,c_1 及 c_2 分别为媒质 I 及 II 中的声速;θ_i 为入射角;θ_r 为反射角;θ_t 为折射角。式(6-106)可分别表达为

(1) 反射定律:入射角等于反射角,即

$$\theta_i = \theta_r \qquad (6\text{-}107)$$

(2) 折射定律:入射角正弦与折射角正弦之比等于两种媒质中声速之比,即

$$\frac{\sin\theta_i}{\sin\theta_t} = \frac{c_1}{c_2} \qquad (6\text{-}108)$$

两种媒质中声速如果不同,声波传入媒质 II 中时方向就会改变。

关于入射波、反射波与折射(或透射)波之间的振幅关系,可以根据分界面上的边界条件求出。边界面两边的声压与法向质点速度应该连续,即有

$$p_i + p_r = p_t \qquad (6\text{-}109)$$

$$u_i \cdot \cos\theta_i + u_r \cdot \cos\theta_r = u_t \cdot \cos\theta_t \qquad (6\text{-}110)$$

式中,p 为声压;u 为质点速度;下标 i、r、t 分别表示入射波、反射波与透射波。

由式(6-109)及式(6-110)可求出反射波与入射波振幅之比,称为声压反射系数 r,即

$$r = \frac{p_r}{p_i} = \left(\frac{\rho_2 c_2}{\cos\theta_t} - \frac{\rho_1 c_1}{\cos\theta_i}\right) \Big/ \left(\frac{\rho_2 c_2}{\cos\theta_t} + \frac{\rho_1 c_1}{\cos\theta_i}\right) \tag{6-111}$$

透射波与入射波振幅之比称为声压透射系数 t,即

$$t = \frac{p_t}{p_i} = \left(\frac{2\rho_2 c_2}{\cos\theta_t}\right) \Big/ \left(\frac{\rho_2 c_2}{\cos\theta_t} + \frac{\rho_1 c_1}{\cos\theta_i}\right) \tag{6-112}$$

当声波垂直入射时, $\theta_i = \theta_r = \theta_t = 0$,上两式简化为

$$\begin{cases} r = (\rho_2 c_2 - \rho_1 c_1)/(\rho_2 c_2 + \rho_1 c_1) \\ t = 2\rho_2 c_2/(\rho_2 c_2 + \rho_1 c_1) \end{cases} \tag{6-113}$$

若两种媒质的特性阻抗相差很远,例如水比空气的特性阻抗约大 4000 倍,此时 $r \approx 1$,即当声波从空气入射到水面(或从水中入射到空气)时,几乎 100% 反射回去。

声波在传播过程中遇到障碍物时,能绕过障碍物而引起声传播方向的改变,这种现象称为声波的衍射或绕射。平面声波通过缝隙后波阵面不再是平面,在缝的中部波传播方向不变,缝两端的声线则产生弯曲。缝越窄,波长越大,波阵面就越弯曲,绕射现象越显著。

例 6-10 计算声波由空气垂直入射到水面上时声压反射系数、透射系数,以及由水面垂直入射到空气时的声压反射系数和透射系数。

解 由声阻抗式(6-32),计算 20℃时空气和水的特性阻抗分别为

$z_{air} = \rho_0 c_0 = 1.21 \times 343 = 415 N \cdot s/m^3$,$z_w = \rho_0 c_0 = 1 \times 10^3 \times 1483$
$= 1.48 \times 10^6 N \cdot s/m^3$

由式(6-113),得

$r = (\rho_2 c_2 - \rho_1 c_1)/(\rho_2 c_2 + \rho_1 c_1) \approx 1$,$t = 2\rho_2 c_2/(\rho_2 c_2 + \rho_1 c_1) \approx 2$

$r = (\rho_2 c_2 - \rho_1 c_1)/(\rho_2 c_2 + \rho_1 c_1) \approx -1$,$t = 2\rho_2 c_2/(\rho_2 c_2 + \rho_1 c_1) \approx 0$

例 6-11 声波以 45°角入射到空气和未知阻抗的某流体(流体特性阻抗大于空气特性阻抗)分界面上,测得声压反射系数为 0.6,求流体的阻抗。

解 由式(6-111),得

$$r = \frac{p_r}{p_i} = \left(\frac{\rho_2 c_2}{\cos\theta_t} - \frac{\rho_1 c_1}{\cos\theta_i}\right) \Big/ \left(\frac{\rho_2 c_2}{\cos\theta_t} + \frac{\rho_1 c_1}{\cos\theta_i}\right),\quad \rho_2 c_2 = 1660 N \cdot s/m^3$$

6.5 室内声场

当噪声源处于自由空间时,声源向四周发出没有反射的声波,情况比较单纯。实际问题中声源往往放置在房间内,发出的声波在有限空间里来回多次反

射,各方面辐射声波与反射波相互交织、叠加后形成复杂声场。有时,已知制造厂给出的机器声功率级,需要估算机器在车间安装后一定距离处的声压级;有时对于高噪声车间需要预估采取一定吸声措施后的降噪效果,因此需要对封闭空间声场的特性进行研究。

6.5.1 吸声系数及房间吸声量

当声波撞击到墙面上时有一部分声能被反射,其余的部分被吸收。从能量的观点看,设入射、反射、吸收、耗散及透射声强分别为 I_i、I_r、I_α、I_d、I_t,如图 6-8 所示,吸声系数 α 和声能透射系数 τ 的定义如下:

$$\alpha = \frac{I_i - I_r}{I_i} \tag{6-114}$$

$$\tau = \frac{I_t}{I_i} \tag{6-115}$$

式中,$I_r = I_i - I_\alpha$,$I_\alpha = I_d + I_t$。由于声强与声压平方成正比,因此有

$$\alpha = 1 - \frac{I_r}{I_i} = 1 - |r|^2 \tag{6-116}$$

式中,$r = \frac{I_r}{I_i}$ 为声压反射系数。

吸声概念指的是没有反射的能量,它包含墙面振动引起的材料内部能量耗散及声能透射。如果入射声能全部通过,没有反射(例如打开的窗口),则 $\alpha = 1$,而当声被入射至绝对刚性墙时全部反射,则 $\alpha = 0$。吸声系数大小与材料的物理性质、声波频率及入射角等有关。

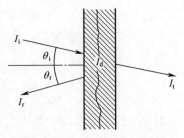

图 6-8 声波入射、反射及透射

1. 法向入射吸声系数 α_0 及斜入射吸声系数 α_w

入射角是声波入射方向与材料表面法线方向的夹角 θ_i,反射角 θ_r 是声波反射方向与材料表面法线方向的夹角,折射角 θ_t 是声波折射方向与材料表面法线方向的夹角,如图 6-9 所示。法向入射吸声系数 α_0,表示声波垂直入射到材料上的吸声系数,通常用专门的测量装置——驻波管进行测量,这种测量对于不同材料吸声性能的比较研究十分方便;另一种入射声波与表面法线成 θ 角时的吸声系数称为斜入射吸声系数 α_w,该参数只用在理论分析中。

2. 无规入射吸声系数

α_R 定义为声波在所有方向以不规则方式入射时的吸声系数。对于比较大的房间,声波撞击到墙面多数处于无规入射状态,因此工程中都以无规入射吸声系数 α_R 作为设计计算的依据。材料的 α_R 需要按照一定标准在特殊的房间(混响室)里测量。当不具备条件时也可以从驻波管测出的法向入射吸声系数 α_0 进行换算。α_R 和 α_0 的关系见表 6-5。如 $\alpha_0 = 0.26$,查得 $\alpha_R = 0.47$。

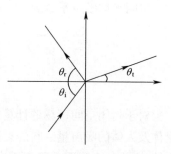

图 6-9 声波入射、反射及折射

表 6-5 管测法吸声系数 α_0 与混响法吸声系数 α_R 换算表

垂直入射吸声系数 α_0	0.00	0.01	0.02	0.03	0.04	0.05	0.06	0.07	0.08	0.09
	无规入射吸声系数 α_R									
0.0	0	0.02	0.04	0.06	0.08	0.10	0.12	0.14	0.16	0.18
0.1	0.20	0.22	0.24	0.25	0.27	0.29	0.31	0.33	0.34	0.36
0.2	0.38	0.39	0.41	0.42	0.44	0.45	0.47	0.48	0.50	0.51
0.3	0.52	0.54	0.55	0.56	0.58	0.59	0.60	0.61	0.63	0.64
0.4	0.65	0.66	0.67	0.68	0.70	0.71	0.72	0.73	0.74	0.75
0.5	0.76	0.77	0.78	0.78	0.79	0.80	0.81	0.82	0.83	0.84
0.6	0.84	0.85	0.86	0.87	0.88	0.88	0.89	0.90	0.90	0.91
0.7	0.92	0.92	0.93	0.94	0.94	0.95	0.95	0.96	0.97	0.97
0.8	0.98	0.98	0.99	0.99	1.00	1.00	1.00	1.00	1.00	1.00
0.9	1.00	1.00	1.00	1.00	1.00	1.00	1.00	1.00	1.00	

3. 吸声量 A

吸声系数只表示材料对声能吸收的比例,实际吸声能力的大小不仅与材料吸声系数有关,还与使用材料的面积有关。吸声量 A 定义为

$$A = S \cdot \alpha \tag{6-117}$$

式中,S 为吸声系数为 α 的材料的面积(m^2)。吸声量的单位是 m^2,或称赛宾(Sabine)。根据定义可知,向自由空间敞开的 $1m^2$ 窗户($\alpha = 1$,即 $r = 0$)吸声量为 $1m^2$。如果某种材料吸声系数为 0.4,则面积为 $2.5m^2$ 的这种材料才具有 $1m^2$ 吸声量。

若在房间墙壁上布置有几种不同的材料,对应的吸声系数与面积分别为 $\alpha_1, \alpha_2, \cdots$ 和 $S_1, S_2, \cdots$,则房间总吸声量为

$$A = \sum_{i=1}^{n} S_i \cdot \alpha_i \tag{6-118}$$

房间平均吸声系数为

$$\bar{\alpha} = \frac{\sum_{i=1}^{n} S_i \cdot \alpha_i}{\sum_{i=1}^{n} S_i} \tag{6-119}$$

对于封闭空间声场的计算，除了考虑房间表面的声吸收以外，还要考虑室内物体及人体的吸声量。在经过吸声减噪的车间里可能悬挂着各种形状的空间吸声体，也应加在房间总吸声量中进行计算。

例 6-12 某房间两侧墙为砖墙抹灰粉刷，面积 $S_1 = 400\text{m}^2$，吸声系数 $\alpha_1 = 0.03$；两端墙悬挂甘蔗纤维板，面积 $S_2 = 150\text{m}^2$，吸声系数 $\alpha_2 = 0.42$；顶棚采用泡沫塑料吸声吊顶，面积 $S_3 = 300\text{m}^2$，吸声系数 $\alpha_3 = 0.72$；混凝土地面面积 $S_4 = 300\text{m}^2$，吸声系数 $\alpha_4 = 0.02$。试求房间的总吸声量和平均吸声系数。

解 （1）由式(6-118)，求得房间的总吸声量

$$A = \sum_{i=1}^{4} S_i \cdot \alpha_i = 400 \times 0.03 + 150 \times 0.42 + 300 \times 0.71 + 300 \times 0.02 = 294\text{m}^2$$

（2）由式(6-119)，求得房间平均吸声系数

$$\bar{\alpha} = \frac{\sum_{i=1}^{4} S_i \cdot \alpha_i}{\sum_{i=1}^{4} S_i} = \frac{A}{S} = \frac{294}{400 + 150 + 300 + 300} = 0.256$$

6.5.2 扩散声场的声强

扩散声场是各点声能密度均匀一致，各个方向声能流相等的理想化声场。如图 6-10 所示，设平均声能密度为 ε，墙面上有一块元面积 $\text{d}s$，以离 $\text{d}s$ 距离 r 处空间中微元体 $\text{d}V$ 作为一个点声源辐射球面波，在半径为 r 的球面上单位面积声能为 $\varepsilon \text{d}V/4\pi r^2$。微元体 $\text{d}V$ 声波撞击到墙面元面积 $\text{d}s$ 上，$\text{d}s$ 接收的法向单位面积声能为 $(\varepsilon \text{d}V/4\pi r^2)\cos\theta$，$\text{d}s$ 上接收的总声强为包围 $\text{d}s$ 的半球内的积分，球半径的变化范围为从 $r = 0$ 到 $r = c$，c 为声速。由图 6-10，微元体 $\text{d}V = \text{d}r(r\text{d}\theta)(r\sin\theta\text{d}\varphi)$，到达 $\text{d}s$ 的能量微分为 $\varepsilon \text{d}r(r\text{d}\theta)(r\sin\theta\text{d}\varphi)\text{d}s\cos\theta/4\pi r^2$。

对半球体内积分，得微元面积 $\text{d}s$ 上总声能为

$$I\text{d}s = \varepsilon \int_{r=0}^{c} (r^2/4\pi r^2)\text{d}r \int_{\varphi=0}^{2\pi} \text{d}\varphi \int_{\theta=0}^{\pi/2} \sin\theta\cos\theta\text{d}\theta\text{d}s$$

由此得声强为

第6章 机械噪声分析基础

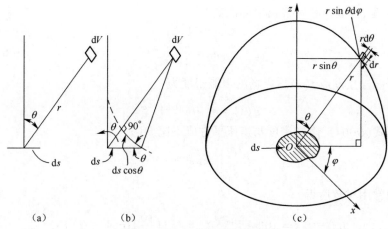

图 6-10 扩散声场的声强

$$I = \varepsilon \left(\frac{c}{4\pi}\right)(2\pi) \int_{\theta=0}^{\pi/2} \frac{1}{2}\sin 2\theta \cdot d\theta = \frac{\varepsilon \cdot c}{4} \quad (6\text{-}120)$$

上式中声能密度 ε 由式(6-51)给出,即 $\varepsilon = \dfrac{p_{rm0}^2}{\rho c^2}$,代入式(6-120)得

$$I = \frac{p_{rm0}^2}{4\rho c} \quad (6\text{-}121)$$

可见,扩散声场的声强为平面波声强的 1/4。

6.5.3 混响时间

除了吸声量以外,表征房间声学特性的另一个参数是混响时间…混响时间定义为当声源突然停止发声后,室内声压级衰减 60dB 经过的时间(s),以 T_{60} 表示。设房间体积为 V,总表面积为 S,平均吸声系数为 $\bar{\alpha}$,声源停止发声时声能密度为 ε_0。声波第一次撞击到墙面后声能密度下降至 $\varepsilon_0(1-\bar{\alpha})$,第二次撞击后下降至 $\varepsilon_0(1-\bar{\alpha})^2$,…,经过 n 次撞击吸收后,声能密度降为 $\varepsilon(t) = \varepsilon_0(1-\bar{\alpha})^n$。

声波在两次反射之间的平均距离称为平均自由程,以 d 表示,它与房间的容积和形状有关。声波每秒钟撞击墙面次数 $n_0 = c/d$。房间内总声能为 εV,按撞击次数计算,每秒吸收的声能为 $(\varepsilon \cdot V \cdot \alpha \cdot c/d)$。另外,已知混响场(近似扩散场)墙面上的声强为 $I = \varepsilon \cdot c/4$,按照声强计算,每秒钟墙面吸收的声能为 $\varepsilon \cdot s \cdot \bar{\alpha}/4$。则平衡方程 $\dfrac{\varepsilon \cdot V \cdot \bar{\alpha} \cdot c}{d} = \left(\dfrac{\varepsilon \cdot c}{4}\right) \cdot S \cdot \bar{\alpha}$,解出平均自由程为 $d =$

$\frac{dV}{S}$。于是,声波每秒钟撞击墙面次数为

$$n_0 = \frac{cS}{4V} \tag{6-122}$$

声源停止发声 $t(s)$ 后声场的声能密度为

$$\varepsilon(t) = \varepsilon_0 \cdot e^{\frac{cS}{4V}t \cdot \ln(1-\bar{\alpha})}$$

据式(6-64),声能密度与声压平方成正比,有

$$\frac{p^2(t)}{p_0^2} = e^{\frac{cS}{4V}t \cdot \ln(1-\bar{\alpha})}$$

取常用对数后得

$$L_{pn} - L_{p0} = 10\lg e^{\frac{cS}{4V}t \cdot \ln(1-\bar{\alpha})} = 4.34\frac{cS}{4V}[\ln(1-\bar{\alpha})] \cdot t$$

即

$$L_{p0} - L_{pn} = \frac{1.085c}{V}[-S \cdot \ln(1-\bar{\alpha})] \cdot t$$

式中,L_{p0} 为声源突然停止发声前的声压级;L_{pn} 为声源停止后经过 n 次反射的声压级。

按照混响时间的定义,令 $L_{p0} - L_{pn} = 60\text{dB}$,并将 20℃时声速 $c = 344\text{m/s}$ 代入,得

$$T_{60} = \frac{0.161V}{-S \cdot \ln(1-\bar{\alpha})} \tag{6-123}$$

上式是计算混响时间的爱林(Eyring)公式。

当 $\bar{\alpha} < 0.2$ 时,存在近似关系 $-S \cdot \ln(1-\bar{\alpha}) \approx S\bar{\alpha} = A$,则上式简化为

$$T_{60} = \frac{0.161V}{-S \cdot \ln(1-\bar{\alpha})} = \frac{0.161V}{A} \tag{6-124}$$

式中,A 为房间吸声量。

上式是常用的赛宾公式(Sabine)。该式表明,混响时间长短与房间的容积成正比,而与吸声量成反比。对用于语音或音乐的房间(录音室、剧场、音乐厅等),混响时间是一个主要的音质评价指标。在工程实际中常用测量混响时间来估算房间内的实际吸声量。

6.5.4 空气吸收对混响时间的影响

上节中只考虑了封闭空间边界吸声的影响,未考虑空气对声波的吸收。不

同温度、不同湿度的空气对声波的吸收不同。总的来讲,高频空气吸收显著,此时混响时间为

$$T_{60} = \frac{0.161V}{S\bar{\alpha} + 4mV} \tag{6-125}$$

式中,$4mV$ 为空气吸声量;m 为空气中的声能衰减率。空气吸收系数 $4m$ 值列于表 6-6。

例 6-13 一个游泳馆,体积 $V = 16200\text{m}^3$,吸声面积为 $S = 1000 \text{ m}^2$,气温 20℃,湿度 30%。求频率为 4000Hz 时的混响时间。

解 由表 6-6,查出 $4m = 0.038$,计算

$$T_{60} = \frac{0.161V}{S\bar{\alpha} + 4mV} = \frac{0.161 \times 16200}{1000 \times 0.1 + 0.038 \times 16200} = 3.6(\text{s})$$

如果不考虑空气吸收,计算得 $T_{60} = 2.6\text{s}$,可见影响较大。

表 6-6 空气吸收系数 $4m$ 值

频率/Hz	室内相对湿度				
	30%	40%	50%	60%	70%
2000	0.012	0.010	0.010	0.009	0.0085
4000	0.038	0.029	0.0210	0.022	0.021
6300	0.084	0.062	0.050	0.043	0.040

6.5.5 封闭空间的稳态声场

房间内声源连续不断发声的情况下,任意点将接收到两种声波,一种是由声源直接传来的直达声,另一种是由边界墙面多次反射形成的混响声。根据测点至声源距离远近不同,这两部分声能密度的相对比例也不同。

从功率流的角度来分析,声源辐射的声功率对整个系统是功率输入,而房间边界或其他物体的吸收则是功率输出,在稳定状态两者必须保持平衡。声场能量密度的大小表示声场能量的一种状态。状态本身并不消耗功率,但这种状态的高低又与整个系统的功率输出有关,这种情形可以用一个有进、出水管的水柜来比拟。进水管流量是输入,出水管流量是输出。水位高低是一种状态,它并不消耗水流。但是出水管流量不仅与出水管口径有关,而且与水位高低有关,在出水管口径不变的条件下,水位越高,则输出量越大。类似地,封闭空间边界墙面平均吸声系数一定的条件下,声能密度越大,则吸收的声能越多。这种封闭空间

内稳态声场的功率平均关系示于图 6-11,声源发出的 W 是功率输入,墙面第一次吸收 $W \cdot \bar{\alpha}$ 以及以后多次吸收 $(\varepsilon_R \cdot V)\bar{\alpha} \cdot n_0$ 是功率输出。ε_D、ε_R 分别表示直达场和混响场声能密度。n_0 为声波每秒钟撞击墙面次数。

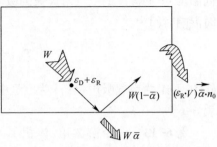

图 6-11　房间内的声功率平衡示意图

1. 直达声场的声能密度 ε_D

$$\varepsilon_D = \frac{I}{c} = \frac{W \cdot Q}{4\pi r^2 \cdot c} \quad (6\text{-}126)$$

式中,W 为声源声功率(W);r 为至声源距离(m);c 为声速(m/s);Q 为考虑声源位置影响的系数,与声源辐射的自由空间大小有关。当声源悬挂于空中,向整个自由空间辐射时 $Q=1$;放在地上,向半自由空间辐射时 $Q=2$;置于墙边,向 1/4 自由空间辐射时 $Q=4$;置于墙角,向 1/8 自由空间辐射时 $Q=8$。

2. 混响场的声能密度 ε_R

由图 6-11 可见,声源发出的声功率 W 第一次撞击到边界时吸收掉 $W\bar{\alpha}$,反射声功率为 $W(1-\bar{\alpha})$,后者将为每秒钟混响声场多次撞击边界的声吸收所平衡。即

$$W(1-\bar{\alpha}) = (\varepsilon_R \cdot V)\bar{\alpha} \cdot n_0$$

将式(6-122)代入,得

$$W(1-\bar{\alpha}) = (\varepsilon_R \cdot V)\bar{\alpha} \cdot \frac{cS}{4V}$$

由上式将

$$\varepsilon_R = \frac{4W}{c} \cdot \frac{(1-\bar{\alpha})}{S\bar{\alpha}}$$

令 $R = S\bar{\alpha}/(1-\bar{\alpha})$,称为"房间常数",则有

$$\varepsilon_R = \frac{4W}{cR}$$

3. 总声能密度与声压级

总声能密度为

$$\varepsilon = \varepsilon_D + \varepsilon_R = \frac{W}{c}\left(\frac{Q}{4\pi r^2} + \frac{4}{R}\right)$$

转换为均方声压,则

$$\frac{p^2}{p_0 c} = W\left(\frac{Q}{4\pi r^2} + \frac{4}{R}\right)$$

即

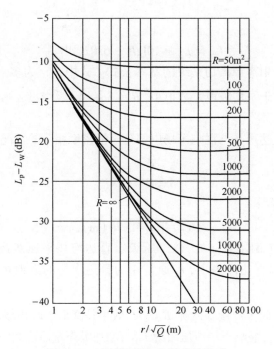

图 6-12　声压级级差与距离的关系

$$L_p = L_W + 10\lg\left(\frac{Q}{4\pi r^2} + \frac{4}{R}\right) \tag{6-127}$$

式(6-127)即为封闭空间稳态声场的声压级公式。将上式变换为级差($L_p - L_W$),可以更清楚地看出距离 r 及房间常数 R 等参数的影响,即

$$(L_p - L_W) = 10\lg\left(\frac{Q}{4\pi r^2} + \frac{4}{R}\right) \tag{6-128}$$

上式表示的关系式示于图 6-12。图中纵坐标为声压级与声源声功率级的级差($L_p - L_W$),横坐标为距离 $r/\sqrt{Q}$。

由图可见:

(1) 当 $\alpha \to 1$,即 $R \to \infty$ 时对应于图上最左的斜线,表示自由声场中"-6dB/距离加倍"的衰减规律。即有

$$(L_p - L_W) = 10\lg\frac{Q}{4\pi r^2}$$

(2) 在 r 较大、接近于房间边界处曲线趋于水平,说明此时声压级不随距离而变化,以混响声场为主,即

$$(L_\mathrm{p} - L_\mathrm{W}) \approx 10\lg \frac{4}{R}$$

由此得

$$L_\mathrm{W} = L_\mathrm{p} + 10\lg R - 6.02(\mathrm{dB}) \tag{6-129}$$

此即计算混响室中声源声功率级的基本公式。式中,L_p 为多点平均声压级;R 为房间常数。由于平均吸声系数很小,$R \approx S\bar{\alpha} = A$,吸声量 A 则可用测量混响时间计算。

(3) 考虑直达声场与混响声场中部分声能密度相等的情况,此时有

$$\frac{Q}{4\pi r^2} = \frac{4}{R}$$

设 $Q = 1$,解出

$$r_2 = 0.141\sqrt{R}\ (\mathrm{m}) \tag{6-130}$$

在离声源中心距离 r_2 处,总声压级比直达声场声压级高出 3dB;当 $r < r_2$ 时声场能量以直达声为主,r_2 通常作为直达声场的近似边界,称为自由场半径。

(4) 增加房间吸声量 $S\bar{\alpha}$,则 R 增大,效果是降低混响声场的声压级。设原来房间常数为 R_1,混响声场声压级为 L_D1,增加吸声量后房间常数改变为 R_2,同一点的声压级变为 L_D2,则有

$$L_\mathrm{D1} - L_\mathrm{D2} = 10\lg\left(\frac{R_2}{R_1}\right) \approx 10\lg\left(\frac{A_2}{A_1}\right) \tag{6-131}$$

上式说明,混响声场的降噪效果取决于吸声量比值 A_2/A_1,原来吸声量 A_1 较小时采取吸声减噪措施效果明显,如将吸声量增大到原来的 4 倍,可得到 6dB 降噪量。如果原来吸声量 A_1 已经放大,采取吸声措施便收效甚微。

6.6 室外(自由场)声传播

声波在室外传播时发生扩散性衰减,也称为距离衰减。

1. 点声源的扩散衰减

由单极子声源辐射功率式(6-81)可知,在自由声场中,声强与距离平方成反比,即 $I = W_\mathrm{m}/(4\pi \cdot r^2)$。联立式(6-57)和式(6-58),得到点声源(球面波)的扩散衰减式为

$$L_{\mathrm{p}}(r) = L_{\mathrm{I}}(r) = 10\lg\frac{W_{\mathrm{m}}}{10^{-12}} - 10\lg(4\pi r^2) = L_{\mathrm{W}} - 20\lg r - 11 \quad (6\text{-}132)$$

式中，r 为离开声源的距离。由上式可见，距离增加一倍，声压级下降 6dB。

例 6-14 在自由声场中，一个点声源辐射球面波，在距声源 10m 处测得声压级为 90dB，若空气吸收衰减忽略不计，试求 100m 处该声波的声压级。

解 $L_{\mathrm{p}2} - L_{\mathrm{p}1} = 20\lg r_1 - 20\lg r_2 = 20\lg 10 = 20(\mathrm{dB})$，$L_{\mathrm{p}1} = L_{\mathrm{p}2} - 20 = 70(\mathrm{dB})$。

2. 线声源的扩散衰减

在自由声场中，由柱面波声压扩散公式，得到无限长线声源声压级随距离的衰减为

$$L_{\mathrm{p}2} = L_{\mathrm{W}} - 10\lg r - 8 \quad (6\text{-}133)$$

由上式可知，离开线声源的距离每增加一倍，声压级减小 3dB。

如果线声源长度为 l，在靠近声源处（$r \leq l/\pi$），声压级的衰减按无限长线声源衰减公式计算；在远离声源处（$r > l/\pi$），声压级的衰减按点声源衰减公式计算。

3. 面声源的扩散衰减

设面声源边长为 a、b（$a \leq b$），当 $r \leq a/\pi$ 时，声波近似平面波，离开声源的距离变化时，平面波无衰减，故声压级不变。当 $a/\pi \leq r \leq b/\pi$ 时，声波近似圆柱面波，即距离每增加一倍衰减 3dB，声压级随距离变化衰减为

$$L_{\mathrm{p}}(r) = L_{\mathrm{p}0} - 10\lg\frac{3r}{a} \quad (6\text{-}134)$$

当 $r \geq b/\pi$ 时，声波近似球面波，即距离每增加一倍衰减 6dB，声压级随距离变化衰减为

$$L_{\mathrm{p}}(r) = L_{\mathrm{p}0} - 20\lg\frac{3r}{b} - 10\lg\frac{b}{a} \quad (6\text{-}135)$$

例 6-15 现有一矩形声源，长 1.8m，宽 1.2m，声压级为 110dB，不考虑空气吸收造成的衰减，求当距离声源 0.3m、0.5m 与 3m 时的声压级。

解 当 $r=0.3\mathrm{m}$ 时，由于 $r < \dfrac{a}{\pi}$，声压级为 110dB。

当 $r=0.5\mathrm{m}$ 时，由于 $\dfrac{a}{\pi} < r < \dfrac{b}{\pi}$，$L_{\mathrm{p}}(r) = 110 - 10\lg\dfrac{3 \times 0.5}{1.2} - 8 = 101(\mathrm{dB})$

当 $r=3\mathrm{m}$ 时，由于 $r > \dfrac{b}{\pi}$，$L_{\mathrm{p}}(r) = 110 - 20\lg\dfrac{3 \times 3}{1.8} - 10\lg\dfrac{1.8}{1.2} = 94(\mathrm{dB})$

6.7 噪声的评价

6.7.1 噪声对人的影响

噪声对人的听力的危害与噪声的强度、频率及暴露时间有关。声压级低于75dB 不会影响人的听力。偶尔在高噪声条件下工作的人会出现听力下降现象，但是到安静处停留一段时间后又会逐渐恢复正常。这种现象称为暂时性听阈偏移（TTS），也称为听觉疲劳，它不会造成听觉器官损伤。但是，如果长期暴露在85dB 以上的噪声环境中，成年累月地受噪声刺激，这样听觉疲劳不但不能恢复，而且会越来越严重，直至内耳发生器质性病变，最终变成永久性听力损失（PHL），即噪声性耳聋。按照 ISO 规定，以 500Hz、1000Hz 和 2000Hz 听力损失的平均值超过 25dB 作为噪声性耳聋的起点，称为轻度聋。研究表明，在 85dB 下工作 30 年后耳聋发病率约 8%，在 90dB 下工作的为 20%，在 95dB 下工作的则为 30%。另外，噪声使人的交感神经紧张，产生心跳加快、心律不齐症状，引起心血管系统及消化系统疾病，也能导致植物性神经系统紊乱及神经衰弱症。噪声影响人的睡眠，45dB 以上就对正常人睡眠产生干扰。普通谈话声约为60dB，因此噪声达到 65dB 就会干扰谈话，如果达到 90dB 以上则大声喊叫也听不见。噪声会降低劳动生产率，因为在噪声环境中，工人会心情烦燥，注意力不集中。对于脑力劳动，这种影响更为明显。

6.7.2 人耳等响曲线

人耳是一个十分精细的器官，其构造分为 3 部分：外耳、中耳和内耳。外耳包括耳壳、耳道和鼓膜。耳壳使声音集中，通过耳道激发鼓膜振动，然后传入中耳。中耳内有 3 个听小骨相互连接，将鼓膜的振动放大十几倍后传至前庭窗，大大地增加人耳的灵敏度。内耳中除有 3 个负责身体平衡的半规管外，主要部分是人耳的最后接收器——耳蜗。耳蜗是像蜗牛壳一样的螺旋管，中间由基底膜分作两半，蜗顶处基底膜上有一小孔使上下连通。耳蜗内充满淋巴液，大约有 24000 条神经末梢与 2cm 长基底膜上的毛细胞相连。前庭窗的运动通过淋巴液使基底膜产生弯曲振动，由毛细胞发出神经脉冲，把接收到的信息通过听神经送至大脑，产生听觉。基底膜展开后相当于"簧片式频率计"，不同位置各对应于一定的共振频率。当激励频率与某一部位的共振频率相近时，该部位的毛细胞就传递信息，因此人耳有很细的频率分辨率。

人耳对不同频率的声音灵敏度不同。图 6-13 表示国际标准化组织（ISO）

公布的人耳等响曲线。该曲线以 1000Hz 纯音为准,在自由声场中对年青人进行心理物理实验,求出不同频率下与 1000Hz 纯音听觉同样响的声压级与频率的关系。图中最下方的一条曲线表示听阈,即在各频率人耳能够听见的最低声压级。从等响曲线可见,人耳对低频声反应比较迟钝,在 3~4kHz 附近等响曲线有一个低谷,是听觉最敏感区。频率对人耳响应的影响随声压级提高而减弱,在 100dB 以上等响曲线趋于平坦。

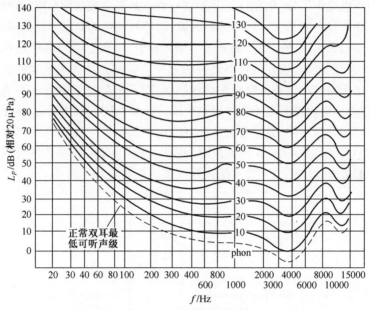

图 6-13 人耳等响曲线

响度级:每条等响曲线上对应于 1000Hz 的声压级为该曲线的响度级,单位为 Phon(方)。同一响度级某频率对应的声压级可由等响曲线查出,例如在 80Phon 等响曲线上,1000Hz 纯音的声压级为 80dB。

响度:响度级是用对数坐标表示的相对量,表示声音强弱的绝对量是响度,单位为 Sone(宋)。响度级为 40Phon 的声音定义为 1Sone,响度级增加 10Phon,人感觉到的响度是原来的 2 倍,因此 50Phon 的响度是 2Sone,60Phon 的响度是 4Sone。增加 10Phon 表示声强增加到原来的 10 倍。声强是刺激量,响度是感觉量,上述情况表明,10 倍的刺激产生 2 倍的感觉。

响度级 L_S 与响度 S 之间的换算关系为

$$L_S = 40 + 10 \log_2 S \ (\text{Phon}) \tag{6-136}$$

或

$$S = 2^{\frac{L_S - 40}{10}} \ (\text{Sone}) \tag{6-137}$$

6.7.3 频率计权

相同声压级的声音,因频率不同而使人听觉感受上有不同的响度,因此,要用声学仪器测得的量来表示人耳感觉到的响度的大小,是一个十分复杂的问题。

为了使仪器测得的分贝值与人们主观上的响度感觉有一定的相关性,需要在仪器上安装一个频率计权网络。例如,人耳听某一种具有连续谱的噪声,对其中的低频声感觉不灵敏,则在仪器上附加一个电路来衰减这种频率的声音,使仪器对该低频声也变得像人耳一样的不灵敏;人耳对其中的高频声比较灵敏,则这个附加电路对噪声中的中高频成分适当加以提升,使得它对中高频的声音也变得像人耳一样的灵敏,这样的仪器测得的分贝值就和人耳的主观响度感觉十分接近了。这个附加的电路就叫频率计权网络,对不同频率的提升和衰减要求设计,由电容器和电阻器等电子元件组装而成。针对不同的应用场合,常见的有四种不同的频率计权网络,分别称为 A、B、C、D 计权网络,它们测得的声级分别称为 A 声级、B 声级、C 声级、D 声级,各有不同的应用范围。声级计的计权网络频率特性如图 6-14 所示,1/3 倍频程 A 计权修正量如表 6-7 所示。

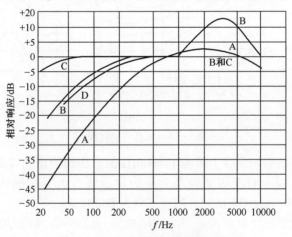

图 6-14 计权网络频率特性曲线

A 网络是模拟人耳对 40Phon 纯音的响应,即以 40Phon 等响曲线为基础,经规整化后倒置,成为图 6-14 中的 A 计权曲线。经过 A 计权测量得到的分贝数称为 A 计权声压级,简称 A 声级,单位也是分贝,记作 dB。

B 网络是模拟人耳对 70Phon 纯音的响应,即以 70Phon 等响曲线为基础,加以规整化后倒置,得到图 6-14 中 B 计权曲线。经过 B 计权测量得到的分贝数,称 B 计权声压级,简称 B 声级。

C 网络是人耳对 100Phon 纯音的响应,即以 100Phon 等响曲线为基础,加以规整化后倒置,得图 6-14 中 C 计权曲线。同样,经 C 计权测量得到的分贝数简称为 C 声级。

D 声级主要用于航空噪声的测量。在航空噪声中,常用"感觉噪声级"来进行评价。当受声音对周围环境的吵闹程度的感觉与某一个来自其正前方的中心频率为 1kHz 的倍频带的噪声对其的感觉相同时,就把该 1kHz 噪声的声压级称为受声音所处环境的"感觉噪声级"。感觉噪声级的单位也是 dB。把 40dB 的等感觉噪声级曲线倒置并规整化,即为图 6-16 的 D 计权曲线。

6.7.4 噪声基本评价量

评价噪声对人的影响程度是一个十分复杂的问题,迄今为止,噪声评价量和评价方法已有上百种。以下介绍几种基本公认的评价量。

1. A 声级

有关噪声评价的长期实践表明,对于时间上连续,频谱比较均匀、无显著纯音成分的宽频带噪声,若以它们的 A 声级值的大小次序排列,则与人们主观听觉感受的响度次序有较好的相关性。从评价工作来看,人们很希望有一个简单的单一量来表示。所以经过二三十年噪声评价工作的实践,国际、国家标准中凡与人有联系的各种噪声评价量,绝大部分都是以 A 声级为基础的。

表 6-7 1/3 倍频程 A 计权响应修正量

频率/Hz	A 计权修正/dB	频率/Hz	A 计权修正/dB
20	-50.5	630	-1.9
25	-44.7	800	-0.8
31.5	-39.4	1000	0
40	-34.6	1250	+0.6
50	-30.2	1600	+1.0
63	-26.2	2000	+1.2
80	-22.5	2500	+1.3
100	-19.1	3150	+1.2
125	-16.1	4000	+1.0
160	-13.4	5000	+0.5
200	-10.9	6300	-0.1
250	-8.6	8000	-1.1
315	-6.6	10000	-2.5
400	-4.8	12500	-4.3
500	-3.2	16000	-6.6

以 A 声级作为噪声的评价量,其优点是简便实用,但因 A 声级是对低频信号有较大衰减的频率计权测量值,测量结果中不能反映频率成分信息。因此,A 声级存在两个明显缺陷:①由于缺少频率成分信息,不可能作出经济合理的科学的噪声控制设计;②对于低频成分占优势的强噪声环境,其 A 声级符合噪声劳动卫生标准,但对长期暴露于该环境的工作人员可能会有高血压、心脏病等症状。

A 声级与声压级级的关系为

$$L_A = 10\lg\left[\sum_{i=1}^{n} 10^{0.1(L_{pi}+\Delta L_{Ai})}\right] \quad (6-138)$$

式中,L_A 为 A 声级,dB(A);L_{pi} 为第 i 个倍频程线性声压级,dB;ΔL_{Ai} 为 A 计权网络声压级修正值,见图 6-14 和表 6-7,dB(A);n 为倍频程个数。

例 6-16 某型号离心通风机,测得 6 个倍频带 125Hz、250Hz、500Hz、1000Hz、2000Hz、4000Hz 处的声压级,分别为 73dB、76dB、85dB、80dB、78dB、62dB,求 A 计权声压级。

解 由式(6-138),得 A 声压级

$$L_A = 10\lg(10^{0.1\times(73-16.1)} + 10^{0.1\times(76-8.9)} + 10^{0.1\times(85-3.2)}$$
$$+ 10^{0.1\times(80-0.0)} + 10^{0.1\times(78+1.2)} + 10^{0.1\times(62+1.0)}) = 85.2\text{dB(A)}$$

2. 等效连续 A 声级

当评价噪声对人体的影响时,不但要考虑噪声的强度,而且要考虑它的作用时间。另外,实际存在的噪声,连续稳定的噪声是较少的,绝大多数噪声其强度是随时间变化的。如何表征不稳定噪声对人体的作用呢?在较多的情况下,是求某一段时间间隔内 A 计权声压级的能量平均意义上的等效声级,称为等效连续 A 声级(简称等效声级),记为 $L_{Aeq,T}$,脚标 T 表示时间间隔($t_2 - t_1$)。

按定义,等效连续 A 声级为

$$L_{Aeq,T} = 10\lg\left[\frac{1}{T}\int_0^T \frac{p_A^2(t)}{p_0^2}dt\right] \quad (6-139)$$

式中,$p_A(t)$ 为 A 计权瞬时声压值;p_0 为基准声压。

在实际测量中往往不是连续采样,而是离散采样,且采样的时间间隔 Δt 一定时,则式(6-139)可表示为

$$L_{Aeq,T} = 10\lg\left[\frac{1}{n}\sum_{i=1}^{n} 10^{0.1L_{Ai}}\right] = 10\lg\left(\sum_{i=1}^{n} 10^{0.1L_{Ai}}\right) - 10\lg n \quad (6-140)$$

式中,n 为在规定时间 T 内采样的总数,$n = \dfrac{T}{\Delta t}$;L_{Ai} 为第 i 次测量的 A 声级。

为计算方便,可任选一参考声级 L_S,以减少指数运算的幂次,即

$$L_{\text{Aeq},T} = L_S + 10\lg\left[\frac{1}{n}\sum_{i=1}^{n}10^{0.1L_{Ai}-L_S}\right] \quad (6\text{-}141)$$

应用积分式声级计可以自动测量某一时间段内的等效声级,无须进行人工统计和计算。

3. 噪声评价曲线 NR

A 声级、等效声级、统计声级等评价量,都是建立在 A 计权的基础上,并不考虑具体频率成分的单位评价量。在噪声评价和控制设计中,要考虑噪声频谱。

1962 年,Kosten 和 Vanos 基于等响曲线,提出一组噪声评价曲线(NR),如图 6-15 所示。曲线号数与该曲线 1kHz 的声压级值相同。1971 年,NR 曲线被国际标准化组织在 1996 号文件的附录中采用,因而逐渐在国际上被广泛采用。

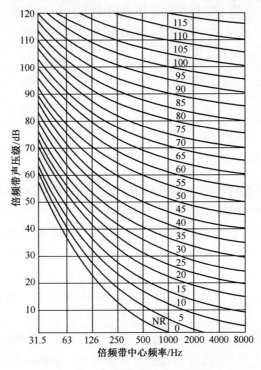

图 6-15　噪声评价曲线(NR 曲线)

NR 曲线有两方面的用途。一种是对某种噪声环境,主要是市内环境作出评价。其方法是将一组要评价的倍频程噪声谱叠在 NR 曲线上,确定各倍频程声压级的 N 值,选取各倍频程 N 值中最大值再加上 1,为该噪声的 NR 值。各倍

频程的声压级和 NR 数之间有如下关系：

$$N = \frac{L_p - a}{b} \tag{6-142}$$

$$L_p = a + bN \tag{6-143}$$

式中，N 为 NR 数；a,b 为各中心频率对应的系数，其值可查表 6-8；L_p 为各中心频率下 NR 数对应的声压级，单位为 dB。除了按图 6-15，也可按式(6-142)求 NR 数。

NR 数与 A 声级有较好的相关性，它们之间有如下近似关系：

$$L_A \approx N + 5 \tag{6-144}$$

近年来，各国规定的噪声标准都以 A 声级或等效连续 A 声级作为评价标准，如生产车间噪声标准规定为 90dB，则根据式(6-143)，90dB 相当于 NR-85。由此可知，NR-85 曲线上各倍频程声压级的值即为允许标准。

表 6-8 不同中心频率对应的系数 a 和 b

中心频率/Hz	63	125	250	500	1000	2000	4000	8000
a/dB	35.5	22.0	12.0	4.8	0	-3.5	-6.1	-8.0
b/dB	0.790	0.870	0.930	0.974	1.000	1.015	1.025	1.030

6.7.5 噪声标准

噪声控制不是把噪声降得越低越好，会造成成本与投资过大。需要针对具体情况，综合考虑各种因素，制订合适的标准。

第一类是听力保护与劳动保护标准，如《工业企业设计卫生标准》(GB Z1—2010)、《工业企业噪声控制设计规范》(GB/T 50087—2013)等。劳动卫生标准规定每日工作 8h 容许的等效连续声级，对现有企业不得超过 90dB(A)，新建企业不宜超过 85dB(A)。工作时间减半，容许噪声级提高 3dB，但最高不得超过 115dB(A)。

第二类是保证人们正常生活和休息的环境噪声标准，如《声环境质量标准》(GB 3096—2008)、《城市区域环境振动标准》(GB 10070—88)、《工业企业厂界噪声标准》(GB 12348—2008)、《建筑施工场界环境噪声排放标准》(GB 12523—2011)、《城市声环境常规监测》(HJ 640—2012)等。声环境质量标准将城市声环境划分为 5 类，有昼间和夜间两个时段。

第三类是机电产品噪声控制标准。参照 ISO 标准，我国已陆续颁布了若干机电产品噪声测量方法及限值标准，评价指标已从平均声压级转变为声功率级。

第6章 机械噪声分析基础

如《工程机械噪声限值和测定》(GB 16710.1—2010)、《中小功率柴油机噪声限值》(GB 14097—1999)、《旋转电机噪声限值》(GB 10069—2008)等。

例 6-17 某工人在车间一天工作 8h,其中在 100dB(A)的噪声环境下工作 2h,95dB(A)的噪声环境下工作 2h,90dB(A)的噪声环境下工作 4h,计算工人接触的环境噪声的等效连续 A 声级为多少?

解

参考式(6-140),计算分段累加等效连续 A 声级为

$$L_{Aeg} = 10\lg\left[\sum_{i=1}^{n}(t_i \cdot 10^{0.1L_{Ai}})\right]$$

$$= 10\lg\left(\frac{2 \times 10^{0.1 \times 100} + 2 \times 10^{0.1 \times 95} + 4 \times 10^{0.1 \times 90}}{8}\right)$$

$$= 95.8(\text{dB})$$

第7章 机械噪声控制技术

机械噪声分析的主要工程应用之一就是噪声评价与控制,涉及声源、传播路径和接收者三个基本方面。机械工程师首先要考虑噪声源控制问题,这是改进产品设计、提高设备动力性能的基本途径;其次,必须满足噪声传播路径与接收者的要求,根据具体问题制定出技术可行、经济合理的综合性的噪声控制方案。本章着重阐述机械噪声源识别与控制问题,介绍吸声、隔声、消声和阻尼等噪声控制技术原理及其工程设计方法。

7.1 噪声源识别与控制

7.1.1 噪声源识别

解决噪声控制问题,首先要进行噪声源识别,包括声源的类型及其空间分布。机械噪声一般有多个噪声源,通过测量分析,将它们按照对总声压级的贡献大小进行排队,然后针对主要噪声源采取措施,才能取得良好效果。噪声源识别方法大致有以下几种。

(1) 主观评价法。人耳自身是一个非常灵敏的声学仪器,有经验的技术人员用耳朵倾听,能区别机械设备上各部分噪声源的频率特征、强度大小以及指向性,可作为进一步测量分析的参考。

(2) 分部运转法。工业生产线上各种设备辐射噪声对测量点的影响程度是不同的,即使同一台设备,其不同部位辐射的噪声亦不相同。在可能情况下,将各种机械设备单独运转,或将需要识别的机器部件相互分离,分门别类地进行测量与比较。这是工程上识别主要噪声源的常见措施之一。

(3) 铅包覆法。又称局部暴露法,即采用铅板和玻璃棉等高隔声材料将机器包覆起来,然后每次分别暴露出一个部件进行测量。铅板厚度为 1~1.5mm,起隔声作用。玻璃棉厚度为 20~50mm,作为吸声材料。将机器全部包覆以后将得到 10~15dB 降噪量,这样在进行部件测量时本底噪声可忽略不计。每次分别暴露一个部件表面,按照 ISO 标准消声室或混响室法测量各部件辐射的声功率,然后进行比较。这是识别机器噪声源的传统方法,它在中、高频率范围能得到很好的识别精度。但在 250Hz 以下包覆层发生共振,隔声性能下降,测量精度受到很大影响。此外,该方法操作十分麻烦。

(4) 近场测量法。传声器至声源表面距离很近,分别靠近各个噪声源进行声压级测量。该法适合于大尺度机械设备的中、高频率噪声的分析,要求各个噪声源相对距离较远。其分析结果对强噪声源的识别比较有效。

(5) 表面速度测量法。设一块振动平板辐射的声功率为 W,可按下式计算:

$$W = \rho_0 c_0 S \bar{v}_e^2 \sigma_r \qquad (7-1)$$

式中,$\rho_0 c_0$ 为空气特性阻抗,$N \cdot s/m^3$;S 为测量表面总面积,m^2;σ_r 为声辐射效率;$\bar{v}_e^2$ 为待测量表面上的均方振速,横杠表示对面积平均,角标 e 表示对时间平均。

其他非平板形状表面也可按式(7-1)进行估算。通过估算或测量各部件表面的均方振速,即可得到各部件辐射的声功率。关键是要准确地计算各种结构表面的声辐射效率 σ_r,相关研究文献较多。如图 7-1 所示柴油机油底壳声辐射效率的实验结果,各 1/3 倍频带中心频率上的声辐射效率用对数坐标 $10\lg\sigma_r$ 表示。该图表明,$f = 800\text{Hz}$ 时 $\sigma_r \approx 1$,而在 800Hz 以下,σ_r 随频率下降而减小。如果掌握了各种形状结构声辐射效率的资料,同时在设计阶段预测出机器结构表面的振动大小,那么,根据表面速度法原理在机器未造好之前就能对各个表面辐射的声功率进行预报。因此,有关机器结构表面的声—振关系是一个重要的研究课题。

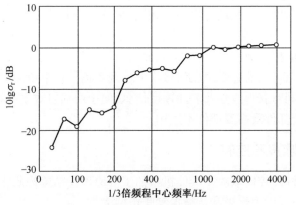

图 7-1 柴油机油底壳的辐射效率

(6) 时间历程分析法。传声器经测量放大器的交流信号输出,或声级计的交流信号输出,将其接至记忆示波器作为第一通道显示,第二通道为由被测量的机械触发的信号脉冲。将两个通道信号进行对比,可以找出噪声峰值与机械动作之间的联系,识别主要的噪声源。对于发出脉冲噪声的机械如冲床或柴油机,这种方法可提供很有价值的信息。

(7) 相干分析法。将噪声源信号 $x(t)$ 作为整个系统的输入,噪声信号 $y(t)$ 作为系统输出,在频域总噪声的频谱上辨识出噪声峰值的频率与各个噪声源特征频率之间的相干性,就可比较出各噪声源对总噪声的影响。相干函数 $\gamma_{xy}^2(f)$ 定义为

$$\gamma_{xy}^2 = \frac{|G_{xy}(f)|^2}{G_x(f) \cdot G_y(f)} \tag{7-2}$$

$$0 \leqslant \gamma_{xy}^2 \leqslant 1 \tag{7-3}$$

式中, $G_x(f)$、$G_y(f)$ 分别为信号 $x(t)$ 和 $y(t)$ 自功率谱密度函数;$G_{xy}(f)$ 为 $x(t)$ 与 $y(t)$ 的互功率谱密度函数。应用数字信号处理机可以进行上述函数测量。对于常系数线性系统的理想情况,$\gamma_{xy}^2(f) = 1$ 表示输入与输出完全相关,$\gamma_{xy}^2(f) = 0$ 表示完全不相关,$0 < \gamma_{xy}^2(f) < 1$ 表示部分相关。

在噪声源识别中,经常考虑输入与输出中含有外界噪声影响、多输入/单输出、相关多输入/单输出等多种系统模型,在理论上相干函数计算问题已经解决,但在实际噪声测量分析中,存在同一机器上各个噪声源之间的相互影响、其他机器噪声对被测机器的影响等复杂情况。因此,如何正确地选择系统的输入与输出,保证系统建模的准确性,是应用相干分析法识别噪声源的关键。

(8) 声强法。用双传声器组成声强探头,应用数字信号处理技术直接测量声强,是近十几年发展的新技术,可以参见有关文献。

(9) 表面强度法。原理与声强法相同,但在声强法中探头由两个传声器组成,而表面强度法中采用一个传声器和一个加速度计。在振动表面布置一个加速度计测量法向振动速度,作为贴近表面的声场中空气质点的振动速度,邻近加速度计处放一个传声器感受声压信号。上述两个信号相乘得到表面声强。该方法的优点是能同时获得声强及表面速度信息,便于声辐射效率计算;缺点是工作量大,对于旋转部件及高温部件不适用。

7.1.2 噪声源控制

机械噪声源的控制取决于具体机械的工作原理及结构特征。从发声机理来讲,主要控制空气动力噪声和机械振动噪声两大类。

下面以内燃机为例,说明噪声源控制的一般方法。内燃机应用广泛,是一种往复式运动的发动机。从工作原理上看,活塞—连杆—曲轴机构的运动,本身是

一个不断加速和减速的周期性运动过程,也是一个力的不平衡传递过程。每个工作循环包含吸气、压缩、燃烧和排气4个阶段,造成发动机进、排气的周期性脉动,所有这些激励都使内燃机在运转中产生很大的振动与噪声。

1. 空气动力性噪声控制

内燃机空气动力噪声主要指进气噪声和排气噪声。每一循环中,当排气阀打开时气缸内燃烧产生的废气向大气排出,由于气缸内外压力差产生周期性的排气噪声。排气噪声的高低取决于发动机功率、气缸容积、平均有效压力、排气口出口面积及转速等因素。

内燃机排气噪声频率按下式计算:

$$f = \frac{n \cdot Z}{60i} \cdot k \tag{7-4}$$

式中,n 为发动机转速(r/min);i 为冲程系数(二冲程 $i=1$,四冲程 $i=2$);Z 为气缸数;k 为谐波次数。

当进气阀打开时气缸内存在负压,在外界空气吸入气缸的流动过程中产生进气噪声,由于存在空腔共振现象,进气噪声会达到很高声级。空腔共振频率为

$$f = \left(\frac{Zc}{2\pi}\right)\sqrt{\frac{S}{lV}} \tag{7-5}$$

式中,Z 为气缸数;c 为声速(m/s);S 为开口截面积(m^2);l 为进气管长度(m);V 为气缸容积(m^3)。

当进气阀突然关闭后,进气管变成一端封闭一端开口管,这时,在管长等于1/4波长奇数倍的一系列频率上将发生共振,这种共振将成为进气噪声的一部分。此外,还可能存在涡轮增压器噪声、扫气泵噪声与冷却风扇噪声,其中涡轮增压器噪声最高,A声级可达110~120dB。

对空气动力噪声的控制措施主要是安装消声器。进气消声器常与空气滤清器结合起来,按照进气噪声的频谱特性进行设计。除加阻性吸声材料外,还需设置共振腔以消除低频共振。对涡轮增压器通常安装片式阻性消声器吸收高频啸叫声。对排气噪声因温度高达400℃以上,一般采用多级抗性消声器,由多节扩张室与共振腔联合构成。适当调整尾管长度在一定程度上也可改变消声器的消声量。此外,排气总管需进行隔声包扎,排气管固定应采用弹性悬挂,以减少结构声传递。

2. 燃烧噪声控制

燃烧噪声属于空气动力性噪声。研究表明,燃烧噪声的高低与燃烧系统形式有很大关系,主要是因为各种燃烧系统的气缸压力变化曲线不同。如果压力曲线比较平滑,峰值较低,则燃烧噪声也较低。自然吸气直喷式柴油机燃烧噪声

的声强与缸径的 5 次方成正比。间接喷射发动机的燃烧噪声比直接喷射发动机的低 8dB 左右。对燃烧噪声的主要控制措施是:缩短发火延迟期,改进气阀及燃烧室设计,使燃烧初期压力变化较为平滑,设置预燃室,控制喷油的初始速率,以及废气再循环等。

3. 机械振动噪声控制

除了空气动力噪声以外,机械振动引起机器结构表面声辐射,构成内燃机噪声的主要部分。喷油燃烧压力、活塞冲击力以及各种运动部件的惯性力,通过发动机结构传到机体及附属部件表面,引起构件的强烈振动。

内燃机中存在多种机械激励力,如活塞侧向敲击力、气阀撞击力、高压燃油喷射力、链条传动敲击等,其中影响最大的是活塞敲击力,它与活塞加速度 a 有关,即

$$a = \omega^2 R \left\{ -\cos\theta - \frac{(R/L)^3 \cdot \sin2\theta}{4[1-(R/L)^2\sin^2\theta]^{3/2}} - \frac{(B/L)\cdot\cos2\theta}{[1+(R/L)^2\sin^2\theta]^{1/2}} \right\}$$

(7-6)

式中,ω 为角速度;B 为缸径;R 为曲柄半径;L 为连杆长度;θ 为曲柄角。

由式(7-6)可见,随着 R/L 值的增加,不仅加速度 a 增大,引起较大的惯性力,而且在 $\theta=90°$ 及 $\theta=270°$ 时,发生加速度由正到负的突变。活塞的横向敲击正是由于加速度 a 的突变所致。

减小活塞敲击力的措施有:①减小活塞和气缸的间隙,如采用紧配式活塞、在铝合金活塞中采用钢质支撑、对活塞裙部直径进行热控制等;②保持活塞靠一边运动,可采用与活塞轴线夹角小于 90°的椭圆形活塞环,或者在活塞裙部设置组合弹簧件;③改变活塞冲击时间,防止各缸同步冲击,降低冲击强度,如偏置活塞销轴、偏置活塞质心或偏置曲轴;④在活塞裙部设置几个油孔进行强力润滑;⑤设置环与缸之间的间隙恰当的气环与油环;⑥应用有回弹力的活塞裙部,缓冲活塞对气缸壁的冲击力。

4. 发动机的结构振动控制

各种激励力通过中间连接件作用到发动机外表面,弯曲振动是产生表面声辐射的主要方式。控制发动机结构响应,减小弯曲振动,从而控制发动机辐射的噪声。

常见的减振降噪措施有:①通过模态分析和模态修改,优化发动机结构设计,如采用框架式或中分面式曲轴箱;②采用复合阻尼钢板结构,减小油底壳、气缸头罩等构件的表面声辐射;③高振幅表面粘贴黏弹性阻尼材料;④管道隔振。

7.2 吸声降噪

一般声场里声压由两部分组成：①从噪声源辐射的直达声；②由边界反射形成的混响声。室内增加吸声材料能提高房间平均吸声系数，增大房间常数，减小混响声声能密度，从而降低总声压级。

各频率段平均吸声系数 $\bar{\alpha}>0.2$ 的材料方可称为吸声材料。最常用的吸声材料是玻璃棉、矿渣棉、泡沫塑料等多孔性材料，以及它们的制成品吸声板、吸声毡等。利用薄板及空腔的共振特性也可以设计有效的吸声结构。

7.2.1 多孔吸声材料

多孔吸声材料结构的基本特征是多孔性。声波入射至多孔材料表面上，大部分声波将通过材料的筋络或纤维之间的微小孔隙传至材料内部，由于空气分子之间的黏滞力、空气与筋络之间的摩擦作用以及孔隙内空气媒质的胀缩，使部分声能转化成热能耗散掉，这就是多孔材料的吸声原理。但是孔隙之间必须相互沟通，如果孔洞是封闭的，内部不连通，则不是良好的吸声材料。

影响多孔材料吸声性能的主要因素有流阻、孔隙率、结构因子、容重及厚度等。

1. 材料流阻

材料流阻 R 定义为

$$R = \Delta p / v \tag{7-7}$$

式中，Δp 为材料层两面的静压力差（Pa）；v 为穿过材料厚度方向气流的线速度（m/s）。

材料流阻 R 的单位为瑞利（Rayl 或 kg/($m^2 \cdot s$)），其中 1Rayl=10Pa·s/m。吸声性能好的多孔材料的流阻 R 应该接近空气的特性阻抗 $\rho_0 c_0$，在 10^2 ~ 10^3 Rayl。单位厚度材料的流阻称为比流阻 r，通常 r 的数值范围为 10~10^5 Rayl/cm。多孔材料达到一定厚度时，比流阻 r 越小，吸声系数越大。当材料厚度不大时，r 为 10^3 Rayl/cm 数量级，则吸声系数达到最佳值，r 低于 10Rayl/cm 或高于 10^4 Rayl/cm 吸声系数都较低，容重适当的玻璃棉或矿渣棉的 r 值一般为 10Rayl/cm 左右，吸声系数较高。木丝板、甘蔗板等材料的比流阻 r 为 10^4 ~ 10^5 Rayl/cm，吸声系数就低得多。

2. 孔隙率

多孔材料中孔隙体积 V_0 与材料总体积 V 的比值称为孔隙率 P，对于孔隙相

互连通的吸声材料,孔隙率可根据密度计算,即

$$P = 1 - \frac{\rho_0}{\rho} \tag{7-8}$$

式中,ρ_0 为吸声材料整体密度(kg/m^3);ρ 为制造吸声材料的物质的密度(kg/m^3)。

例如,超细玻璃棉的整体密度为 $25kg/m^3$,玻璃密度为 $2.5\times10^3 kg/m^3$,孔隙率则为 99%。一般多孔材料的孔隙率都在 70% 以上。

3. 结构因子

吸声理论中假设材料中的孔隙是沿厚度方向平行排列的,而实际结构中孔隙的排列方式却极为复杂。结构因子是为修正毛细管理论而导入的系数,表示材料中孔的形状及方向性分布的不规则情况。对于纤维状材料,结构因子与孔隙率之间有一定关系。结构因子数值:玻璃棉 2~4,聚氨酯泡沫塑料 2~8,毛毡 5~10,微孔吸声砖 16~20。

4. 材料容重

多孔吸声材料容重增加时,材料内部孔隙率相应降低,结果是低频吸声系数得到提高,而高频吸声系数有所降低。但超过一定限度,容重过大,总的吸声效果又会明显降低。可见各种材料的容重有一个最佳范围。通常超细玻璃棉为 $15\sim25kg/m^3$,矿渣棉为 $120\sim130kg/m^3$。

表 7-1 几种多孔吸声材料的吸声特性

材料名称	容重 /($kg \cdot m^{-3}$)	$f_r \cdot D$ /($kHz \cdot cm$)	共振吸声系数	下半频宽 Ω (1/3 倍频程)	备注
超细玻璃棉	15	5.0	0.90~0.99	4	
	20	4.0	0.90~0.99	4	
	25~30	2.5~3.0	0.80~0.90	3	
	35~40	2.0	0.70~0.80	2	
沥青玻璃棉毡 沥青矿渣棉	110~120	8.0	0.90~0.95	4~5	
		4.0~5.0	0.85~0.95	5	
聚氨酯泡沫塑料	20~50	5.0~6.0	0.90~0.99	4	流阻较低
		3.0~4.0	0.85~0.95	3	流阻较高
		2.0~2.5	0.75~0.85	3	流阻很高
微孔吸声砖	340~450	3.0	0.85	4	流阻较低
	620~830	2.0	0.60	4	流阻较高
木丝板	280~600	5.0	0.80~0.90	3	
海草	~100	4.0~5.0	0.80~0.90	3	

5. 材料厚度

厚度增加,材料吸声系数曲线将向低频方向平移。大致上材料厚度每增加一倍,吸声系数曲线峰值将向低频方向移动一个倍频程。实验表明,材料容重一定时,厚度与频率的乘积 $f \cdot B$ 决定吸声系数的大小,同时存在一个吸声的共振峰值。例如,容重为 $15kg/m^3$ 的玻璃棉的吸声共振峰值出现在 $f_r \cdot B = 5kHz \cdot cm$ 处,峰值吸声系数达 $0.90 \sim 0.99$。频率较吸声共振频率低时,吸声系数逐渐减小,吸声系数减小到吸声共振峰值一半时的频率称为下限频率,吸声共振频率到下限频率的频带宽度称为下半频带宽度 Ω。表 7-1 列出几种多孔吸声材料的吸声特性,可以预估多孔吸声层的吸声性能。

6. 材料背后空气层的影响

在多孔吸声材料与坚硬墙壁(刚性壁)之间留有空气层会提高吸声效果,当空气层厚度等于 1/4 波长的奇数倍时,由于刚性壁表面质点速度为零,多孔材料位置恰好处于该频率声波质点速度峰值,可获得最大吸声系数。而当空气层厚度等于 1/2 波长整数倍时,吸声系数最小。为了使噪声频谱占优的中频成分得到最大吸收,一般推荐在多孔材料与刚性壁面之间留有 $70 \sim 150mm$ 空气层。

7. 护面层

常用护面层有玻璃布、塑料纱窗、金属网及穿孔板等,当穿孔率 $P > 20\%$ 时,护面层对吸声材料性能的影响可以忽略不计。

8. 温度和湿度

超细玻璃棉和矿渣棉允许使用的温度范围很大,因此从工作条件来讲没有问题,温度上升,吸声特性曲线向高频移动,低频性能将有所下降。湿度对材料影响很大,多孔材料吸湿或含水后孔隙率降低,首先使高频部分吸声系数下降。随着含水率提高,其影响范围进一步向低频方向扩展。高的含水率使多孔材料吸声性能大大降低,这一点必须引起重视。

7.2.2 薄板共振结构

金属板、胶合板等薄板周边固定在框架上,背后设置一定深度空气层,就构成了薄板共振吸声结构。薄板相当于质量,空气层相当于弹簧。当入射声波频率接近于薄板—空气层系统固有频率时发生共振,这时声能将显著被吸收。薄板结构的共振频率 f_r 近似为

$$f_r = \frac{600}{\sqrt{MD}} \tag{7-9}$$

式中,M 为薄板的面密度(kg/m^2);D 为空气层厚度(m)。这种吸声结构的共振

吸声系数为 0.2~0.5。

7.2.3 穿孔板吸声结构

穿孔板吸声结构是在钢板、胶合板等薄板上穿有一定的孔,并在其后设置一定厚度空腔。它可以看作是许多亥姆霍兹共振器的并联,声学共振频率 f_r 可按下式计算:

$$f_r = \frac{c_0}{2\pi} \cdot \sqrt{\frac{P}{D \cdot l_k}} \tag{7-10}$$

式中,c_0 为声速(m/s);D 为穿孔板背后空气层的厚度(m);l_k 为穿孔的有效长度(孔沿板厚度方向)(m);P 为穿孔率,根据孔的排列方式(正方形、等边三角形,狭缝形等)、孔径 d 及孔心距 b 计算。当孔径 d 大于板厚 t 时,$l_k = t + 0.8d$;当空腔内壁粘贴多孔材料时,$l_k = t + 1.2d$。

共振时吸声系数 α_r 为

$$\alpha_r = \frac{4r_A}{(1+r_A)^2} \tag{7-11}$$

式中:r_A 为相对声阻,即声阻 R 与空气特性阻抗 $\rho_0 c_0$ 之比。穿孔板的 r_A 为

$$r_A = \frac{r}{\rho_0 c_0} \cdot \frac{l_k}{P} \tag{7-12}$$

式中,r 为穿孔板的比流阻(Rayl/cm)。吸声系数高于 0.5 的频带宽度为

$$\Delta f = 4\pi \frac{f_r}{\lambda_r} \cdot D \tag{7-13}$$

式中,λ_r 为与共振频率 f_r 对应的波长(m)。将多孔吸声材料填入共振腔,能在一定程度上拓宽吸声频带,吸声材料的位置以贴近穿孔板背面效果好。

7.2.4 微穿孔板吸声结构

微穿孔板吸声结构是一种新型吸声结构,特点是在厚度小于 1mm 的范围上每平方米钻上万个孔径小于 1mm 的微孔,穿孔率控制在 1%~5% 范围。将这种板固定在刚性平面之上,并留有适当空腔,就形成了微穿孔板吸声结构。它利用空气在小孔中的往复摩擦消耗声能,而空腔用来控制吸声系数峰值处的共振频率。由于孔径很小,使流阻增大,吸声系数及吸声带宽皆优于一般穿孔板吸声结构。根据马大猷教授的理论研究结果,微穿孔板吸声结构的相对声阻抗(声阻抗与空气特性阻抗 $\rho_0 c_0$ 之比)为

$$Z = r + \mathrm{i}\omega m - \mathrm{i}\cot\frac{\omega D}{c_0} \tag{7-14}$$

式中，r 为相对声阻；m 为相对声质量；D 为空腔腔深(mm)；c_0 为空气声速(m/s)；ω 为角频率，$\omega = 2\pi f$；i 为虚数。

吸声系数及吸声频带宽度主要由相对声阻 r 和相对声质量 m 决定。设板厚为 $t(m)$，孔径为 $d(m)$，穿孔率为 P，存在关系：$r \propto t/(d^2 \cdot P)$，$m \propto t/P$。$(r/m)$ 比值越大，吸声频带越宽。由于微穿孔板孔径很小，穿孔率也很小，所以相对声阻比普通穿孔板大得多，而相对声质量则很小。同时由于 (r/m) 比值大，所以吸声频带很宽，这些是微穿孔板吸声结构最显著的特点。显然，穿孔孔径越小，声质量也越小，越适合于宽频带吸声。但孔径过小，不仅加工困难，而且容易堵塞。一般吸收中高频声时，板后空腔深度为 50~120mm。为了提高性能，常常采用串联式双层微穿孔板结构。两层的板厚及孔径一般相同，穿孔率 P_1、P_2 及空腔深度 D_1、D_2 则可不同。研究表明，双层结构的声阻值 r 在低频和后腔共振时增加，并且共振频率比单层的要低 $D_1/(D_1+D_2)$ 倍，因此吸声频率向低频方向扩展，从而达到宽频带高吸收，如图 7-2 所示。微穿孔板吸声结构特别适用于高温、潮湿以及有冲击及腐蚀的环境；如果用有机玻璃制造，在建筑上还具有透光的特点。

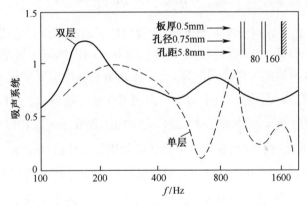

图 7-2 微穿孔板结构吸声系数(混响室法)

7.2.5 吸声降噪量计算

为了保证采取吸声措施的合理性，在吸声设计步骤中，首先要估计吸声减噪量。设吸声处理前、后房间平均吸声系数分别为 $\bar{\alpha}_1$、$\bar{\alpha}_2$，房间常数为 R_1 和 R_2，同一测点声压级为 L_{P1} 和 L_{P2}，声源位置的指向性系数为 Q，测点至声源中心的距离为 r。房间常数定义为 $R = S\bar{\alpha}/(1-\bar{\alpha})$。根据第 6 章介绍的室内声场计算公式(6-127)，即

$$L_p = L_W + 10\lg\left(\frac{Q}{4\pi r^2} + \frac{4}{R}\right)$$

得吸声减噪量为

$$D = L_{p1} - L_{p2} = 10\lg\left[\frac{\dfrac{Q}{4\pi r^2} + \dfrac{4}{R_1}}{\dfrac{Q}{4\pi r^2} + \dfrac{4}{R_2}}\right] \tag{7-15}$$

由上式可见，D 随距离 r 变化，在离声源很近时直达声占主导地位，$D \approx 0$；随距离 r 增大，D 逐渐增加，当达到混响场为主的区域，$4/R \gg Q/(4\pi r^2)$，减噪量达到最大值，即

$$D_{\max} = 10\lg\frac{R_2}{R_1} = 10\lg\frac{\bar{\alpha}_2(1-\bar{\alpha}_1)}{\bar{\alpha}_1(1-\bar{\alpha}_2)} \tag{7-16}$$

考虑到 $\bar{\alpha}_1$、$\bar{\alpha}_2$ 都是小数，上式近似有

$$D_{\max} = 10\lg\frac{\bar{\alpha}_2}{\bar{\alpha}_1} = 10\lg\frac{T_{60,1}}{T_{60,2}} \tag{7-17}$$

式中，$T_{60,1}$ 和 $T_{60,2}$ 分别为吸声处理前、后房间的混响时间(s)，见式(6-123)。

设原来房间总声压级由直达声场声压级和混响声场声压级增量 ΔL_R 组成。ΔL_R 是采取吸声措施可能降低的部分，房间混响声场声压级增量 ΔL_R 与房间平均吸声系数 $\bar{\alpha}_1$ 有关。$\bar{\alpha}_1 = 0.03 \sim 0.05$(房间未作吸声处理)时，$\Delta L_R = 13 \sim 15\text{dB}$；$\bar{\alpha}_1 = 0.2 \sim 0.3$(一般吸声处理)时，$\Delta L_R = 5 \sim 7\text{dB}$；而 $\bar{\alpha}_1 > 0.5$(特殊吸声处理)时，$\Delta L_R < 3\text{dB}$。当 $\bar{\alpha}_1$ 较小时，花费一定投资可得到较大比值($\bar{\alpha}_2/\bar{\alpha}_1$)，从而得到较大的吸声减噪量。例如，$\bar{\alpha}_1 = 0.02$，增加吸声后 $\bar{\alpha}_2 = 0.2$，得到 10dB 减噪量。如果再增加一倍投资，使 $\bar{\alpha}_2 = 0.4$，减噪量只增加 3dB。经验证明，$\bar{\alpha}_1 > 0.3$ 条件下采用吸声措施减噪效果不佳。

适用吸声减噪的场合：①房间原来平均吸声系数较低(如 $\bar{\alpha}_1 < 0.2$)；②噪声源个数多并且分散；③离噪声大的机器较远(否则以直达声为主，吸声无效)。

例 7-1 某车间长 16m，宽 8m，高 3m，在侧墙边有两台机床，其噪声波及到整个车间。现欲采取吸声降噪措施，试做出在离机器 8m 以外处使噪声降至 NR55 的吸声降噪设计。

解 设计时，首先应查阅有关机床设备噪声方面的技术资料，做一些必要的计算。如无资料或资料不全，可进行实际噪声测量，获得准确的噪声数据，然后进行处理设计。现将设计过程及有关数据列入表 7-2 中。

第7章 机械噪声控制技术

表7-2中第1行(序号1)列入距机床8m处,实测的噪声各倍频程声压级数值 L_{P1}(dB)。

第2行为该车间的确定位置处,噪声控制目标值,即列出NR55给出的各倍频程容许的声压级数值 L_{P2}(dB)。实际工程中,容许声压级值是确定的设计参数。

第3行为各倍频带声压级所需的降噪值 D(dB)。

第4行为车间内吸声处理前的平均吸声系数 $\bar{\alpha}_1$,可由式(6-119)计算,或由实测得到。

第5行为吸声处理后的平均吸声系数 $\bar{\alpha}_2$,它由第3行的降噪量及第4行的 $\bar{\alpha}_1$,代入式(7-17)分别求出。如在500Hz处应有的吸声系数为

$$\bar{\alpha}_2 = \bar{\alpha}_1 10^{0.1D} = 0.08 \times 10^{0.1 \times 7} = 0.4$$

第6行为现有吸声量,由式(6-118)计算。如现有房间 $S=400m^2$,那么,在500Hz处的吸声量为

$$A_1 = S\bar{\alpha}_1 = 400 \times 0.08 = 32 \text{ (m}^2\text{)}$$

第7行为应有吸声量,由第4行代入式(6-118)计算,或由式(7-17)计算,如在500Hz处的吸声量为

$$A_2 = A_1 10^{0.1D} = 32 \times 10^{0.1 \times 7} = 160.37 \text{ (m}^2\text{)}$$

第8行为需要增加的吸声量。如在500Hz处有

$$A_2 - A_1 = 160.37 - 32 = 128.4 \text{ (m}^2\text{)}$$

第9行为选择穿孔板加超细玻璃棉的组合吸声结构的平均吸声系数 $\bar{\alpha}$,可查吸声结构产品的吸声系数手册。设计穿孔板孔径 ϕ5mm, $P=25\%$, $t=2$mm,吸声层为50mm。

第10行为需要吸声材料的数量。如在500Hz处,需要吸声材料的数量为

$$128 \div 0.89 = 144.3 \text{ (m}^2\text{)}$$

通过计算,室内加装144.3 m^2 的吸声组合结构,即可达到NR55的要求。但上述计算是按原有壁面在处理后仍然保持原有吸声量考虑,而实际安装方式使吸声材料(结构)遮盖原有壁面,计算时应扣除遮盖部分。这样,第11行就是考虑遮盖影响后,所应铺设的吸声材料,如在500Hz处,吸声材料数量为144.3+144.3×0.08=155.8(m^2)。那么,实际安装155.8 m^2 的吸声结构,就足以满足NR55的要求。需要指出,由于该房间较低,宜采用吸声结构,而不宜悬挂吸声体等。

表 7-2　吸声设计应用实例计算步骤与数据

序号	设计项目与计算内容	各倍频程中心频率(Hz)下的设计参数						备注
		125	250	500	1000	2000	4000	
1	距机床 8m 处声压级 L_{P_1} /dB	70	62	65	60	56	53	实测值
2	噪声控制声压级 L_{P_2} /dB	70	63	58	55	52	50	NR55 值
3	各倍频带设计降噪量 D /dB	—	—	7	5	4	3	1 行−2 行
4	吸声处理前的平均吸声系数 $\bar{\alpha}_1$	0.06	0.08	0.08	0.09	0.11	0.11	式(6-119)
5	吸声处理后的平均吸声系数 $\bar{\alpha}_2$	0.06	0.08	0.04	0.30	0.34	0.35	式(7-17)
6	现有吸声量 A_1 /m²	24	32	32	36	44	44	$A_1 = S\bar{\alpha}_1$
7	应有吸声量 A_2 /m²	24	32	160.4	113.8	110.5	87.8	$A_2 = A_1 10^{0.1D}$
8	增加吸声量 /m²	0	0	128.4	77.9	66.5	44	7 行−6 行
9	选穿孔板+超细玻璃棉结构 $\bar{\alpha}$	0.11	0.36	0.89	0.71	0.79	0.75	查吸声产品手册
10	需要吸声材料的数量 /m²	0	0	144.3	109.7	84	56	8 行÷9 行
11	考虑遮盖时吸声材料数量 /m²	—	—	155.8	122.7	99.8	71.9	10 行+144.3×4 行

7.3　隔声技术

隔声装置在机械噪声控制工程中应用广泛。隔声方式之一是用隔声结构将机械噪声源封闭起来,将噪声局限在一个小空间内,这种装置称为隔声罩。有时机器噪声源数量很多,则可采取另一种隔声方式,将需要安静的场所用隔声结构围护起来,使外界噪声传入很少,这种装置称为隔声间。上述隔声罩与隔声间的差别只是噪声源的相对位置不同。此外,在噪声源与受干扰位置之间有时用不封闭的隔声结构进行阻挡,这种隔声方式称为声屏障。

隔板的声透射损失 TL,也称隔声量,按下式定义:

$$TL = 10\lg\left(\frac{I_i}{I_t}\right) \text{(dB)} \tag{7-18}$$

式中，I_i、I_t 分别为入射声强和透射声强。

记声透射系数 $\tau = I_t/I_i$，式（7-18）写成

$$TL = 10\lg\left(\frac{1}{\tau}\right) \text{（dB）} \tag{7-19}$$

声透射损失测量在专用的一对混响室进行，分别称为发声室和接收室，隔板试件安装在两室之间。混响室下面有隔振装置，隔墙很厚，因此除试件以外，其他侧向传声可以忽略不计。测量出的发声室与接收室的平均声压级级差，反映了通过隔板透射的声能。声透射损失 TL 按下式计算：

$$TL = L_{P1} - L_{P2} + 10\lg\left(\frac{S}{A}\right) \text{（dB）} \tag{7-20}$$

式中，L_{P1}、L_{P2} 分别为发声室和接收室内空间平均声压级（dB）；S 为试件面积（m²）；A 为接收室吸声量（m²）。

7.3.1 单层板隔声量

设一束平面声波入射到一块无限大均质薄板上，这是一个二维声场问题，由式（6-18），可得平面声场波动方程为

$$\frac{\partial^2 p}{\partial x^2} + \frac{\partial^2 p}{\partial y^2} = \frac{1}{c_0^2}\frac{\partial^2 p}{\partial t^2} \tag{7-21}$$

设 p_i、p_r、p_t 分别表示入射波、反射波和透射波的声压，它们可以分别表示为

$$\begin{cases} p_i = A_1 e^{i(\omega t - k_x x + k_y y)} \\ p_r = B_1 e^{i(\omega t + k_x x + k_y y)} \\ p_t = A_2 e^{i(\omega t - k_x x + k_y y)} \end{cases} \tag{7-22}$$

式中，k_x、k_y 分别为 x、y 方向的波数分量。

隔板两边存在的边界条件为：

（1）两边法线方向空气质点振速相等，并等于板的振动速度，即

$$\frac{p_i}{\rho_0 c_0} - \frac{p_r}{\rho_0 c_0} = \frac{p_t}{\rho_0 c_0} = \frac{V_M}{\cos\theta} \tag{7-23}$$

式中，V_M 为板振速；θ 为入射角；c_0 为平衡状态空气中的声速。

由于板很薄，以 $x = 0$ 代入式（7-22），再代入式（7-23）可得

$$B_1 = A_1 - A_2 \tag{7-24}$$

（2）作用在板上的总压力等于单位面积阻抗与板速度的乘积。即

$$p_i + p_r - p_t = V_M \cdot Z_M \tag{7-25}$$

式中，Z_M 为隔板的单位面积阻抗。根据板的运动方程可以导出，一般情况下有

$$Z_M = \frac{R}{S} + i\omega\left(\frac{M'}{S} - \frac{K}{\omega^2 S}\right) \qquad (7\text{-}26)$$

式中，S 为板面积；M' 为板的质量；R 为板的阻尼；K 为板的刚度。如果忽略板的阻尼与刚度，认为板作整体振动，此时有

$$Z_M \approx i\omega M \qquad (7\text{-}27)$$

式中，M 为板的单位面积质量（面密度），kg/m^2。

以 $x=0$ 代入式(7-22)，另由式(7-23)得

$$V_M = \left(\frac{p_t}{\rho_0 c_0}\right)\cos\theta \qquad (7\text{-}28)$$

将上述两式代入式(7-25)，得

$$A_1 + B_1 - A_2 = i\omega\frac{M}{\rho_0 c_0}A_2\cos\theta$$

将式(7-24)代入上式，消去 B_1 后可得

$$\frac{A_1}{A_2} = 1 + \frac{i\omega M\cos\theta}{2\rho_0 c_0}$$

故入射波与透射波的声强比为

$$\frac{I_i}{I_t} = \frac{1}{\tau} = \frac{|A_1|^2}{|A_2|^2} = 1 + \left(\frac{\omega M\cos\theta}{2\rho_0 c_0}\right)^2 \qquad (7\text{-}29)$$

声透射损失为

$$TL = 10\lg\left[1 + \frac{\omega^2 M^2\cos^2\theta}{4\rho_0^2 c_0^2}\right] \qquad (7\text{-}30)$$

对于板在空气中的情况，固体声阻抗比空气特性阻抗大得多，即 $\omega M \gg 2\rho_0 c$，故近似有

$$TL \approx 10\lg\left[\frac{\omega^2 M^2\cos^2\theta}{4\rho_0^2 c_0^2}\right] \qquad (7\text{-}31)$$

当声波垂直入射时 $\theta=0°$，此时有

$$TL = 20\lg M + 20\lg f - 42.5\ (dB) \qquad (7\text{-}32)$$

上式即为隔声理论中著名的**质量定律**。由此可知，对于一定频率，板的面密度提高一倍，TL 将增大 6dB；如果板的面密度不变，频率每提高一个倍频程，TL 也增大 6dB。由于实际情况下多数为无规入射，$\theta=0°\sim90°$ 各个方向都有，按照入射角积分计算出的 TL 值比单纯垂直入射 TL 值低 5dB 左右，故隔板实际声透射损失为

$$TL = 20\lg M + 20\lg f - 48\ (dB) \qquad (7\text{-}33)$$

上式是在一定的简化条件下得到的，与实际情况有所出入。在设计隔声装

置时,主要还是依靠各种材料的实验数据,几种常见材料的隔声量实验数据如表 7-3 所示。

表 7-3　几种常见材料的隔声量实验数据

材料	厚度/mm	面密度/(kg·m^{-2})	倍频程中心频率/Hz						平均值/dB
			125	250	500	1000	2000	4000	
铝板	3	—	14	19	25	31	36	29	25.70
钢板	2	15.70	21.68	25.29	28.9	32.52	36.13	39.74	43.35
钢板	3	23.55	24.85	28.46	32.07	35.69	39.30	42.91	43.52
玻璃	6	15.6	21.63	25.24	28.85	32.47	36.08	39.60	43.30
松木板	9	—	12	17	22	25	26	20	20.3
层压板	18	—	17	22	27	30	32	30	26.3
砖砌体	—	154	—	40	37	49	59	—	45

7.3.2　吻合效应

上节忽略板的刚度及阻尼,薄板作为整块质量起作用。事实上,声波入射时将激起隔板的弯曲振动。对于某一频率,声波沿 θ 角入射时,如板中弯曲波波长 λ_B 正好等于空气中声波波长 λ 在板上的投影长度,这时板振动与空气振动达到高度耦合,声波十分容易地透过,形成透射损失曲线上的低谷,这个现象称为**吻合效应**。

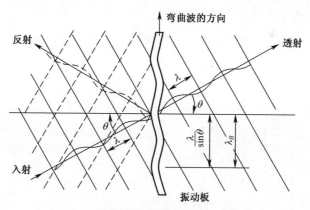

图 7-3　平面声波与无限大板的吻合效应

由图 7-3 可见,产生吻合现象的条件为 $\lambda/\sin\theta = \lambda_B$,或 $\sin\theta = \lambda/\lambda_B = c_0/c_B$。

其中,λ、c_0 表示空气中声波的波长和声速;λ_B 和 c_B 表示板中弯曲波的波长和波速。

由上式可见,发生吻合现象时每一个频率(或波长 λ)对应于一定的入射角 θ。当 $\theta=90°$ 时 $\lambda=\lambda_B$,表明声波掠入射时得到最低吻合频率,称为临界频率 f_c。当 $f=f_c$ 时 $\lambda>\lambda_B$,不可能发生吻合现象(因为 $\sin\theta$ 不可能大于1),只有 $f>f_c$ 时才可能产生吻合。临界频率 f_c 由下式确定:

$$f_c = \frac{c_0^2}{1.8t}\sqrt{\frac{\rho_m}{E}} \ (\text{Hz}) \tag{7-34}$$

式中,c_0 为空气中声速(m/s);t 为板厚(m);ρ_m 为隔板材料密度(kg/m³);E 为材料的弹性模量(N/m²)。例如,厚度为1.2cm的普通胶合板 f_c 约为3000Hz,而同样厚度的玻璃板 f_c 却在1300Hz左右,差别系由材料密度和弹性模量的不同造成。

7.3.3 单层板隔声特性曲线

单层均质板的透射损失随频率变化的趋势如图7-4所示。低频声透射损失 TL 值主要由板的刚度控制,这是"刚度控制区"。在声波激发下隔板的作用相当于一个等效活塞。刚性越大,频率越低,则隔声量越高。随着频率的提高,曲线进入由隔板各阶简正振动方式(模态)决定的共振阶段。共振频率由隔板材料及尺度确定,一般在几十赫兹。例如,3m×4m砖墙约为40Hz,1m×1m钢板或玻璃板约为25Hz。共振段以上为质量控制区,符合质量定律。当频率超过临界频率 f_c,曲线进入吻合区,主要由吻合效应控制。阻尼大小主要对板的共振段以及吻合区产生影响。

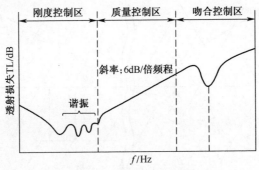

图7-4 单层板透射损失

7.3.4 双层板隔声量

在面密度相同的条件下,中间留有空气层的双层结构比单层板的隔声量要大 5~10dB。原因在于两层板间的空气层(及吸声材料)有缓冲振动作用(及吸声作用),使声能得到一定衰减后再传到第二层结构,因此能突破质量定律的限制,提高隔声量。双层板隔声量按下式计算:

$$TL = 10\lg\left[\frac{(M_1 + M_2)\pi f}{\rho_0 c_0}\right]^2 + \Delta TL \tag{7-35}$$

式中,M_1、M_2 分别为各层板的面密度(kg/m^2);ΔTL 为附加隔声量(dB)。ΔTL 随空气层厚度加大而增加,但厚度以 10cm 为极限,超过 10cm,ΔTL 曲线趋于平坦。空气层厚度一般取为 5~10cm,相应 ΔTL = 8~10dB。双层结构边缘与基础之间要求用弹性连接(嵌入毛毡或软木等弹性材料),否则隔声量要降低 5dB 左右。

7.3.5 组合结构隔声量

不同隔声量构件组合成的隔声结构,例如带有门窗的墙,总隔声量为

$$TL = 10\lg\left(\frac{1}{\tau}\right) = 10\lg\frac{\sum_{i=1}^{n} S_i}{\sum_{i=1}^{n} \tau_i S_i} \tag{7-36}$$

式中,τ_i 为对应面积 S_i 的透射系数,"n 为隔声构件数"。

要达到组合结构合理设计,要求结构各部分实现"等隔声量原则",即

$$\tau_1 S_1 = \tau_2 S_2 = \cdots = \tau_n S_n \tag{7-37}$$

例 7-2 一组合墙体由墙板、门和窗构成,已知墙板的隔声量 R_1 = 50dB,面积 S_1 = 20m^2;窗的隔声量 R_2 = 20dB,面积 S_2 = 2m^2;门的隔声量 R_3 = 30dB,面积 S_3 = 3m^2,求该组合墙体的隔声量。

解 由 R_1 = 50dB,得 $\tau_1 = 10^{-\frac{R_1}{10}} = 10^{-5}$;$R_2$ = 20dB,则 $\tau_2 = 10^{-\frac{R_2}{10}} = 10^{-2}$;$R_3$ = 30 dB,则 $\tau_3 = 10^{-\frac{R_3}{10}} = 10^{-3}$。

代入式(7-36),计算该组合体的隔声量

$$TL = 10\lg\frac{\sum S_i}{\sum \tau_i S_i} = 10\lg\frac{20 + 2 + 3}{20 \times 10^{-5} + 2 \times 10^{-2} + 3 \times 10^{-3}} = 30.3(\text{dB})$$

由此例计算结果知,该组合墙体的隔声量比墙板的隔声量(R_1 = 50dB)小得多,造成隔声能力下降的原因主要是门、窗隔声量低,门窗的隔声量控制整个组合墙体的隔声量。若要提高该组合墙体的隔声能力,就必须提高门、窗的隔声

量,否则,墙板隔声量再大,总的隔声效果也不会好多少。因此,一般墙体的隔声量要比门、窗高出 10~15dB。

若用"等隔声量原则",对上例进行合理设计,即可得到墙体的隔声量。

当考虑墙与窗时,墙的隔声量为

$$R_{墙} = R_{窗} + 10\lg \frac{S_{墙}}{S_{窗}} = 20 + 10\lg \frac{20}{2} = 30 \text{ (dB)}$$

当考虑墙与门时,墙的隔声量为

$$R_{墙} = R_{门} + 10\lg \frac{S_{墙}}{S_{门}} = 30 + 10\lg \frac{20}{3} = 28.2 \text{ (dB)}$$

综合考虑组合墙体上的门、窗,墙板的隔声量为 30dB 就可以了,如盲目提高墙板的隔声量,只能提高经济成本,而隔声间总隔声量却没有多大改变。

7.3.6 隔声罩

隔声罩由板状隔声构件组成,通常用 1.5~3mm 厚钢板(或铝板、层压板等)作为面板(隔声罩外表面),另外用一层穿孔率大于 20% 的穿孔板作内壁板,两层板覆盖在预制框架两边,间距为 5~15cm,当中填充吸声材料,材料表面覆一层多孔纤维布或纱网,以免细屑或纤维由穿孔板中散出。这种单层隔声构件的隔声量主要取决于外层密实板材的面密度,吸声材料的作用则是减小罩内混响。第二种隔声构件是在上述结构中吸声材料与密实板材之间增加 6~10cm 的空腔,以改善低频隔声性能。第三种隔声构件没有上述结构中的吸声面,两块面板都是密实板,中间填充吸声材料,成为双层隔声结构,这种型式常用于隔声量要求较大的局部场合,如隔声门等。

1. 隔声罩的降噪量(dB)

隔声罩的降噪量可由下式计算:

$$NR = L_1 - L_2 \text{ (dB)} \tag{7-38}$$

式中,L_1、L_2 分别为罩内及罩外声压级(dB)。在隔声罩安装后,分别测量罩内、外声压级,就可得出隔声罩的实际降噪量。但在设计阶段罩内声压级未知,NR 值不易计算。

2. 隔声罩的插入损失(IL)

对于隔声罩的实际降噪效果常常以插入损失来衡量。插入损失 IL 是在离声源一定距离处的同一测点,安装隔声罩前、后的罩外声压级 L_2 与 L'_2 之差,如图 7-5 所示。即

$$IL = L_2 - L'_2 \text{(dB)} \tag{7-39}$$

设隔声罩表面积为 S_1，声透射系数为 τ，材料吸声系数为 α_1，罩内声强为 I_1。稳定状态下声源声功率 W_1 的平衡式为

$$W_1 = I_1 S_1 (\alpha_1 + \tau) \text{ (W)}$$

由此得

$$I_1 = \frac{W_1}{S_1(\alpha_1 + \tau)} \tag{7-40}$$

设安装隔声罩前，室内混响声场在测点处的声强为 I_2。稳定状态下声源声功率 W_1 全部被墙面吸收，设房间表面积为 S_2，墙面吸声系数为 α_2，则有

$$I_2 = \frac{W_1}{S_2 \cdot \alpha_2} \tag{7-41}$$

在安装隔声罩后，设透射声功率 $W_i = I_i \tau S_i$，测点处声强变为 I'_2（图7-5），即

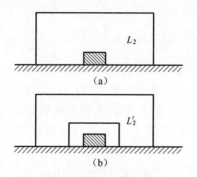

图7-5 隔声罩的插入损失

$$I'_2 = \frac{W_i}{S_2 \cdot \alpha_2} = \frac{I_i \tau S_i}{S_2 \cdot \alpha_2} \tag{7-42}$$

将式(7-40)代入上式，得

$$I'_2 = \frac{W_1}{S_1(\alpha_1 + \tau)} \cdot \frac{\tau S_i}{S_2 \cdot \alpha_2} = \frac{W_1}{S_2 \cdot \alpha_2} \frac{\tau}{(\tau + \alpha_1)} \tag{7-43}$$

根据插入损失定义，得

$$IL = L_2 - L'_2 = 10\lg\left(\frac{I_2}{I_1}\right) = 10\lg\left(\frac{\tau + \alpha_1}{\tau}\right) = TL + 10\lg(\tau + \alpha_1) \text{ (dB)} \tag{7-44}$$

式中，TL 为隔声罩的平均声透射损失(dB)；τ 为隔声罩声透射系数；α_1 为隔声罩内侧材料吸声系数。

上式中 $(\tau + \alpha_1) < 1$，其对数为负值，因此隔声罩的插入损失 IL 总是小于声透射损失 TL。例如，当隔声罩声透射损失 $TL = 30\text{dB}$，$\alpha_1 = 0.03$，$\tau = 10^{-3}$ 时，则 $IL = 15\text{dB}$，插入损失仅为构件透射损失的一半。若将 α_1 提高到 0.6，则 IL 将增加至 27.8dB。

在隔声罩内壁铺设吸声材料后，$\alpha_1 \gg \tau$，故式(7-44)可简化为

$$IL = TL + 10\lg\alpha_1 \quad (\text{dB}) \tag{7-45}$$

上式表明，隔声罩的插入损失不仅取决于隔声构件的声透射损失，而且取决于罩内的平均吸声系数。吸声系数越高，插入损失就越接近于构件的声透射损失，说明隔声罩内铺设吸声材料的必要性。

3. 隔声罩的通风散热问题

动力机器实际上是一个热源，加罩后设备的环境温度就会上升。通风散热是隔声罩设计的重要内容之一，要求轴承及其他相对运动部件不发生过热，以保证机器正常运转。罩内换气量 V 的大小取决于机器的散热量，估算公式如下：

$$V = \frac{Q}{c_D \cdot \rho \cdot \Delta t} = 860N \frac{1-\eta}{\eta} \cdot \frac{1}{c_D \cdot \rho \cdot \Delta t} \quad (\text{m}^3/\text{h}) \tag{7-46}$$

式中，Q 为机器散热量(kJ/h)；N 为机器功率(kW/h)；η 为机器效率；c_D 为空气比热容[kJ/(kg·℃)]，ρ 为空气密度(kg/m³)，通常取 $c_D = 0.24$，$\rho = 1.18$；Δt 为容许的空气温升(℃)，Δt 根据机器设备的具体要求确定。

此外，还可以采用经验估算法，按照换气次数计算通风量。设隔声罩容积为 $V_0(\text{m}^3)$，要求每小时换气 n 次，则通风量 q 为

$$q = n \cdot V_0 \quad (\text{m}^3/\text{h}) \tag{7-47}$$

式中，换气次数 n 取为 40~120。隔声罩容积小时 n 取大值，容积大时取小值。

散热通风机大多选用低噪声轴流风机，进、排风口应设置消声器。风口位置设计应使气流从机器表面温度较低部分流向高温表面然后排出，以达到良好的散热效果。

4. 隔声罩的开口

孔洞或缝隙的声透射系数为1，对隔声量影响很大。假设隔声罩原来的降噪量40dB，如果有了面积比为1%的开口，降噪量下降至20dB。因此，要采取有效措施保证隔声装置上的门、窗等具有良好密封性。对于半封闭隔声罩，隔声构件的声透射损失要求不高，一般不超过20dB。

5. 紧凑型隔声罩

如果隔声罩紧密地贴合在机器周围，那么隔声罩罩壳和机器表面通过中间的空气层耦合成一个系统。在以两个平行表面之间距离作为半波长整数倍的那些频率上发生驻波效应，将使隔声量大大下降，这种情况可以用填充吸声材料加以改善。

6. 罩体隔振

对于有强烈振动的设备如柴油机,隔声罩不可直接刚性固定在机座上,否则,由于振动传递而引起的罩壳声辐射,可能会使低频隔声量成为负值。隔声罩应尽量与机器分离,必须连接时应加隔振器。当设备管道通过隔声罩时,应采用软连接。

例 7-3 某耐火厂粉碎车间有一台球磨机,直径 1m,长 4.6m,距机器 2m 处的 A 声级高达 114.5 dB(A)。要求设计隔声罩,使球磨机加罩后测量点噪声不高于 85dB(A)。

解 由题意,隔声罩的实际隔声效果应大于 114.5 - 85 = 29.5dB(A)。

隔声罩设置在机器与测点之间。设计的基本步骤有:

(1) 测量球磨机的倍频程声压级和 A 声级,见表 7-4 第 1 行。

(2) 根据实际经验,试选 2mm 厚的钢板制作隔声罩的壁板,利用单层结构的隔声量计算公式(7-33),计算出各倍频程上的隔声量(理论隔声量)。如取 $m = 15.6 \text{kg/m}^2$,$f = 125 \text{Hz}$,则有

$TL = 20\lg m + 20\lg f - 48 = 20\lg 15.6 + 20\lg 125 - 48 = 20\lg f - 24.1 = 17.8 \text{ (dB)}$

依此类推,可以算出各个频率的隔声量,见表 7-4 的第 2 行。

(3) 选择吸声材料,由吸声产品资料手册查出超细玻璃棉性能参数,选取容重 20kg/m^3、厚度 100mm 产品,其各倍频程的吸声系数,见表 7-4 的第 3 行。

(4) 由吸声系数计算隔声罩的实际隔声量的修正项 $10\lg\alpha_i$ 列于表 7-4 的第 4 行。

(5) 由式(7-45)计算出实际隔声量,见表 7-4 的第 5 行。

(6) 从表 7-4 第 1 行的噪声测量值减去第 5 行隔声罩的实际隔声量,再附加第 6 行的 A 计权网络曲线的修正值 Δ_i,就得到经隔声后 A 计权的声压级(由这些声压级计算出它们的 A 声级),见表 7-4 的第 7 行。

采取隔声措施后,计算 A 计权声压级,即 A 声级为

$$L'_{2A} = 10\lg\left\{\sum_{i=1}^{n} 10^{\frac{L_{Pi}+\Delta_i}{10}}\right\}$$

$= 10\lg\{10^{5.91} + 10^{6.07} + 10^{7.12} + 10^{7.4} + 10^{6.87} + 10^{5.74}\} = 76.8 \text{ [dB(A)]}$

球磨机隔声罩 A 声级隔声量计算值为

$$L_{2A} - L'_{2A} = 114.5 - 76.8 = 37.7 \text{ [dB(A)]}$$

上述计算结果满足 29.5dB(A)的设计要求。由于式(7-33)没有考虑结构吻合效应等工程因素的影响,隔声量计算值偏大,实际工程应用中可采用一些经验计算公式。

表 7-4　球磨机隔声罩设计计算数据

序号	设计项目与计算内容	各倍频程中心频率(Hz)下的设计参数						A声级/dB(A)
		125	250	500	1000	2000	4000	
1	距球磨机2m处噪声值 L_{p2}/dB	87	91	105	110.5	110	105	114.5
2	2mm厚钢板隔声量/dB	17.8	23.9	29.9	35.9	41.9	47.9	
3	超细玻璃棉吸声系数 α_1	0.25	0.6	0.85	0.87	0.87	0.85	
4	修正项 $10\lg\alpha_1$/dB	-6	-2.2	0.70	0.60	0.60	0.70	
5	隔声罩的实际隔声量/dB	11.8	21.7	30.6	36.5	42.5	48.6	
6	A计权网络曲线修正值 Δ_i/dB	-16.1	-8.6	-3.2	0.0	+1.2	+1.0	
7	隔声后A计权的声压级 L'_{p2}/dB	59.1	60.7	71.2	74.0	68.7	57.4	76.8

7.3.7　声屏障

在声源与接收点之间,插入一个有足够面密度的密实材料的板或墙,使声传播有一个显著的附加衰减,这种障碍物称为"声屏障"。声波遇到屏障时,产生反射、透射和绕射,屏障的作用是阻止直达声,隔离透射声,并使绕射声有足够的衰减。要求障板有较大的面密度(一般要求大于20kg/m²)并由不漏声的材料构成,目的是使屏障的隔声量比屏障绕射产生的附加衰减量大10dB以上,这样在计算分析时屏障的透射声就可以忽略不计,而只考虑绕射效应。

对于无限长声屏障,不必考虑屏障两侧的绕射而只计算屏障上部的绕射。以下考虑点声源情况,引入无量纲参数菲涅尔(Fresnel)数 N,即

$$N = \frac{2(A+B-r)}{\lambda} = \frac{2\delta}{\lambda} \tag{7-48}$$

式中,λ 为声波波长(m);δ 为声源 S 与接收点 R 之间经屏障绕射的距离 $A+B$ 与直线距离 r 之差,称为"声程差"(m);A、B 分别为声源 S 与接收点 R 到屏障的距离(m)。根据波动光学的类似分析,可以得出声屏障附加衰减量 D 与 N 的关系,绘出曲线示意如图 7-6 所示。由图可见,当频率较高($N \geqslant 1$)时有近似关系

$$D = 10\lg N + 13 \text{ (dB)} \tag{7-49}$$

表明当 N 值增大时附加衰减量 D 近似随 N 的对数上升,N 值每加一倍,D 增加

3dB。但实验表明，D 值不会随 N 值无限制地增加，最大衰减量极限值为 24dB，相应的 N 值为 12。式(7-49)的适用范围为 $12 \geqslant N \geqslant 1$。

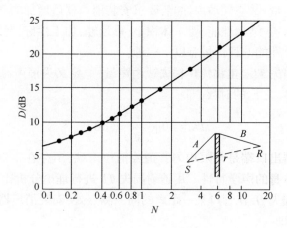

图 7-6　声屏障的附加衰减量

对于有限声屏障，根据声场理论分析，在半混响声场中声屏障的插入损失 IL 可按下式计算：

$$IL = 10\lg\left[\dfrac{\dfrac{Q}{4\pi r^2} + \dfrac{4}{R}}{\dfrac{Q}{4\pi r^2} + \dfrac{4}{R}}\right]\ (\text{dB}) \tag{7-50}$$

式中，r 为声源至接收点距离(m)；R 为房间常数(m^2)；Q 为声源位置的指向性系数；Q_B 称为合成的指向性系数，按下式计算：

$$Q_B = Q \cdot \sum_{i=1}^{3} \dfrac{\lambda}{3\lambda + 20\delta_i} \tag{7-51}$$

式中，$\delta_1,\delta_2,\delta_3$ 为有限尺度声屏障在三个方向的声程差(m)，代表屏障三条边沿的绕射路径。

在自由场中，$R \to \infty$，声屏障插入损失的近似公式为

$$IL = -10\lg\left[\sum_{i=1}^{3} \dfrac{\lambda}{3\lambda + 20\delta_i}\right]\ (\text{dB}) \tag{7-52}$$

7.4　消　声　器

消声器是降低空气动力性噪声的主要手段，它允许气流通过，同时减少噪声

向管路下游传播。在原理上消声器主要分为阻性消声器和抗性消声器两类,对于消声器在技术上要求达到三方面性能:①声学性能,要求在较宽的频率范围内有足够大的消声量;②空气动力性能,要求安装消声器后增加的气流阻力损失控制在允许范围内;③结构性能,要求体积小,重量轻,加工性好,坚固耐用。

消声器声学性能的评价量有以下三种:

(1) 透射损失 TL(也称传声损失或消声量)。定义为消声器入射声功率 W_i 与透射声功率 W_t 之比的对数,即

$$TL = 10\lg\left(\frac{W_i}{W_t}\right) \text{ (dB)} \tag{7-53}$$

这里假设消声器出口端是无限均匀管道或消声末端,不存在末端反射,因此 TL 仅仅是消声器本身的声学特性。用透射损失 TL 进行理论分析比较方便。

(2) 插入损失 IL 在管口某一距离的同一测点处,安装消声器前后声压级之差为插入损失,即

$$IL = L_2 - L'_2 \text{ (dB)} \tag{7-54}$$

上式中 IL 值不仅反映消声器本身的特性,也包含了周围声学环境的影响。对插入损失进行测量比较方便。

(3) 降噪量 NR 定义为

$$NR = L_1 - L_2 \text{ (dB)} \tag{7-55}$$

式中,L_1 为消声器入口声压级,包括入射波与反射波声能之和;L_2 为消声器出口声压级。

透射损失、插入损失及降噪量三者之间不存在简单关系,它们之间的联系取决于内阻抗和末端阻抗。通常 $NR \neq TL$,而当声源内阻抗与管道末端阻抗相等时 $TL = IL$。

7.4.1 阻性消声器

阻性消声器是管道中插入的一段结构,内部沿气流通道铺设吸声材料。噪声沿管道传播时声波进入多孔材料内部,激发起孔隙中的空气及材料细小纤维的振动,因摩擦和黏滞力作用使声能耗散掉转变成热能。

1. 消声量公式(插入损失)

$$\Delta L = \varphi(\alpha_0) \cdot \frac{P}{S} l \text{ (dB)} \tag{7-56}$$

式中,P 为消声器横截面周长(m);S 为横截面面积(m²);l 为消声器长度(m);$\varphi(\alpha_0)$ 为消声系数,其中 α_0 为吸声材料的法向入射吸声系数。$\varphi(\alpha_0)$ 可由表 7-5 查出。

表 7-5　消声系数 $\varphi(\alpha_0)$ 与吸声系数 α_0 的关系

α_0	0.1	0.2	0.3	0.4	0.5	0.6	0.7	0.8	0.9	1.0
$\varphi(\alpha_0)$	0.1	0.3	0.4	0.55	0.7	0.9	1.0	1.2	1.5	1.5

2. 高频失效现象

消声器实际消声量不仅取决于式(7-56),还与频率有关。对于横截面一定的消声器,当噪声频率增大到某一数值后,声波集中在通道中部以窄声束形式穿过,以至于壁面吸声材料不能充分发挥作用,于是实际消声量急剧下降,称为高频失效现象。消声量开始下降时的频率称为高频失效频率 $f_失$,可按下式估算:

$$f_失 = 1.85(c/D) \text{ (Hz)} \tag{7-57}$$

式中,c 为声速(m/s);D 为消声器通道的当量尺寸(m),对于圆形通道 D 为直径,矩形通道则为各边边长的平均值。

为了克服高频失效,对于流量大的粗截面管道,不可选用直管式消声器,通常在消声器通道中加装消声片,或设计成蜂窝式、折板式、弯头式消声器,使每个单独通道的当量尺寸 D 减小,以提高高频失效频率。

3. 气流再生噪声

气流再生噪声产生的机理包括两方面:一是摩擦阻力和局部阻力产生湍流脉动引起的噪声,以中、高频为主;二是消声器内壁或其他构件在气流冲击下产生振动而辐射噪声,以低频为主。根据实验结果可以估算管道中气流再生噪声的半经验公式为

$$L_{OA} = (18 \pm 2) + 60\lg v \tag{7-58}$$

式中,L_{OA} 为气流再生噪声,dB(A);v 为消声器通道的气流速度,m/s。

气流速度越高,消声器内部结构越复杂,气流噪声越大。就阻性消声器沿程声压线衰减规律来看,随消声器长度增加,声压级逐步衰减,但到达一定长度后,由于气流噪声占主导地位,因此管内声压级不再下降,此时再增加消声器长度已毫无意义,这一点在消声器设计中要引起注意。为了降低气流再生噪声,必须对流速加以限制。空调系统消声器流速不应超过 5m/s,压缩机或鼓风机不应超过 20~30m/s,对内燃机消声器则可选为 30~50m/s。

例 7-4　某铸造厂冲天炉使用的鼓风机型号为 LGA-60/5000,风量为 60m³/min,风机进口直径为 250mm,在进口 1.5m 处,测得噪声倍频程声压级如表 7-6 所列,试设计一个阻性消声器,消除进风口的噪声。

解 (1) 确定消声器的消声量。

根据 LGA-60/5000 型进气口测得噪声倍频程声压级,见表 7-6 第 1 行,安装消声器后,在进气口 1.5m 处噪声应控制在 NR85 曲线内,其倍频程声压级列于表 7-4 的第 2 行,经计算所需消声器的消声量列于表 7-6 中的第 3 行。

(2) 确定消声器的结构。

根据该风机的风量和进口,可选定直管式阻性消声器,消声器截面周长与截面积之比列于表 7-6 第 4 行。

(3) 选择吸声材料及吸声层。

吸声材料可选用超细玻璃棉。由噪声的倍频程声压级看,低频段噪声较强。吸声层厚度取 150mm,填充密度为 20kg/m³。根据气流速度,吸声层护面采用一层玻璃布加一层穿孔板,板厚 2mm,孔径 6mm,孔间距为 11mm。这种结构的吸声系数列表于 7-6 的第 5 行。由吸声系数查表 7-5 可查得消声系数 $\varphi(\alpha_0)$ 值,见表 7-6 第 6 行。

(4) 设计消声器长度。

由式(7-56)计算出各频带所需消声器的长度。如 63Hz,125Hz,则有

$$L_{63} = \frac{\Delta L}{\varphi(\alpha_0)} \cdot \frac{S}{P} = \frac{5}{0.4} \cdot \frac{1}{16} = 0.78 \,(\text{m}), \quad L_{125} = \frac{15}{0.7} \cdot \frac{1}{16} = 1.339 \,(\text{m})$$

表 7-6 LGA-60/5000 型鼓风机进气口消声器设计表

序号	设计项目与计算内容	各倍频程中心频率(Hz)下的设计参数								A声级/dB(A)
		63	125	250	500	1000	2000	4000	8000	
1	进气口倍频程声压级 L_{P1}/dB	108	112	110	116	108	106	100	92	117
2	NR85/dB	103	97	92	87	84	82	81	79	90
3	消声器应有的消声量/dB	5	15	18	29	24	24	19	13	27
4	消声器周长与截面之比 P/S	16								
5	材料吸声系数 α_0	0.3	0.5	0.8	0.85	0.85	0.86	0.80	0.78	
6	材料消声系数 $\varphi(\alpha_0)$	0.4	0.7	1.2	1.3	1.3	1.3	1.2	1.1	
7	消声器所需长度/m	0.4	1.34	0.93	1.39	1.15	1.15	0.98	0.74	
8	气流再生噪声 L_{OA}									83

依次求出各频带所需要的长度,列于表 7-6 第 7 行。为了同时满足各频带降噪量的要求,消声器的设计长度取最大值,即 $L=1.4$m。

根据上述分析与计算,消声器的设计方案如图 7-7 所示。

(5) 计算高频失效的影响。

由式(7-57)求高频失效频率

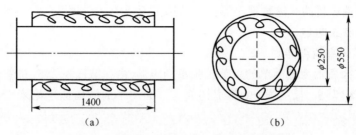

图 7-7 风机进口直管式阻性消声器设计实例

$$f_{失} = 1.85 \frac{340}{0.25} = 2516 \text{ (Hz)}$$

在中心频率 4kHz 的频带内,其消声器对于高于 2516Hz 的频率段,消声量将降低,上面设计的消声器长度为 1.4m,在 8kHz 的消声量为 24.6dB,但由于高频失效,根据公式计算,在中心频率 8kHz 的倍频带内的消声量为

$$\Delta L' = \frac{3-n}{3}\Delta L \approx \frac{3-1}{3} \times 24.6 = 16.4 \text{ (dB)}$$

该计算中,取 8kHz 近似为倍频带内,消声量为 16.4dB,由表 7-4 第 3 行看出,8kHz 所需的消声量为 13dB,所以,即使高频失效导致消声量下降,本设计的消声器的消声量仍满足要求。

(6) 验算气流再生噪声。

消声器内流速

$$v = \frac{Q}{S} = \frac{60}{60} \times \frac{4}{\pi \times 0.25^2} = 20.4 \text{ (m/s)}$$

代入式(7-58),有

$$L_{OA} = (18\pm 2) + 60\lg v = (18\pm 2) + 60\lg 20.4 = (18\pm 2) + 78 = (96\pm 2)[\text{dB(A)}]$$

气流再生噪声近似按点声源,在自由场传播,折合距进口 1.5m 处的噪声级为

$$L_A = L_{OA} - 20\lg r - 11 = 98 - 20\lg 1.5 - 11 = 83 \text{ [dB(A)]}$$

计算得气流再生噪声级为 83dB(A),与降噪标准的表 7-6 第 2 行比较,噪声级控制在 90dB(A) 以内。可以看出,气流再生噪声对消声器性能影响可忽略。

7.4.2 抗性消声器

抗性消声器本身并不吸收声能,它的作用是借助管道截面突变或旁接共振腔,产生声阻抗不匹配,使沿管道传播的声波向声源反射回去,从而在消声器出

口端达到消声目的。这种消声器比较适用于消减中、低频噪声,常用的有扩张室式和共振腔式两类。

1. 扩张室消声器

图 7-8 所示为最简单的单节扩张室消声器,由在截面积为 S_1 的管道中接入一段截面积为 S_2,长度为 l 的管道构成。下面用平面波传播理论来求消声器的消声量。

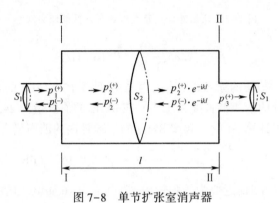

图 7-8 单节扩张室消声器

令 $m = S_2/S_1$,称为扩张比。设正向传播波以上标(+)表示,反向传播波以上标(-)表示。即进口端入射波声压为 $p_1^{(+)}$,反射波声压为 $p_1^{(-)}$,穿过界面 I - I 的透射波声压为 $p_2^{(+)}$,反射波声压为 $p_2^{(-)}$、界面 II - II 处相位比界面 I - I 处相差 kl (k 为波数,$k = \omega/c$),因此在界面 II - II 处入射波声压为 $p_2^{(+)} \cdot \mathrm{e}^{-\mathrm{i}kl}$,反射波声压为 $p_2^{(-)} \cdot \mathrm{e}^{\mathrm{i}kl}$。穿过界面 II - II 的透射波声压为 $p_3^{(+)}$。

在界面 I - I 处,根据声压连续条件得

$$p_1^{(+)} + p_1^{(-)} = p_2^{(+)} + p_2^{(-)} \tag{7-59}$$

由体积速度连续条件可得

$$S_1 \frac{p_1^{(+)}}{\rho_0 c} - S_1 \frac{p_1^{(-)}}{\rho_0 c} = S_2 \frac{p_2^{(+)}}{\rho_0 c} - S_2 \frac{p_2^{(-)}}{\rho_0 c}$$

即

$$p_1^{(+)} - p_1^{(-)} = m[p_2^{(+)} - p_2^{(-)}] \tag{7-60}$$

在界面 II - II 处,根据声压和体积速度连续条件分别得

$$p_2^{(+)} \cdot \mathrm{e}^{-\mathrm{i}kl} + p_2^{(-)} \cdot \mathrm{e}^{\mathrm{i}kl} = p_3^{(+)} \tag{7-61}$$

$$m[p_1^{(+)} \cdot \mathrm{e}^{-\mathrm{i}kl} + p_1^{(-)} \cdot \mathrm{e}^{\mathrm{i}kl}] = p_3^{(+)} \tag{7-62}$$

式(7-59)~式(7-62)联立,可以解出声压比,即

$$\frac{p_1^{(+)}}{p_3^{(+)}} = \cos kl + \mathrm{i} \frac{m^2 + 1}{2m} \cdot \sin kl \tag{7-63}$$

消声器的消声量即声透射损失,用入射声强与透射声强之比来衡量,即

$$TL = 10\lg \left| \frac{p_1^{(+)}}{p_3^{(+)}} \right|^2 \quad (\text{dB})$$

将式(7-63)代入上式,最后得

$$TL = 10\lg \left[1 + \frac{1}{4} \left(m - \frac{1}{m} \right)^2 \cdot \sin^2 kl \right] \quad (\text{dB}) \tag{7-64}$$

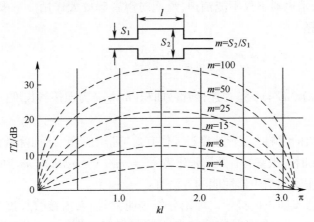

图 7-9 单节扩张室消声器的消声

这就是单节扩张室消声器的消声量公式。由上式可见,消声量大小取决于扩张比 m,消声频率特性则由扩张室长度 l 决定。由于 $\sin kl$ 为周期函数,故消声量随频率作周期性变化。图 7-9 表示消声量频率特性曲线的一个周期。由图可见:

(1) 当 kl 为 $\pi/2$ 的奇数倍,即 $kl = \pi(2n+1)/2$,$(n=0,1,2,\cdots)$ 时,$\sin^2 kl = 1$,获得最大消声量。此时频率 $f = c(2n+1)/4(\text{Hz})$,还可变换为 $1 = \lambda(2n+1)/4$,说明当扩张室长度等于声波波长 1/4 的奇数倍时,在相应频率上获得最大消声量。

(2) 当 kl 为 $\pi/2$ 的偶数倍,即 $kl = n\pi$,$(n=0,1,2,\cdots)$ 时,$\sin^2 kl = 0$,消声量为零。相应频率称为"通过频率",即

$$f_n = \frac{nc}{2l} \quad (n=1,2,3,\cdots) \tag{7-65}$$

上式可变换为 $l = n\lambda/2$,表明当扩张室长度等于声波半波长的整数倍时,消声器不起消声作用。

(3) 扩张室消声器存在上限截止频率。当扩张比 m 增大到一定值后,声波集中在中部穿过,出现与阻性消声器相似的高频失效现象。上限截止频率 f 可

按下式估算：

$$f_\text{上} = 1.22\frac{c}{D} \text{ (Hz)} \tag{7-66}$$

式中：c 为声速(m/s)；D 为扩张室当量直径(m)。

（4）扩张室消声器还存在下限截止频率。低频时如果声波波长比扩张室长度大很多，此时扩张室和连接管成为集总声学元件构成的声振系统，在该系统共振频率附近，消声器不仅不能消声，反而对声音起放大作用。下限截止频率 $f_\text{下}$ 可按下式估算：

$$f_\text{下} = \frac{\sqrt{2}c}{2\pi}\sqrt{\frac{S_1}{Vl}} \text{ (Hz)} \tag{7-67}$$

式中，c 为声速(m/s)；S_1 为连接管截面积(m^2)；l 为连接管长度(m)；V 为扩张室容积(m^3)。

（5）气流的影响。气流速度过大使有效扩张比降低，从而降低消声量。当马赫数 $Ma < 1$ 时扩张室的有效扩张比为 $m_e = m/(1 + mMa)$（m 为理论扩张比）。

改善扩张室式消声器性能的方法有：

（1）扩张室插入内接管。理论分析表明，当插入内接管长度为 $l/4$ 时可消除式(7-64)中 m 为偶数的通过频率，当内接管长度为 $l/2$ 时能消除 m 为奇数的通过频率。

（2）多节不同长度扩张室串联。可使各节通过频率相互叉开，不但能改善消声器频率特性，而且能提高总消声量。

（3）用穿孔率大于 25% 的穿孔管把内插管连接起来，可以减少气流阻力。同时，由于穿孔率足够大也能获得近似于断开状态的消声量。

2. 共振腔消声器

如图 7-10 所示为一种多节式共振腔消声器。密封的空腔经过内管上的小孔与气流通道相连通。小孔孔颈中的空气柱如同活塞，起声质量作用，而空腔中的空气则起声学弹簧作用。当孔心距为孔径 5 倍以上时，可以认为各孔之间声辐射互不干涉，于是可以看作为许多亥姆霍兹共振腔并联。单节共振腔的共振频率 f_r 为

$$f_r = \frac{c}{2\pi}\sqrt{\frac{G}{V}} \text{ (Hz)} \tag{7-68}$$

式中，c 为声速(m/s)；V 为共振腔容积(m^3)；G 为小孔的传导率。$G = ns_0/(t + 0.8d)$ (m)，其中 n 为孔数；S_0 为每个小孔面积(m^2)；t 为穿孔板厚度(m)；d 为小孔直径(m)。

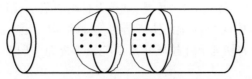

图 7-10 多节式共振腔消声器

当声波频率与共振腔 f_y 一致时系统发生共振,达到最大消声量。为了改善性能,通常采用多节共振腔串联的办法,克服单腔共振消声器共振频带窄的缺点,拓宽消声频带。

7.4.3 微穿孔板消声器

微穿孔板消声器是微穿孔板吸声结构的一种应用,其特点是阻力损失小,再生噪声低,适用于高速气流场合(最大流速可达 80m/s)。这样,就可减小大型动力设备消声器的结构尺寸,从而降低了造价,也节省了安装空间。同时它耐高温,不怕潮湿和蒸汽,耐腐蚀,而且非常清洁,不会污染环境,因此应用越来越广泛。实例有大型燃气轮机进排气消声器,柴油机排气消声器,通风空调系统消声器,高温高压蒸汽放空消声器,除尘导风消声器等。双层微穿孔板消声器有可能在 500Hz~8kHz 的宽频带范围达到 20~30dB 消声量。

7.5 阻尼减振降噪

对于固体结构的振动和声辐射,阻尼起着重要作用。汽车、船舶、飞机以及机器的外壳等结构一般由金属薄板构成。金属薄板材料阻尼很小,运转时由于振动而辐射噪声,增加阻尼可以明显地抑制薄板的弯曲振动,降低辐射噪声。

7.5.1 黏弹性阻尼

黏弹性阻尼材料近几十年来迅速发展,主要是橡胶类和塑料类材料,它们是高分子聚合物,相对分子量超过 10000。受到外力时,曲折状分子链会产生拉伸、扭曲等变形,分子之间的链段又会产生相对滑移及错位。外力去除后,变形的分子链要恢复原位,分子之间的相对运动也会部分复原,释放外力所做的功,这就是材料的弹性。但分子链段之间的滑移和错位却不能完全复原,一部分产生永久变形,这部分功转变为热能耗散掉,这就是材料的黏性。黏弹性材料的模量很低,不宜作为工程结构材料,只能贴附于薄板上制成复合结构。

1. 自由阻尼层和约束阻尼层

直接将阻尼材料粘附在薄板上,称为"自由阻尼层"结构。发生弯曲振动时阻尼层承受的是拉压变形。另一种是，基板上粘附阻尼层，阻尼层上再粘附一层金属薄板（约束层）构成"约束阻尼层"结构，这种结构发生弯曲振动时阻尼层承受剪切变形。由于剪切变形比拉压变形消耗较多能量，所以两者相比后者阻尼效果更好。

2. 损耗因子

衡量材料阻尼性能的参数是损耗因子。对于约束阻尼层，假设阻尼材料的复剪切弹性模量为 G，则有

$$G = G' + \mathrm{i}G'' = G'(1 + \mathrm{i} \cdot \tan\alpha) \tag{7-69}$$

式中，G'，G'' 分别为材料复剪切弹性模量的实部与虚部；α 为受激励后材料应变滞后于应力的相位角。

剪切损耗因子 β 的物理意义是系统阻尼耗损能量 ΔW 与弹性变形 W 的比值，而在数值上等于阻尼材料复弹性模量的虚部与实部之比，即

$$\beta = \frac{G''}{G'} = \tan\alpha \tag{7-70}$$

阻尼材料在正弦力激励下产生剪切应力及应变，由于存在滞后，应力 τ -应变 γ 曲线是一个封闭曲线。可以证明，单位体积材料在一个振动周期内耗损的能量 ΔW 为

$$\Delta W = \int_0^{2\pi} \tau \mathrm{d}\gamma = \tau_0 \gamma_0 \pi \sin\alpha$$

式中，τ_0、γ_0 分别为剪应力与剪应变的幅值；α 为应变滞后于应力的相位角。由于

$$G' = \frac{\tau_0}{\gamma_0}\cos\alpha, G'' = \frac{\tau_0}{\gamma_0}\sin\alpha$$

所以得

$$\Delta W = \pi G' \beta \gamma_0^2 \tag{7-71}$$

可见，阻尼材料消耗的能量正比于复剪切弹性模量实部 G' 与损耗因子 β 的乘积，因此 G' 和 β 是衡量阻尼材料性能的主要指标。

对于自由阻尼层受拉压应力的情况，类似地可以用材料杨氏弹性模量的实部 E' 和损耗因子 η 作为性能指标。对于自由阻尼层结构，阻尼层与基板厚度比越大，则结构损耗因子也越大。但是厚度比的增加也有一定限度，超过限度再增大无益。当阻尼层与基板的弹性模量之比小于 10^{-2} 时，一般阻尼层厚度比取为 5 左右。大多数材料常温下在 30~500Hz 频率范围内 η 接近于常数。金属材料 η 值数量级为 $10^{-5} \sim 10^{-4}$，木材为 $10^{-3} \sim 10^{-2}$，软橡胶为 $10^{-2} \sim 10^{-1}$，而黏弹性材料的 η 峰值一般可达 1~1.8，即为 10^0 数量级。

3. 阻尼材料性能曲线

黏弹性材料的剪切弹性模量 G' 和损耗因子 β 随温度、频率及应变幅值而变化,但大多数阻尼结构的应变幅值较小,所以主要考虑温度和频率影响。图 7-11 表示某一频率下黏弹性阻尼材料性能随温度的变化曲线。由图可见,在 3 个不同温度区材料性能有明显差别。第①个区称为玻璃态,在此区内模量高而损耗因子比较小,第③个区称为橡胶态,此区内模量和损耗因子都不高。上述两个区域之间是第②个区过渡态,在过渡态范围中,材料模量急剧下降,而损耗因子达到最大的阻尼峰值 β_{max},此时的温度称为玻璃态转变温度 T_g。除最大损耗因子 β_{max} 以外,黏弹性材料还有另一个重要特性参数,即 β 达到 0.7 以上的温度宽度 $\Delta T_{0.7}$,表示材料适用的温度范围。在工程中有时需要选择尽可能大的 $\Delta T_{0.7}$,甚至比追求更大的 β_{max} 还重要。

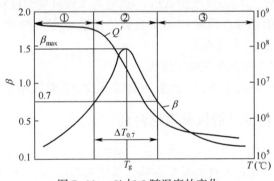

图 7-11 G' 与 β 随温度的变化

除温度这个重要因素以外,其次是频率。在一定温度条件下,材料模量通常随频率提高而增大,损耗因子并不随频率单调变化,而是在某一频率时达到最大值。

对于大多数阻尼材料,温度与频率对性能的影响存在等效关系,高温相当于低频,低温相当于高频,因此可将温度和频率合为一个参数,称为当量频率 f_{aT}。对于某种阻尼材料,同时测量温度、频率及阻尼性能,就可画出综合反映温度与频率影响的阻尼材料性能总曲线图,也称为示性图,如图 7-12 所示。图中的纵坐标,左边是 $\lg G'$(剪切模量实部),$\lg \beta$(损耗因子),右边是 $\lg f$(实际工作频率),斜线坐标是测量温度,横坐标为 $\lg f_{aT}$(当量频率)。例如求频率为 f、工作温度为 T_{-1} 时的特性,只需在右边频率坐标上找出 C 点,作水平线 T_{-1} 斜线相交,由通过交点的垂直线,得到与 β 曲线和 G' 曲线的交点 A 和 B,该两点所对应的左边纵坐标上的 A',B' 值,即为所求的 β 与 G' 值。

为了达到好的阻尼效果,根据示性图选择材料时应考虑以下要求:

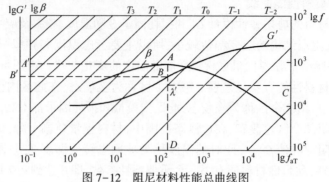

图 7-12 阻尼材料性能总曲线图

(1) 损耗因子峰值 β_{max} 大,且峰值温度 T_g 与工作温度接近;
(2) $\beta \geq 0.7\beta_{max}$ 的温度范围 $\Delta T_{0.7}$ 宽,且与工作环境温度相吻合;
(3) 材料的剪切弹性模量 G' 或杨氏弹性模量 E' 适合要求;
(4) 不易老化,工作寿命长;
(5) 工艺性好,尤其是粘贴牢度大;
(6) 适应一定环境条件,如耐油、耐腐蚀、耐高温、具有阻燃性等。

7.5.2 复合阻尼钢板及阻尼合金

两块钢板或铝板之间夹一层非常薄的黏弹性高分子材料预制成型,即构成复合阻尼金属板。这种板材的强度靠基体金属板保证,阻尼性能则由黏弹性材料和约束层提供。根据使用条件不同,复合阻尼钢板分为高温用(90℃附近效果最佳)和室温用两种,损耗因子峰值约为 0.85,在大于 60℃ 的温度变化范围内损耗因子保持在 0.1 以上,机械强度与普通钢板大致相同,目前已应用于制造柴油机油底壳、气缸头盖及各种机器罩壳。

阻尼合金又称哑金属,它既是结构材料,又具有高阻尼性能,分铜基和铁基两类。铜基的主要指双晶型 Mn-Cu 合金,机械强度与结构钢相仿,耐海水腐蚀,用于制造低噪声舰艇的螺旋桨。铁基阻尼合金主要指强磁性型 Fe-Cr-Al、Fe-Cr-Mo 及 Fe-Cr-Si-Mo 合金,可用于制造机器上的某些冲击部件。阻尼合金的损耗因子范围为 0.05~0.15,最高可达 0.30。

7.5.3 阻尼应用实例

在柴油机上应用复合阻尼钢板($\eta = 0.25 \sim 0.73$,耐油耐水,能在180℃连续工作)制造气缸头罩,比原用铝罩时噪声降低 5.2dB(A)。用作油底壳效果明显,在 500Hz~8kHz 噪声降低 6~8dB。

在某型轿车上应用了多种阻尼材料以降低车内噪声。车顶及车门上有一层高阻尼合成橡胶($\eta \approx 0.2$)自由阻尼层,相对于基板的厚度比为 2.5:1,用于抑制车身声辐射。仪表板上采用 3mm 厚自由阻尼层,地板及传动系统通道处振动加速度大,采用 4mm 厚阻尼层。车轮罩和车身底板喷涂 1~2mm 厚阻尼胶,它同时对缝隙起密封作用。仪表板下方用一种热塑性合成橡胶及隔振材料组成复合阻尼结构,同时具有较高隔声量。经过上述处理,该车行驶时车内噪声级降低 3dB(A)。

美国麦道公司 DC9-51 型客机座舱进行大面积阻尼处理,包括蒙皮、装饰板、隔板及地板等,总附加重量为 418kg,处理后座舱声压级在 125Hz~8kHz 范围中下降 6~8dB,总声级降低 5dB(A)。

第8章 转子系统振动分析与动平衡

本章介绍振动分析在旋转机械中的应用,即转子动力学问题,涉及刚性转子和柔性转子动平衡的基本概念。旋转机械振动主要是指轴和轴承的振动,即转子系统振动,而转子不平衡是产生振动的重要因素之一。

8.1 旋转机械转子不平衡与临界转速

8.1.1 转子系统动不平衡问题

随着科学技术的不断进步,动力机械设备朝着大型、轻薄、高速、复杂和自动化等方向发展,一方面提高了设备效率、降低了生产成本、节约了资源与能源,另一方面却增加了设备故障率和维修费用。大型旋转机械如汽轮机、压缩机等是电力、化工、冶金等工业企业的关键设备,设备安全运行对企业生存与发展产生着极大影响。

由第2章可知,动力机械设备中(如汽轮机、鼓风机和电动机等)最常见的振源之一是旋转失衡,当转轴质心与旋转中心不重合(即偏心)就会引起振动。转子不平衡指因转子质量分布不均匀造成的离心惯性力系不平衡,不平衡惯性力系会对支承和基座产生附加动压力,同时使转子产生弯曲变形。附加动压力会降低轴承寿命,弯曲变形会影响转子结构强度与工作性能。转子平衡技术是保证大型高速旋转动力机械正常运转的重要措施。

以某石化厂醇酮装置的离心式压缩机机组振动为例,如图8-1所示。该机组由高压与低压双缸组成,电动机功率2700kW,转速1500r/min;高压压缩机额定工作转速为15500r/min,一阶临界转速为9200r/min,二阶临界转速为18500r/min。机组于1980年投产后运行10年一直不稳定,高、低压缸轴承处振动过大,每年平均故障停机13次,经济损失很大。机组运行不平衡是振动过大的主要原因,需要进行轴系现场动平衡。由于机组工作转速高于一阶临界转速,所以采用了柔性转子动平衡技术。现场动平衡采用了单平面试重法,如图8-2所示,在联轴节位置附加了一个5.4g的配重螺钉就解决了问题,年获经济效益126万元。

第 8 章 转子系统振动分析与动平衡

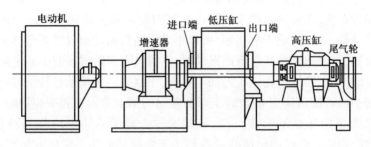

图 8-1 某石化厂离心压缩机结构简图

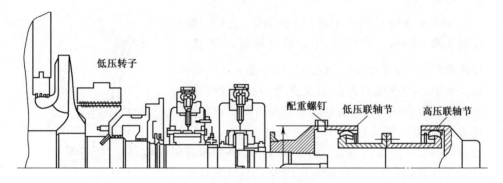

图 8-2 离心压缩机动平衡配重结构简图

但是,旋转机械振动并非完全由转子不平衡引起,必须对系统振动问题进行测量、计算与分析,才能够正确选择消除振动的方法。

常见的转子动平衡技术分为刚性转子动平衡和柔性转子动平衡两种形式,其目的各不相同。在刚性转子动平衡中,转子本身视为刚体,动平衡任务是通过在转子上加上(或减去)某些质量,使得加重(或去重)所产生的离心惯性力与转子不平衡质量所产生的离心惯性力相互抵消,从而消除转子对支承的动压力和由此产生的机械振动。柔性转子动平衡不仅要通过加重(或去重)平衡掉初始不平衡量的刚体惯性力,还要消除转子的动挠度。因此,两种不同类型的动平衡属于两种不同的动力学问题,刚性转子的动平衡是一个刚体动力学问题,而柔性转子的动平衡是一个弹性动力学问题。后者比前者复杂得多,直至目前,仍有许多理论问题和技术问题有待解决。

8.1.2 转子临界转速

旋转机械中,当转轴在某个转速附近运行时,机器会产生剧烈振动。引起剧烈振动的特定转速通常称为转轴的临界转速,以 n_c 来表示。工程中的转子一般都属于弹性系统,在运转过程中同时产生弯曲振动和扭转振动。由于离心惯性力通过转动轴,并不构成干扰扭矩,所以不考虑扭转振动而仅考虑弯曲振动。由第 4 章可知,一个弹性轴产生弯曲振动时,系统具有多阶固有频率和主振型。当转子转动时,离心惯性力构成了外加干扰力,干扰力的频率就是转子转动的角速度。当转子旋转的角速度 ω 与转子弯曲振动的第 1 阶固有频率相同时,干扰力激发转子第 1 阶主振动形成共振,该转速称为转子的第 1 阶临界转速,记为 n_{c1}。同样,当转子旋转的角速度 ω 与转子弯曲振动的第 2 阶固有频率相同时,干扰力激发转子第 2 阶主振动形成共振,此时转速称为转子的第 2 阶临界转速 n_{c2},依此类推。

如图 8-3 所示的单圆盘-转子系统,它是一根支承在两个轴承上的竖轴,中间装有质量 m 圆盘。设圆盘的几何中心为 O_1,质心 G,偏心距 $e = \overline{O_1 G}$,轴支承中心的连线与圆盘的交点为 O。当转子静止时,圆盘几何中心 O_1 与轴心 O 是重合的。建立直角坐标系 xOy,圆盘形心 O_1 运动轨迹为 (x,y),则圆盘质心 G 位置为 $(x + e\cos\omega t, y + e\sin\omega t)$。假设转轴在 O 处的 x 和 y 方向的刚度均为 k,黏性阻尼系数 c,则利用第 2 章的力学建模方法,不难列出圆盘在 x 和 y 方向的运动微分方程为

$$m\frac{d^2}{dt^2}(x + e\cos\omega t) + kx + c\dot{x} = 0$$

$$m\frac{d^2}{dt^2}(y + e\sin\omega t) + ky + c\dot{y} = 0$$

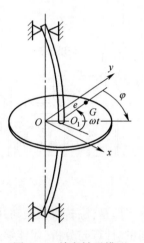

图 8-3 单盘转子模型

将上式整理,有

$$\begin{cases} m\ddot{x} + c\dot{x} + kx = me\omega^2 \cos\omega t \\ m\ddot{y} + c\dot{y} + ky = me\omega^2 \sin\omega t \end{cases} \tag{8-1}$$

上式为两个相互独立的运动微分方程,可设稳态响应为

$$\begin{cases} x(t) = A_x \cos(\omega t - \varphi) \\ y(t) = A_y \sin(\omega t - \varphi) \end{cases} \tag{8-2}$$

参考第 2 章 2.6 节对黏性阻尼系统受迫振动问题的分析方法,令频率比 $r = \sqrt{m\omega^2/k}$、阻尼比 $\zeta = c/(2\sqrt{mk})$,将式(8-2)代入式(8-1)可求出稳态响应,即

$$\begin{cases} x(t) = \dfrac{me\omega^2\cos(\omega t - \varphi)}{\sqrt{(k - m\omega^2)^2 + (c\omega)^2}} = \dfrac{er^2\cos(\omega t - \varphi)}{\sqrt{(1 - r^2)^2 + (2\zeta r)^2}} \\ y(t) = \dfrac{me\omega^2\sin(\omega t - \varphi)}{\sqrt{(k - m\omega^2)^2 + (c\omega)^2}} = \dfrac{er^2\sin(\omega t - \varphi)}{\sqrt{(1 - r^2)^2 + (2\zeta r)^2}} \end{cases} \quad (8\text{-}3)$$

式中,φ 为 O_1G 超前 OO_1 的相位角,即

$$\varphi = \arctan\frac{c\omega}{k - m\omega^2} = \arctan\frac{2\zeta r}{1 - r^2} \quad (8\text{-}4)$$

显然,圆盘在 x、y 方向作等幅等频的简谐振动,彼此相位差 $\pi/2$,两者合成后,形心 O_1 的轨迹是一个圆,圆心为坐标原点 O,圆半径为轴中点 O_1 的动挠度,即

$$\overline{OO_1} = R = \sqrt{x^2 + y^2} = \frac{me\omega^2}{\sqrt{(k - m\omega^2)^2 + (c\omega)^2}} = \frac{er^2}{\sqrt{(1 - r^2)^2 + (2\zeta r)^2}} \quad (8\text{-}5)$$

因此转子的运动是绕形心 O_1 点自转,同时又绕支承中心 O 作公转,它们的角速度都是 ω,这种运动称为同步正回旋。

分析单盘转子位移与激励力向量之间相位角 φ 与频率比 r 的关系,如图 8-4 所示。从图中看出:当 $r<1$ 时,质心 G 在几何中心的外侧,$\varphi < \pi/2$;当 $r>1$ 时,质心 G 和回转中心 O 处在几何中心 O_1 的同一侧,$\pi/2 < \varphi < \pi$;当 $r=1$ 时,$\varphi = \pi/2$,轴弯曲的横向位移接近最大值 $R = e/2\zeta$,这时轴的转速称为临界转速 $n_c = 60\omega_n/(2\pi)$。若不考虑其他因素,其值与轴不转时横向弯曲振动频率相等。

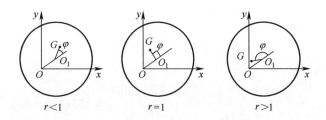

图 8-4 单盘转子三心之间的位置

应该指出,尽管临界转速在数值上和转轴的横向振动固有频率相等,但转轴的交变应力却完全不同。作回旋运动的转轴外侧始终受到拉应力,内侧受到压应力,不出现交变应力;而静止转轴作横向弯曲振动时,转轴外侧和内侧均受到交变应力的作用。实际上这是两种不同的物理现象,工程上应加以区分。

例 8-1 某转子实验台,如图 8-5 所示,已知圆盘质量 $M = 100\text{kg}$,轴径 $D = 100\text{mm}$,轴长 $l = 600\text{mm}$,弹性模量 $E = 2.1 \times 10^{11} \text{ N/m}^2$,密度 $\rho = 7.8 \times 10^3 \text{ kg/m}^3$。求转轴的临界转速。

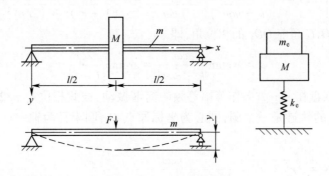

图 8-5 单盘转子实验台

解 转子弯曲刚度为

$$k = \frac{48EI}{l^3} = \frac{48 \times 2.1 \times 10^{11} \times \pi \times 0.1^4}{0.6^3 \times 64} = 2.29 \times 10^8 (\text{N/m})$$

轴质量为

$$m = \frac{\pi \cdot D^2}{4} \cdot l \cdot \rho = \frac{\pi \times 0.1^2}{4} \times 0.6 \times 7.8 \times 10^3 = 36.76 (\text{kg})$$

轴中点 $x = l/2$ 处的等效质量为

$$m_e = m \times \frac{17}{35} = 36.76 \times \frac{17}{35} = 17.85 (\text{kg})$$

系统总质量为

$$M + m_e = 100 + 17.85 = 117.85 (\text{kg})$$

临界转速为

$$n_c = \frac{60}{2\pi} \sqrt{\frac{k}{M + m_e}} = \frac{30}{\pi} \sqrt{\frac{2.29 \times 10^8}{117.85}} = 13311 (\text{r/min})$$

一般来说,当转子的转速 $n < 0.7 n_{c1}$ 时,转子在旋转过程中不会产生明显的弯曲变形,在这种转速下运转的转子称为刚性转子。当转速 n 接近或超过 n_{c1} 时,转子将产生明显的变形——动挠度,称在这种工作状态下的转子为柔性转子。为简化计算,以下假设转子的各个横截面的惯性矩 $J(x)$ 在不同方向上相等。

8.2 刚性转子动平衡原理

8.2.1 刚性转子双面动平衡

在工程实际中,由于材质不均匀、机械加工与装配误差等影响,要保证转子的各个横截面质心与几何旋转轴线完全重合是困难的,即转子的偏心总是存在着。如图 8-6 所示,选取参考坐标系 $Oxyz$, x 为转子轴线方向。转子各个横截面的质心偏移量大小和位置并不相同,用偏心矢径 $e(x)$ 表示,它是一个随截面位置 x 变化的向量。偏心矢径的矢端沿 x 轴轨迹构成一条空间曲线,称为转子横截面的质心曲线。由于转子结构的复杂性,质心曲线具有非连续性和随机性,预先是不可确定的。转子的原始不平衡量还可以用**质径积 $v(x)$** 来表示,定义为质量与偏心矢径的乘积,即

$$v(x) = m(x) e(x) \tag{8-6}$$

式中,$m(x)$ 为转子轴线方向的质量线密度。一般转子呈阶梯状,$m(x)$ 只能分段连续,因此质径积 $v(x)$ 不是 x 的连续函数。为讨论方便,假设 $v(x)$ 是 x 的连续函数,如图 8-6 所示。设转子以角速度 ω 转动,由于存在原始不平衡量,转子在 x 截面处产生离心惯性力 $G(x)$,其大小和方向随 x 坐标变化,即

$$G(x) = m(x)\omega^2 e(x) = \omega^2 v(x) \tag{8-7}$$

下面说明,对于原始不平衡量产生的离心惯性力系 $G(x)$,只要在两个横截面上加重(或去重),即可完成动平衡,这就是所谓的双面平衡法。

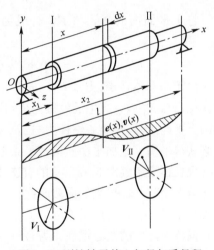

图 8-6 刚性转子偏心矢径与质径积

如图 8-7 所示,设在转子的任意两个横截面上分别存在着集中偏心质量 m_1 和 m_2,偏心矢径为 r_1 和 r_2,转子旋转角速度为 ω,产生的离心惯性力分别为 $F_1 = m_1\omega^2 r_1$ 和 $F_2 = m_2\omega^2 r_2$。对于刚体转子来说,根据力系等效原则,可将此二离心惯性力向任意选定的两个横截面 I 和 II 分解。

设 F_1 在横截面 I、II 的等效力分别为 F_I^1 和 F_{II}^1,则

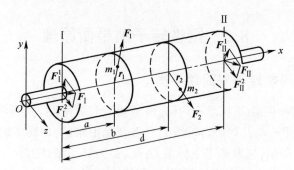

图 8-7 刚性转子双面动平衡力系分解图

$$F_I^1 = \frac{d-a}{d}F_1, \quad F_{II}^2 = \frac{a}{d}F_1$$

同样，写出 F_2 在两平面内的分力 F_{II}^1 和 F_{II}^2 分别为

$$F_I^2 = \frac{d-b}{d}F_2, \quad F_{II}^2 = \frac{b}{d}F_2$$

将 I 平面内的 F_I^1 与 F_{II}^1 合成为 F_I，把 II 平面内的 F_I^2 与 F_{II}^2 合成为 F_{II}，得

$$F_I = F_I^1 + F_{II}^1, \quad F_{II} = F_I^2 + F_{II}^2$$

由于是刚体转子，力系 F_I、F_{II} 与力系 F_1、F_2 完全等效，即 F_I、F_{II} 对轴承的动压力与 F_1、F_2 产生的效果完全相同。因此，只要在平面 I 和平面 II 分别施加两个平衡质量，使离心惯性力与不平衡力 F_I、F_{II} 大小相等、方向相反，则转子必获得平衡。施加平衡质量的平面 I 和平面 II 统称为平衡面。

现在再来考察图 8-6 所示的有连续分布的不平衡质量 $m(x)$ 的情况。假想用无穷多个与 x 轴垂直的横截面把转子分割成无穷多个微段，每个微段的长度为无穷小量 $\mathrm{d}x$，微段质量为 $m(x)\mathrm{d}x$。在转子旋转过程中，x 截面处微段由于质心偏移而产生的离心惯性力为 $m(x)\mathrm{d}x\omega^2 e(x) = G(x)\mathrm{d}x$，将它向两个选定的平面 I 和 II 分解，设其两个分力为 $\mathrm{d}F_I$ 和 $\mathrm{d}F_{II}$，则有

$$\mathrm{d}F_I = \frac{x_2-x}{x_2-x_1}G(x)\mathrm{d}x \qquad \mathrm{d}F_{II} = \frac{x-x_1}{x_2-x_1}G(x)\mathrm{d}x$$

式中，x_1、x_2 为平衡面 I 和 II 的位置坐标。令转子长度为 l，将 x 轴上所有微段离心惯性力都向 I 和 II 平面分解，然后对两个平面的所有分力求和，得到合力 F_I 和 F_{II} 为

$$F_I = \int_0^l \mathrm{d}F_I = \int_0^l \frac{x_2-x}{x_2-x_1}G(x)\mathrm{d}x, \quad F_{II} = \int_0^l \mathrm{d}F_{II} = \int_0^l \frac{x-x_1}{x_2-x_1}G(x)\mathrm{d}x$$

由于 $F_Ⅰ$ 和 $F_Ⅱ$ 完全等效于原始不平衡量 $v(x)$ 产生的离心惯性力系 $G(x)$，只要在平面Ⅰ和平面Ⅱ分别施加质径积为 $V_Ⅰ$、$V_Ⅱ$ 的平衡质量(校正量)，使离心惯性力 $\omega^2 V_Ⅰ$ 和 $\omega^2 V_Ⅱ$ 分别与 $F_Ⅰ$ 和 $F_Ⅱ$ 大小相等、方向相反，则转子即获得平衡。换句话说，由原始不平衡量 $v(x)$、校正量 $V_Ⅰ$ 和 $V_Ⅱ$ 共同产生的离心惯性力系构成了平衡力系。根据刚体力学的力系简化与平衡原理，将此平衡力系向坐标原点 O 简化，得到主矢 R 和主矩 M_0，即

$$R = \int_0^l \omega^2 v(x) \mathrm{d}x + \sum_{j=Ⅰ}^{Ⅱ} V_j \omega^2 = 0 \tag{8-8}$$

$$M_0 = \int_0^l \omega^2 x \times v(x) \mathrm{d}x + \sum_{j=Ⅰ}^{Ⅱ} \omega^2 x_j \times V_j = 0 \tag{8-9}$$

式中，$x = \overrightarrow{Ox}$ 为沿 x 轴从坐标原点 O 指向 x 坐标点的向量。

在式(8-9)中，设向量 $L(x) = x \times v(x)$，L 在 yOz 平面内，其大小等于 $x|v(x)|$，方向是将 $v(x)$ 绕 x 轴逆时针转过 $\pi/2$。将相位角 $\pi/2$ 写成幂指数形式，有

$$L(x) = x \times v(x) = xv(x)\mathrm{e}^{\mathrm{i}\pi/2} \tag{8-10}$$

上式右端 $v(x)$ 乘以 $\mathrm{e}^{\mathrm{i}\pi/2}$ 代表把 $v(x)$ 的方向绕 x 轴逆时针转过 $\pi/2$。同样写出 $x_j \times V_j$ 的幂指数相位角表达式，将式(8-8)~式(8-10)合并整理得

$$\begin{cases} \int_0^l v(x) \mathrm{d}x + \sum_{j=Ⅰ}^{Ⅱ} V_j = 0 \\ \int_0^l x v(x) \mathrm{d}x + \sum_{j=Ⅰ}^{Ⅱ} x_j V_j = 0 \end{cases} \tag{8-11}$$

式(8-11)就是刚性转子动平衡所需施加的质量校正量应满足的条件。

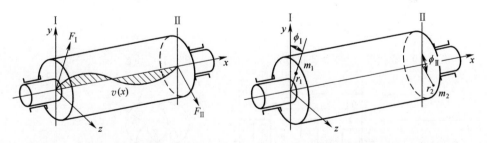

图 8-8 具有原始不平衡量 $v(x)$ 转子　　图 8-9 具有假想的双面不平衡的转子

以上提过，转子的原始不平衡量 $v(x)$ 产生离心惯性力系 $G(x)$，简化后与两个平衡面上的平衡力 $F_Ⅰ$、$F_Ⅱ$ 等效。假设有两个结构与尺寸相同、力系作用

方式不同的转子，分别如图 8-8 和图 8-9 所示。图 8-8 是具有原始不平衡量 $v(x)$ 的转子。图 8-9 是假想的具有双面等效不平衡质量转子，即在两个横截面 Ⅰ、Ⅱ 分别施加了等效偏心质量 m_1、m_2，偏心矩分别为 r_1、r_2。令 m_1、m_2 产生的离心惯性力分别等于 $F_Ⅰ$、$F_Ⅱ$，即 $m_1\omega^2 r_1 = F_Ⅰ$，$m_2\omega^2 r_Ⅱ = F_Ⅱ$，则这两种转子在运转过程中对支承的动压力相同，对支承产生的振动相同。因此，在讨论刚性转子动平衡原理时，一般用图 8-9 所示的假想转子，来代替图 8-8 所示真实的具有原始不平衡的转子。

例 8-2　如图 8-10 所示盘状转子上有两个不平衡质量 m_1、m_2，回转半径分别为 r_1、r_2，相位如图，求所需挖去的质量的大小和相位（挖去质量的回转半径为 r_b）。

解　刚性转子的静平衡条件为，该刚性转子上各质量的离心惯性力向量和为零或质径积的向量和为零。

m_1、m_2 的不平衡质径积分别为 $m_1 r_1$、$m_2 r_2$，设在盘状转子上增加一平衡质量 m_b，平衡矢径 r_b，由静平衡条件得

$$m_1 r_1 + m_2 r_2 + m_b r_b = 0$$

得到质量 m_b 大小为

$$m_b = \frac{m_1 r_1 + m_2 r_2}{r_b}$$

选定比例尺作一个向量多边形，绘出质径积向量平衡图，如图 8-11 所示。由此得到质径积 $m_b r_b$ 方向，需要挖去的质量大小与 m_b 相等，相位则与 $m_b r_b$ 方向相反。

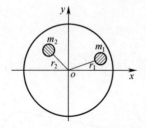

图 8-10　盘状转子不平衡质量分布

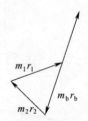

图 8-11　质径积向量平衡图

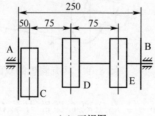

（a）正视图

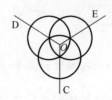

（b）侧视图

图 8-12　高速水泵凸轮轴系

例 8-3 一台高速水泵的凸轮轴系由三个互相错开 120°的偏心轮组成，结构简图如图 8-12 所示。偏心轮的质量为 m，偏心距为 r。设在平衡平面 A 和 B 上各装一个平衡质量 m_A 和 m_B，回转半径为 $2r$，尺寸如图所示。试求 m_A 和 m_B 的大小和方向。

解 不平衡质径积

$$m_C r_C = m_D r_D = m_E r_E = mr$$

三个不平衡质径积分解到平衡平面 A

$$\begin{cases} (m_C r_C)_A = 200mr/250 = 4mr/5 \\ (m_D r_D)_A = 125mr/250 = mr/2 \\ (m_E r_E)_A = 50mr/250 = mr/5 \end{cases}$$

三个不平衡质径积分解到平衡平面 B

$$\begin{cases} (m_C r_C)_B = 50mr/250 = mr/5 \\ (m_D r_D)_B = 125mr/250 = mr/2 \\ (m_E r_E)_B = 200mr/250 = 4mr/5 \end{cases}$$

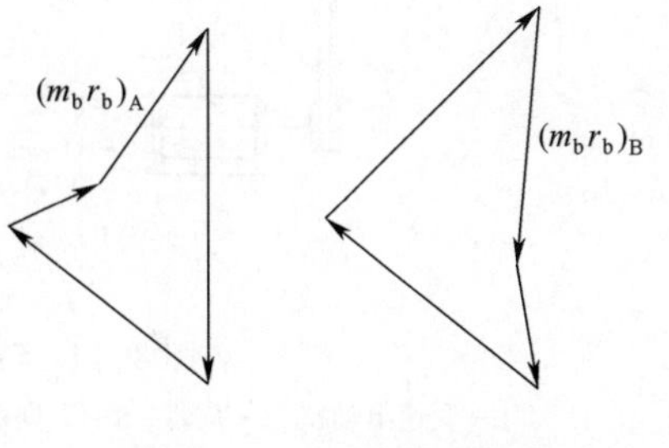

列出动平衡条件

$$(m_b r_b)_A + (m_C r_C)_A + (m_D r_D)_A + (m_E r_E)_A = 0$$
$$(m_b r_b)_B + (m_C r_C)_B + (m_D r_D)_B + (m_E r_E)_B = 0$$

解得：

$$(m_b r_b)_C = mr/2$$
$$(m_b r_b)_B = mr/2$$

由 $r_b = 2r$ 得

$$(m_b)_A = 0.25m$$
$$(m_b)_B = 0.25m$$

(a) 平衡面A　　(b) 平衡面B

图 8-13　多边形向量图

作多边形向量平衡图，可得到平衡质量方向或相位，如图 8-13 所示。

8.2.2　刚性转子动平衡实验

转子动平衡一般在动平衡机上进行。下面简单介绍动平衡机的工作原理。

现代的动平衡机大多采用电子测量技术测定转子的不平衡量。如图 8-14 所示的一种电测动平衡机，主要由驱动系统、试件支承系统和不平衡量测量系统三个部分组成。

驱动系统常采用变速电动机 1，经过一级皮带传动 2，借助万向联轴器 3 来驱动试件即试验转子 4。转子上的偏心质量产生惯性力使弹性支承产生振动，振动信号由传感器 5、6 拾取后输入到测量装置中的解算电路 7，信号经 7 处理解算得到不平衡质径积大小，再经选频放大器 8 放大后显示在仪表 9 上。而放

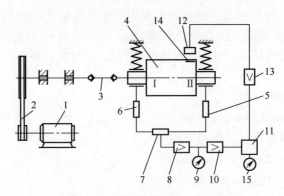

图 8-14 转子动平衡机工作原理

1—变速电动机；2—皮带；3—万向联轴器；4—转子；5、6—传感器；7—解算电路；8—选频放大器；9—仪表；10、13—整形放大器；11—鉴相器；12—光电头；14—转子相位标记；15—相位表

大后信号经整形发大器 10 变为脉冲信号输入鉴相器 11 一端,鉴相器另一端接受来自光电头 12 和整形放大器 13 的基准信号,此信号相位与转子上标记 14 对应,频率与转子转速相同。鉴相器两端信号的相位差由相位表 15 读取,以标记 14 为基准,确定偏心质量的相位。此方法通常用于中小型转子的动平衡试验。

在测得了两平衡平面Ⅰ、Ⅱ上的不平衡量的大小和相位之后,就可以在平衡面Ⅰ、Ⅱ内分别加上两个校正量,它们与不平衡量之间的相位差 180°;或者减去两个校正量,它们与不平衡量之间的相位相同。这一工作就在动平衡机上进行,并且通过边测量边校正的方法多次完成。在实际工作中去重校正往往比加重校正更方便。至于如何选择平衡面的位置,则应根据转子的实际结构在设计时就要考虑好,一般选择尽量靠近支承,这样平衡的效果最好。

8.3 柔性转子动平衡原理

转子在两个平衡面加上校正量 $V_Ⅰ$、$V_Ⅱ$ 之后,虽然消除了对支承的动压力,但是并不能消除由原始不平衡量 $v(x)$ 和校正量 $V_Ⅰ$、$V_Ⅱ$ 共同产生的离心惯性力系引起的转子的弹性变形。当转子的转速远低于转子的临界转速时,弹性变形很小,可以忽略不计。但是,当转子的转速接近或超越其临界转速时,动挠度迅速增大,使各横截面质心与几何旋转中心的偏移量大大增加。如图 8-15 所示,

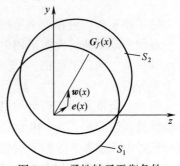

图 8-15 柔性转子平衡条件

设 $w(x)$ 表示柔性转子的挠度曲线,注意它是从转子处于刚体状态下的质心曲线 $e(x)$ 开始计量,其中截面 S_1 是刚性转子位置,截面 S_2 是挠性转子位置。挠性转子质心偏移产生的惯性力系为

$$G_f(x) = m(x)\omega^2[w(x) + e(x)] \tag{8-12}$$

由此可见,由于挠度的存在,原来处于刚性平衡的转子不再保持平衡。因此,需要采取新的平衡措施,即要求在更多横截面施加校正量,以平衡转子内的动挠度和动应力。同时还得保证新加校正量对支承的动压力也是平衡的。

另外注意到,柔性转子的弹性变形即转子的动挠度曲线与转速密切相关,柔性不平衡量的大小和相位都随转速的不同而变化。因此,在一种转速下校正平衡的柔性转子,改变转速后会呈现新的不平衡。归纳起来,柔性转子动平衡需解决以下几个问题:

(1) 平衡一个转子需要选择几个平衡面?这些平衡面处于什么位置?

(2) 进行动平衡时,转子的转速应该调到多少?

(3) 如何确定平衡校正量的大小和相位?

要解决这些问题,必须了解柔性转子动挠度与转子转速的关系及其变化规律。实际工程中,转子是一个复杂的轴系,结构形式多种多样。不失一般性,为说明柔性转子动平衡原理,现在考察一个两端简支的等截面转轴的变形特征。

如图 8-16(a) 所示的两端简支、具有刚性支承的等截面转子。设转子的截面抗弯刚度 EI,质量线密度 $m(x)$ = 常量。图 8-16(b) 中给出了质心原始偏移量 $e(x)$,设 $w(x)$ 表示柔性转子的动挠度。当转子以角速度 ω 旋转时,沿 x 轴方向分布的惯性力见式(8-12)。对于固定坐标系 $Oxyz$ 来说,当转子旋转时, e 和 w 不但是 x 的函数,而且与时间 t 有关。写出谐和运动函数,有

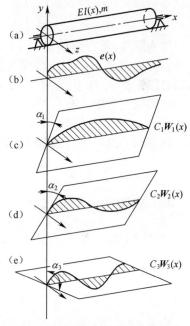

图 8-16 刚性支承柔性转子平衡

$$e(x,t) = e(x)e^{i\omega t} \tag{8-13}$$
$$w(x,t) = w(x)e^{i\omega t} \tag{8-14}$$

转子旋转时,质心原始偏移量 $e(x)$ 产生的离心惯性力系在 xOy 和 xOz 两个

平面内的分量分别是 $m\omega^2 e_y(x,t)$，$m\omega^2 e_z(x,t)$，刚性转子原始不平衡惯性力载荷为 $m(x)\omega^2 e(x,t)$。令 $w_y(x,t)$、$w_z(x,t)$ 是 $\boldsymbol{w}(x,t)$ 是在平面 xOy 和 xOz 内的投影，$e_y(x,t)$、$e_z(x,t)$ 是 $\boldsymbol{e}(x,t)$ 在平面 xOy 和 xOz 内的投影。引用第 4 章梁的横向振动微分方程式(4-36)，考虑到式(8-13)和式(8-14)，不难推导等截面均质转轴的无阻尼横向受迫振动方程，即

$$EI\frac{\partial^4 \boldsymbol{w}(x,t)}{\partial x^4} + m\frac{\partial^2 \boldsymbol{w}(x,t)}{\partial t^2} = m\omega^2 \boldsymbol{e}(x)\mathrm{e}^{\mathrm{i}\omega t} \tag{8-15}$$

转轴在平面 xOy 和 xOz 内的无阻尼横向受迫振动方程为

$$\begin{cases} EI\dfrac{\partial^4 w_y(x,t)}{\partial x^4} + m\dfrac{\partial^2 w_y(x,t)}{\partial t^2} = m\omega^2 e_y(x,t) \\ EI\dfrac{\partial^4 w_z(x,t)}{\partial x^4} + m\dfrac{\partial^2 w_z(x,t)}{\partial t^2} = m\omega^2 e_z(x,t) \end{cases} \tag{8-16}$$

如前所述，质心偏移量 $e(x)$ 是一条空间曲线，现在欲将其写成振型函数 $W_j(x)(j=1,2,3,\cdots,\infty)$ 的线性组合形式。由于振型函数是一系列平面曲线，所以必须先将 $e(x)$ 向坐标平面 xOy 和 xOz 分解，得到两个平面曲线 $e_y(x)$、$e_z(x)$，写成复数形式有

$$\boldsymbol{e}(x) = e_y(x) + \mathrm{i}e_z(x) \tag{8-17}$$

将 $e_y(x)$ 和 $e_z(x)$ 分别展成振型函数 $W_j(x)$ 的线性组合，有

$$e_y(x) = \sum_{j=1}^{\infty} C_{jy}W_j(x), \quad e_z(x) = \sum_{j=1}^{\infty} C_{jz}W_j(x) \quad (j=1,2,3,\cdots,\infty)$$

将上式代入式(8-17)，得

$$\boldsymbol{e}(x) = e_y(x) + \mathrm{i}e_z(x) = \sum_{j=1}^{\infty}(C_{jy} + \mathrm{i}C_{jz})W_j(x) = \sum_{j=1}^{\infty} C_j\mathrm{e}^{\mathrm{i}\alpha_j}W_j(x) \tag{8-18}$$

式中，C_{jz}、C_{jy}、C_j 为振型系数，α_j 为振型相位角。记

$$C_j = \sqrt{C_{jy}^2 + C_{jz}^2}, \alpha_j = \arctan\frac{C_{jz}}{C_{jy}}, j=1,2,3,\cdots,\infty$$

由式(8-18)可知，空间曲线 $e(x)$ 由无穷多个平面曲线 $C_1W_1(x)$、$C_2W_2(x)$、$\cdots$ 组成，这些平面曲线不在同一平面内，它们分别与 xOy 平面的夹角为 α_1，α_2，$\cdots$，见图 8-12(c)~图 8-12(e)。

将式(8-18)代入式(8-15)得

$$EI\frac{\partial^4 w(x,t)}{\partial \tau^4} + m\frac{\partial^2 w(x,t)}{\partial t^2} = m\omega^2 \mathrm{e}^{\mathrm{j}\omega t}\sum_{j=1}^{\infty} C_j\mathrm{e}^{\mathrm{i}\alpha_j}W_j(x) \tag{8-19}$$

对于受迫振动的特解为

$$w(x,t) = \mathrm{e}^{\mathrm{i}\omega t}\sum_{j=1}^{\infty}\frac{\omega^2}{\omega_{nj}^2 - \omega^2}C_j\mathrm{e}^{\mathrm{i}\alpha_j}W_j(x) \tag{8-20}$$

式中，$\omega_{nj} = \left(\dfrac{j\pi}{l}\right)^2 \sqrt{\dfrac{EI}{m}}$ 为转子第 j 阶临界转速。

式(8-20)对于分析柔性转子的动平衡具有重要意义，它反映了原始不平衡量与动挠度之间的关系，由此可以了解柔性转子变形的一些重要持性。

柔性转子动平衡特性有：

(1) 转子动挠度曲线是一条由各阶振型函数叠加起来的空间曲线，各阶主振型成分并不在同一平面内，它们之间存在着相位差。

(2) 转子动挠度曲线的形状随转速而变化。当转速接近某阶临界速度时，式(8-20)表明该阶振型分量趋于无穷大。当转子在某阶临界转速下运转时，转子变形主要是该阶振型的形状，其他阶振型的分量是次要的，这就是振型分离的原理。另外，当转子的转速恒定时，动挠度曲线的形状保持不变，并随着转子一起绕几何旋转轴线同步旋转。

(3) 忽略阻尼影响情况下，式(8-20)中转子动挠度曲线各阶振型分量幅值，与式(8-18)同阶不平衡量的谐和分量幅值相差一个倍率 $\omega^2/(\omega_{nj}^2 - \omega^2)$，相位相同(当 $\omega < \omega_{nj}$)或相差 π (当 $\omega > \omega_{nj}$)。有阻尼情况下，动挠度曲线中的各阶分量与同阶不平衡量分量之间存在着相位差，而且不同阶的相位差也不同。

(4) 根据振型函数的正交性，可以推论转子第 j 阶主振动仅仅是由不平衡量的第 j 阶分量产生的，其他各阶不平衡量的谐和分量不激起第 j 阶主振动。这一结论为柔性转子动平衡指出了基本途径，即将转子依次驱动至各阶临界转速附近，使转子的变形呈现相应的各阶主振型，由于各阶主振动均由同阶不平衡量激起，因此可以通过依次测量各阶主振动来消除各阶不平衡量。这就是柔性转子振型平衡的基本原理。

8.4 柔性转子的平衡条件

假设在 m 个平衡面上分别施加 m 个集中校正量 $\boldsymbol{V}_1$、$\boldsymbol{V}_2$、$\cdots$、$\boldsymbol{V}_m$，使柔性转子达到动平衡。因此，要求构造一个使转子支承动反力为零的自相平衡的离心惯性力系，该力系包括 m 个校正量所产生的惯性力、原始不平衡量 $e(x)$ 及转子动挠度 $\boldsymbol{w}(x)$ 所产生的不平衡离心惯性力 $\boldsymbol{G}_f(x) = m\omega^2\boldsymbol{w}(x) + m\omega^2 e(x)$。如果转子在柔性平衡之前进行过刚性动平衡，则上述离心惯性力系还包括刚性动平衡校正量 $\boldsymbol{V}_{\mathrm{I}}$、$\boldsymbol{V}_{\mathrm{II}}$ 所产生的惯性力。因此，所施加的 m 个校正量首先应该满足下列力和力矩平衡方程

$$\int_0^l m(x)\boldsymbol{w}(x)\mathrm{d}x + \int_0^l \boldsymbol{v}(x)\mathrm{d}x + \sum_{j=1}^{\mathrm{II}} \boldsymbol{V}_j + \sum_{k=1}^{m} \boldsymbol{V}_k = 0 \qquad (8\text{-}21)$$

$$\int_0^l m(x) x \boldsymbol{w}(x)\mathrm{d}x + \int_0^l \boldsymbol{v}(x) x \mathrm{d}x + \sum_{j=\mathrm{I}}^{\mathrm{II}} x_j \boldsymbol{V}_j + \sum_{k=1}^m x_k \boldsymbol{V}_k = 0 \quad (8-22)$$

不仅如此,柔性转子动平衡还要求所施加校正量能够消除由原始不平衡量所产生的弹性变形,即消除转子内的动应力。一般来说,刚性动平衡的校正量 $\boldsymbol{V}_\mathrm{I}$、$\boldsymbol{V}_\mathrm{II}$ 紧靠支承面,所产生的弯矩很小,由此引起的转子变形也很小,可忽略不计。因此,进行柔性转子动平衡所施加的 m 个校正量 $\boldsymbol{V}_1$、$\boldsymbol{V}_2$、$\cdots$、$\boldsymbol{V}_m$ 还应满足的条件是:由 m 个校正量和原始不平衡量 $e(x)$ 共同产生的动挠度为零,即

$$\boldsymbol{w}(x) = 0 \quad (8-23)$$

概括起来就是,欲使柔性转子达到动平稳,所施加的 m 个校正量必须同时满足式(8-21)~式(8-23)。在满足式(8-23)的基础上,注意到式(8-11)的关系,则将式(8-21)和式(8-22)简化为

$$\sum_{k=1}^m \boldsymbol{V}_k = 0 \quad (8-24)$$

$$\sum_{k=1}^m x_k \boldsymbol{V}_k = 0 \quad (8-25)$$

因此,柔性转子动平稳所施加的 m 个不平衡量必须同时满足式(8-23)~式(8-25)。

下面讨论式(8-23)所包含的对 $\boldsymbol{V}_1$、$\boldsymbol{V}_2$、$\cdots$、$\boldsymbol{V}_m$ 的基本要求内容。

设由原始不平衡量 $\boldsymbol{v}(x)$ 产生的动挠度为 $w_v(x)$,由校正量 $\boldsymbol{V}_1$、$\boldsymbol{V}_2$、$\cdots$、$\boldsymbol{V}_m$ 产生的动挠度为 $w_m(x)$,则

$$\boldsymbol{w}(x) = \boldsymbol{w}_v(x) + \boldsymbol{w}_m(x) \quad (8-26)$$

其中,$\boldsymbol{w}_v(x)$ 已在式(8-20)中给出,即

$$\boldsymbol{w}_v(x,t) = \mathrm{e}^{\mathrm{i}\omega t} \sum_{j=1}^\infty \frac{\omega^2}{\omega_{nj}^2 - \omega^2} C_j \mathrm{e}^{\mathrm{i}\alpha_j} W_j(x)$$

上式中之所以把 $\boldsymbol{w}_v(x)$ 表示成 $\boldsymbol{w}_v(x,t)$,是因为变形曲线与转子同步旋转。设

$$C_j \mathrm{e}^{\mathrm{i}\alpha_j} = \overline{\boldsymbol{C}}_j \quad (8-27)$$

则有

$$\boldsymbol{w}_v(x,t) = \mathrm{e}^{\mathrm{i}\omega t} \sum_{j=1}^\infty \frac{\omega^2}{\omega_{nj}^2 - \omega^2} \overline{\boldsymbol{C}}_j W_j(x) \quad (8-28)$$

下面讨论 $\boldsymbol{w}_m(x,t)$。

如图 8-17 所示,设在转子的 x_k 截面处施加一个校正量 $\boldsymbol{V}_k$,它产生的离心

惯性力为 $\omega^2 V_k$，此向量与 xOy 平面夹角为初相角 β_k，且与转子同步旋转。故可写成

$$\mathrm{e}^{\mathrm{i}\omega t}\omega^2 V_k = \omega^2 \mathrm{e}^{\mathrm{i}\beta_k} V_k \mathrm{e}^{\mathrm{i}\omega t} \tag{8-29}$$

将其作为外激振力施加于转子，只考虑受迫振动部分，则转子响应 $\boldsymbol{w}_{mk}$ 可引用第4章方法，于是 $\boldsymbol{w}_{mk}(x,t)$ 可以写成

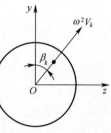

图 8-17 校正量位置

$$w_{mk} = \sum_{j=1}^{\infty} \frac{W_j(x) W_j(x_k)}{M_j \omega_{nj}} \int_0^t \omega^2 \mathrm{e}^{\mathrm{i}\beta_k} V_k \mathrm{e}^{\mathrm{i}\omega\tau} \sin\omega_{nj}(t-\tau)\mathrm{d}\tau$$

$$= \sum_{j=1}^{\infty} \frac{W_j(x) W_j(x_k)}{M_j \omega_{nj}} \omega^2 \mathrm{e}^{\mathrm{i}\beta_k} V_k \int_0^t \mathrm{e}^{\mathrm{i}\omega\tau} \frac{\mathrm{e}^{\mathrm{i}\omega_{nj}(t-\tau)} - \mathrm{e}^{-\mathrm{i}\omega_{nj}(t-\tau)}}{2i}\mathrm{d}\tau$$

$$= \sum_{j=1}^{\infty} \frac{\omega^2}{\omega_{nj}^2 - \omega^2} \frac{\mathrm{e}^{\mathrm{i}\beta_k} V_k}{M_j} W_j(x_k) W_j(x) \mathrm{e}^{\mathrm{i}\omega t}$$

$$\tag{8-30}$$

式中，$M_j = \int_0^l m(x) W_j^2 \mathrm{d}x$。 $\tag{8-31}$

令 $\mathrm{e}^{\mathrm{i}\beta_k} V_k = V_k$，式(8-30)改写为

$$w_{mk} = \mathrm{e}^{\mathrm{i}\omega t} \sum_{j=1}^{\infty} \frac{\omega^2}{\omega_{nj}^2 - \omega^2} \frac{V_k}{M_j} W_j(x_k) W_j(x) \tag{8-32}$$

上式是由第 k 个校正量产生的动挠度曲线，将 m 个校正量产生的动挠度叠加，有

$$\boldsymbol{w}_m = \sum_{k=1}^{m} \boldsymbol{w}_{mk} = \mathrm{e}^{\mathrm{i}\omega t} \sum_{k=1}^{m} \sum_{j=1}^{\infty} \frac{\omega^2}{\omega_{nj}^2 - \omega^2} \frac{V_k}{M_j} W_j(x_k) W_j(x) \tag{8-33}$$

将式(8-33)和式(8-28)代入式(8-26)，据式(8-23)令其为零，得

$$\boldsymbol{w}(x,t) = \boldsymbol{w}_v(x,t) + \boldsymbol{w}_m(x,t) = \mathrm{e}^{\mathrm{i}\omega t} \sum_{j=1}^{\infty} \frac{\omega^2}{\omega_{nj}^2 - \omega^2} \left[\frac{1}{M_j} \sum_{k=1}^{m} V_k W_j(x_k) + \overline{C}_j \right] W_j(x) = 0$$

由此得

$$\frac{1}{M_j} \sum_{k=1}^{m} V_k W_j(x_k) + \overline{C}_j = 0 \quad (j = 1,2,\cdots,\infty)$$

或整理为

$$\sum_{k=1}^{m} V_k W_j(x_k) = - M_j \overline{C}_j = - \overline{W}_j \quad (j = 1,2,\cdots,\infty) \tag{8-34}$$

式中，M_j 和 $\overline{C}_j$ 的意义分别在式(8-31)和式(8-27)中给出。记振型向量

$$\overline{W}_j = M_j \overline{C}_j \tag{8-35}$$

至此,得到了柔性转子动平衡所施加 m 个校正量应满足的基本条件,归纳如下:

$$\begin{cases} \sum_{k=1}^{m} V_k = 0 \\ \sum_{k=1}^{m} x_k V_k = 0 \\ \sum_{k=1}^{m} V_k W_1(x_k) = -\overline{W}_1 \\ \sum_{k=1}^{m} V_k W_2(x_k) = -\overline{W}_2 \\ \vdots \\ \sum_{k=1}^{m} V_k W_n(x_k) = -\overline{W}_n \\ \vdots \end{cases} \tag{8-36}$$

上式包括了两部分,前两个方程是刚性动平衡条件,第三个方程以后是各阶振型动平衡条件,即第三个方程是保证第一阶振型动平衡的条件,第四个方程是保证第二阶振型动平衡的条件,依此类推。由于柔性转子具有无穷多阶主振型,所以式(8-36)包含无穷多个方程式。

8.5 振型平衡法

柔性转子平衡理论是 20 世纪 60 年代形成的一种新的转子平衡理论,在这一理论基础上形成了振型平衡法或模态平衡法,因此也将柔性转子平衡理论称作模态平衡理论。

振型平衡法是根据振型分离的原理对柔性转子进行逐阶平衡的一种方法。根据前面的分析可知,转子在某一阶临界速度下旋转,其动挠度曲线主要是该阶的振型曲线,而该阶的振型曲线是同阶的不平衡的谐和分量唤起的。因此,在某一阶临界转速下平衡转子,就消除了该阶的离心惯性力的激振分量,从而消除了该阶主振动。

实际上,任何一个转子都只在某一阶临界转速以下工作,要保证转子在启动过程中通过临界转速时振动不要过大以及在工作转速下运转平稳,只需要平衡掉工作转速以下的各阶主振动。高于工作转速的各阶主振动被激起的成分很小,而且阶数越高,其比重越小,可忽略不计。一般情况下,超越 n 阶临界转速运行的转子,只需平衡掉前 $1\sim n$ 阶主振动。在平衡某阶主振动时,并不需要满足方程组(8-36)中的所有方程,应满足的方程的个数等于所平衡的主振动阶数加 2。同样,所需设置的平衡平面和校正量的个数也等于所平衡的主振动阶数加 2。例如,为了平衡掉第一阶主振型,只需满足方程组(8-36)中的前 3 个方程,设置 3 个平衡面,配加 3 个校正量,其余类推。

在柔性转子动平衡中,平衡平面位置的选择也是一个很重要的问题。平衡平面一般应选择在平衡效果显著,因而所需配加的校正量最小的位置,即选在振型曲线的波峰处而避免节点处。

图 8-18 给出了平衡平面的一般选取方法。对于一阶振型,通常取平衡平面为 1、3、5。实际上,平衡一阶振型要靠平面 3 内加的校正量,加在平衡面 1、5 内的校正量只是为了保证已经平衡好了的刚性平衡状态不被破坏。

下面介绍振型平衡法的一般步骤。

(1) 确定转子的临界转速、振型函数 W_1、W_2、… 以及平衡平面的位置。

转子的临界转速就是转子的各阶固有频率。对于一个复杂的轴系,用解析法求固有频率和振型函数往往是困难的,通常采用简化的近似方法,具体可参阅有关文献。

关于平衡平面的选择,除了按图 8-18 所示方法以外,工程上还应考虑轴构造和实验方面的需要,如选定的位置不适宜加重等。如图 8-19 所示,设轴的转速超过二阶临界转速。由于在平面 1、2、3、4 处均有轴肩,适宜加重或去重,所以选择此四处为平衡面。对于平衡一阶振型来说,平衡面 2、3 虽然不是 $W_1(x)$ 的峰值处,但靠近峰值,平衡效果满足要求。对于平衡二阶振型 $W_2(x)$,情况类似。

(2) 在低速下,一般取 $\omega < 0.3\omega_{n1}$,对转子进行刚性动平衡。其平衡面也可选端面 1 和 4。

(3) 在 $\omega \approx 0.9\omega_{n1}$ 的转速下,平衡一阶振型。所施加的配重 $V_1^{(1)} \sim V_4^{(1)}$ 应满足式(8-36)中前 4 个,即

$$\begin{cases} V_1^{(1)} + V_2^{(1)} + V_3^{(1)} + V_4^{(1)} = 0 \\ x_1 V_1^{(1)} + x_2 V_2^{(1)} + x_3 V_3^{(1)} + x_4 V_4^{(1)} = 0 \\ W_1(x_1) V_1^{(1)} + W_1(x_2) V_2^{(1)} + W_1(x_3) V_3^{(1)} + W_1(x_4) V_4^{(1)} = -\overline{W}_1 \\ W_2(x_1) V_1^{(1)} + W_2(x_2) V_2^{(1)} + W_2(x_3) V_3^{(1)} + W_2(x_4) V_4^{(1)} = 0 \end{cases}$$

(8-37)

式中,第 1 和第 2 式是保证前 2 步不破坏已经获得的刚性动平衡,第 3 式是消除一阶振型的条件,第 4 式表示所加的 4 个配重不影响第二阶振型。将 x_1,

x_2, x_3, x_4 以及相对应的振型 $W_1(x_1), \cdots, W_1(x_4); W_2(x_1), \cdots, W_2(x_4)$ 具体数值代入式(8-37)，可得

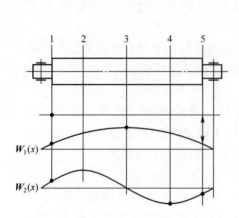

图 8-18　平衡平面的一般位置选择

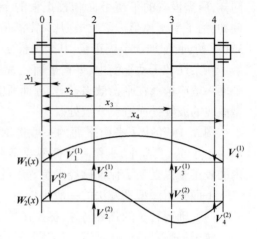

图 8-19　平衡平面的特殊位置选择

$$\begin{cases} V_1^{(1)} = a_1 \overline{W}_1 \\ V_2^{(1)} = a_2 \overline{W}_1 \\ V_3^{(1)} = a_3 \overline{W}_1 \\ V_4^{(1)} = a_4 \overline{W}_1 \end{cases} \tag{8-38}$$

由上式可知：①所需加的 4 个配重应在同一平面，此平面即 $\overline{W}_1$ 所在的平面，亦即 C_1 所在的平面，式(8-27)表明，此平面也就是第一阶振型所在的平面；②4 个配重必须符合一定的比例关系。

(4) 试加法确定校正量大小和相位。

首先在不加配重的情况下开车达到转速 $\omega \approx 0.9\omega_{n1}$，稳定运转，记录下轴承振动量的大小和相位 A_0，A_0 可取为一个轴承的振动量或多个轴承振动量的平均值；然后在过 x 轴的任一平面内，按式(8-38)所表示的比例加上总量为 P_1 的一组试加配重 $\widetilde{V}_1^{(1)} \sim \widetilde{V}_4^{(1)}$，再开车达到与加重前一样的转速，记录下振动量 A_1。根据 A_0 和 A_1 计算试重的效应系数 α_1：

$$\alpha_1 = \frac{A_1 - A_0}{P_1} \tag{8-39}$$

该式的意义从图 8-20 可以看出。设 $A_1 - A_0 = B_1$，它是总加重 P_1 所产生的

振动。α_1 是一个向量,它的大小为 $\dfrac{|A_1 - A_0|}{|P_1|} = \dfrac{|B_1|}{|P_1|}$,表示单位总加重所产生的振动量的大小。$\alpha_1$ 的相位表示试加配重 P_1 与加重所产生的振动量 B_1 之间的相位差,如图 8-20 所示。

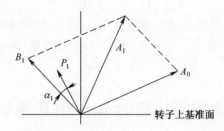

图 8-20 校正量的大小和相位位置关系

现在,假设在转子上加总配重为 Q_1,根据 α_1 的意义,则由 Q_1 产生的振动量 B_2 应为 $B_2 = \alpha_1 Q_1$。这时,轴承上产生的振动量 A_2,应有 $A_2 = A_0 + B_1 = \alpha_1 Q_1 + A_0$。若 Q_1 施加得恰好使一阶振型平衡,则 $A_2 = 0$,此时 $\alpha_1 Q_1 + A_0 = 0$,则得

$$Q_1 = -\dfrac{A_0}{\alpha_1} = \dfrac{A_0}{A_0 - A_1} P_1 \tag{8-40}$$

因此在 1~4 各平衡面,应加的校正量 $V_1^{(1)} \sim V_4^{(1)}$ 分别为

$$V_i^{(1)} = \dfrac{A_0}{A_0 - A_1} \dfrac{a_i}{\sum\limits_{i=1}^{4} a_i} P_1 \quad (i = 1,2,3,4) \tag{8-41}$$

(5) 在 $\omega \approx 0.9\omega_1$ 的转速下,平衡第二阶振型。这时所施加的 4 个配重 $V_1^{(1)} \sim V_4^{(1)}$ 应满足如下关系式:

$$\begin{cases} V_1^{(2)} + V_2^{(2)} + V_3^{(2)} + V_4^{(2)} = 0 \\ x_1 V_1^{(2)} + x_2 V_2^{(2)} + x_3 V_3^{(2)} + x_4 V_4^{(2)} = 0 \\ W_1(x_1) V_1^{(2)} + W_1(x_2) V_2^{(2)} + W_1(x_3) V_3^{(2)} + W_1(x_4) V_4^{(2)} = 0 \\ W_2(x_1) V_1^{(2)} + W_2(x_2) V_2^{(2)} + W_2(x_3) V_3^{(2)} + W_2(x_4) V_4^{(2)} = -\overline{W}_2 \end{cases}$$
$$\tag{8-42}$$

同样,式(8-42)中,第一和第二式是为了不破坏经过刚性平衡和一阶平衡获得的刚体平衡状态,第三式是所施加的 4 个配重 $V_1^{(1)} \sim V_4^{(1)}$ 不影响已经获得的一阶振型的平衡的条件,第四式是二阶振型的平衡条件。由式(8-42),解得

$$\begin{cases} V_1^{(2)} = b_1\overline{W}_2 \\ V_2^{(2)} = b_2\overline{W}_2 \\ V_3^{(2)} = b_3\overline{W}_2 \\ V_4^{(2)} = b_4\overline{W}_2 \end{cases} \quad (8-43)$$

(6) 试加法确定二阶校正量的大小和相位,方法与步骤(4)类似。

用振型平衡法平衡后,转子上存在二组校正量,它们分别在不同的相位上。

8.6 求临界转速的 Riccati 传递矩阵法

第 5 章介绍了传递矩阵法,该法具有程序简单、机时少、占用内存小等优点,尤其适合于轴系类转子系统的动力学建模。其中,Riccati 法是对传统的传递矩阵法的一种改进,提高了计算精度与数值稳定性,适合汽轮机转子等大型轴系的动力学分析。下面介绍 Riccati 传递矩阵法求临界转速的基本步骤。

如图 8-21 所示汽轮机转子系统的集总化力学模型。图中,转子集总质量 $m_1, m_2, \cdots, m_N$,N 为集总化圆盘数。设集总化弹性支撑为 m 个,第 j 个轴承座支撑总刚度为

$$K_{sj} = \frac{K_j(K_{bj} - m_{bj}\Omega^2)}{K_j + K_{bj} - m_{bj}\Omega^2}, j = 1, 2, \cdots, m \quad (8-44)$$

式中,K_{bj}、m_{bj} 为轴承座刚度与参振质量,K_j 为油膜刚度;Ω 为转子的涡动角速度,同步进动时取 $\Omega = \omega$,ω 为转子的工作角速度。

设截面状态向量列阵 Z_i,它由截面的径向位移 x_i、挠角 α_i、弯矩 M_i 和剪力 Q_i 的幅值所组成。将 Z_i 的 k 个元素数分成 f 和 e 两组,即

$$Z_i = \begin{Bmatrix} f \\ e \end{Bmatrix}_i, i = 1, 2, \cdots, N \quad (8-45)$$

式中,f 由对应于在起始截面状态向量 Z_1 中具有零值的 $k/2$ 个元素组成;e 由其余的 $k/2$ 个互补元素组成。例如,对于图 8-21 中的转子,左端为自由端,有边界条件弯矩 $M_1 = 0$,剪力 $Q_1 = 0$。故有

$$f_i = \begin{Bmatrix} M \\ Q \end{Bmatrix}_i, e_i = \begin{Bmatrix} X \\ A \end{Bmatrix}_i$$

相邻两个截面的状态向量之间的关系为

$$\begin{Bmatrix} f \\ e \end{Bmatrix}_{i+1} = \begin{bmatrix} u_{11} & u_{12} \\ u_{21} & u_{22} \end{bmatrix}_i \begin{Bmatrix} f \\ e \end{Bmatrix}_i \quad (8-46)$$

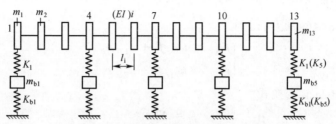

图 8-21 四跨转子系统的集总化力学模型

对于图 8-22 所示的第 i 个圆盘—轴段组合构件,写出式(8-46)传递矩阵的变换分量为

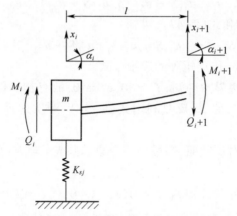

图 8-22 圆盘—轴段组合构件受力分析

$$\boldsymbol{u}_{11i} = \begin{bmatrix} 1 & l \\ 0 & 1 \end{bmatrix}_i$$

$$\boldsymbol{u}_{12i} = \begin{bmatrix} l(m\omega^2 - K_{sj}) & (I_p - I_d)\omega^2 \\ m\omega^2 - K_{sj} & 0 \end{bmatrix}_i$$

$$\boldsymbol{u}_{21i} = \begin{bmatrix} l^2/2EI & l^3/6EI(1-v) \\ l/EI & l^2/2EI \end{bmatrix}_i$$

$$\boldsymbol{u}_{22i} = \begin{bmatrix} 1 + l^3/6EI(1-v)(m\omega^2 - K_{sj}) & l + l^2/2EI(I_p - I_d) \\ l^2/2EI(m\omega^2 - K_{sj}) & 1 + l/EI(I_p - I_d)\omega^2 \end{bmatrix}_i$$

式中, m 为圆盘质量; i 为集总化圆盘质量序号; I_p、I_d 为圆盘的直径转动惯量和极转动惯量; l 为轴段的长度; EI 为轴的抗弯刚度, E 为材料弹性模量, I 为截面矩; v 为考虑剪切影响的系数, $v = 6EI/(k_t GAl^2)$, G 为材料剪切模量, A 为截面积, k_t 为截面系数(实心圆轴为 0.886,薄壁空心轴约为 2/3); K_{sj} 为轴

承座支撑总刚度。

将式(8-46)展开,得到

$$\begin{cases} f_{i+1} = u_{11i} f_i + u_{12i} e_i \\ e_{i+1} = u_{21i} f_i + u_{22i} e_i \end{cases} \quad (8-47)$$

引入 Riccati 变换式

$$f_i = S_i e_i \quad (8-48)$$

式中,S_i 称为 Riccati 矩阵,它是一个 $k/2 \times k/2$ 的方阵。将上式代入式(8-47),得

$$e_i = [u_{21} S + u_{22}]_i^{-1} e_{i+1} \quad (8-49)$$

$$f_{i+1} = [u_{11} S + u_{12}]_i [u_{21} S + u_{22}]_i^{-1} e_{i+1} \quad (8-50)$$

对比式(8-46)和式(8-47),可知

$$S_{i+1} = [u_{11} S + u_{12}]_i [u_{21} S + u_{22}]_i^{-1} \quad (8-51)$$

上式就是 Riccati 传递矩阵的递推公式。

由起始截面的边界条件知,$f_1 = 0, e_1 \neq 0$,故有初始值 $S_1 = 0$。在已知 $u_{11}, u_{12}, u_{21}, u_{22}$ 的条件下,反复利用式(8-51),顺次递推,就可得到 $S_2, S_3, \cdots, S_{N+1}$。

对于转子的最右端截面,即最后一个集总圆盘 $i = N$,则有

$$f_{N+1} = S_{N+1} e_{N+1} \quad (8-52)$$

由转子右端边界条件知 $f_{N+1} = 0, e_{N+1} \neq 0$,代入式(8-52)得非零解的条件为

$$|S|_{N+1} = \begin{vmatrix} S_{11} & S_{12} \\ S_{21} & S_{22} \end{vmatrix}_{N+1} = 0 \quad (8-53)$$

该式就是待求的转子系统频率方程。将式(8-53)采用频率扫描法求解,即在所研究的转速范围内,以一定的步长选取试算频率,用式(8-51)递推,计算剩余量 $|S|_{N+1}$ 值,绘出如图 8-23 所示的传递矩阵剩余量幅频变化曲线,即 $|S|_{N+1} \sim \omega$ 曲线,该曲线与横坐标的交点就是待求的各阶临界角速度 $\omega_{n1}, \omega_{n2}, \cdots, \omega_{nN}$。

例 8-4 如图 8-21 所示的一个四跨转子系统,采用集总化模型,不计各节点圆盘的旋转效应和摆动惯性。已知: $m_1 = m_{13} = 2940 \text{kg}, m_i = 5880 \text{kg}$,$l_i = 1.3 \text{m}, i = 2, 3, \cdots, 12, l_i/(EI)_i = 2.9592 \times 10^{-6} (\text{kN} \cdot \text{m})^{-1}$;弹性支承参数 $m_{bj} = 3557 \text{kg}, K_j = 1.9600 \times 10^9 \text{N/m}, K_{bj} = 2.7048 \times 10^9 \text{N/m}, j = 1, 2, \cdots, 5$。试求转子系统的前四阶临界转速。

解 应用 MATLAB 语言编写的临界转速计算程序见第 9 章。运行后,计

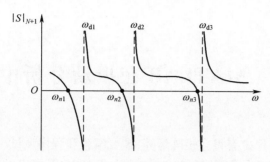

图 8-23 Riccati 传递矩阵剩余量幅频曲线

算机自动绘出剩余量 $|S|_{N+1}$ 的曲线图,如图 8-24 所示。求得前 4 阶临界转速计算结果分别为:195.2、197.4、212.2、222.2(rad/s)。

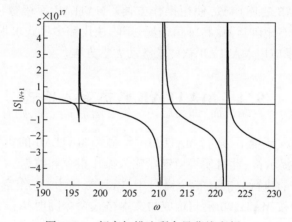

图 8-24 频率扫描法剩余量曲线实例

第9章 MATLAB在振动分析中的应用

机械振动课程中有很多矩阵运算,需要编程和程序调试,为初学者带来不少困难。MATLAB是美国MATHWOCK公司1976年推出的矩阵运算(Matrx Laboratory)软件包,经过不断更新和扩充,在Windows环境下运行,其功能包括一般数值运算、矩阵运算、数字信号分析、建模、系统控制和优化等应用程序,并有丰富的图形功能。在MATLAB环境下不需要按传统的方法编程,直接调用MATLAB的库函数,使用操作方便。MATLAB库函数内容很多,与振动分析相关的有矩阵运算、特征值问题、矩阵迭代和多项式求根等。作为本课程大作业,本章应用MATLAB软件求解动力学方程。

9.1 MATLAB数据输入格式

在Windows环境下,运行MATLAB后,显示MATLAB的指令窗口,并出现"》"输入命令提示符,此时便可由键盘输入操作指令和数据。

MATLAB的执行只能在指令窗口中进行,也称为"工作空间"。MATLAB对在指令窗中按MATLAB语句构成的文本格式命令随时执行,即每输入完一条命令,MATLAB就立即对其进行处理,并得出中间结果。如输入指令有错,立即给出出错信息。在运行中被定义的变量将被保留在工作空间中,直到被重新定义。

MATLAB语言中不必给出矩阵的维数和类型,它是由输入格式和内容自动决定的。因此,必须按其规定的格式输入。

输入小矩阵的一般方法是使用直接排列的形式。把矩阵的各元素按行的顺序排列在方括号"[ ]"中;每一行的各元素间用空格或逗号","分开。每输入完一行,回车或用分号";"隔开。

例如,有两种方法输入矩阵 $[A] = \begin{bmatrix} 1 & -2 & 5 \\ -5 & 2 & -13 \\ -1 & -2 & 3 \end{bmatrix}$

输入方法(一):各元素间用空格、每行用";"分开,回车。即

>>A=[1 -2 5;-5 2 -13; -1 -2 3]

结果为

A=
1 -2 5
-5 2 -13
-1 -2 3

输入方法(二):各元素间用",",每行用";"分开,回车。即

>>A=[1,-2 ,5;-5,2,-13;-1,-2,3]

结果为

A=
1 -2 5
-5 2 -13
-1 -2 3

以上两种输入方法所得结果相同。

[A]矩阵将一直被保留在工作空间内,可以调用。调用时只要输入A即可。矩阵中的每一个元素也可以被调用,例如矩阵元素A(2,2),操作方法为

>>A(2,2)

ans=
2

若键入 B=[1,2,3],则表示为一行向量,其输出为

B=
1 2 3

在Matlab语言中字母的大、小写可以表示不同的变量。如:键入

>>b=[2,3,5]

b=
2 3 5

显然,在MATLAB的工作空间中B与b是不同的变量。

9.2 矩 阵 运 算

MATLAB的矩阵算数运算特为:加"+"、减"-"、乘"*"、左除"/"、右除"\"。

(1) 矩阵转置 MATLAB语言中矩阵的转置用"'"表示,如

>>a=b'

a=

```
            2
            3
            5
>>c = a * B
c =
       2    4    6
       3    6    9
       5   10   15
```

（2）矩阵求逆　Matlab 语言中矩阵的求逆通过调用 inv(s) 库函数来实现，其中 s 为待求逆的矩阵。例如，欲求 [A] 矩阵的逆矩阵，MATLAB 语言为

```
>>inv(A)
ans =
       1.25     0.25    -1.00
      -1.75    -0.50    -0.75
      -0.75    -0.25     0.50
```

9.3　求特征值和特征向量

MATLAB 求特征值和特征向量是通过调用 eig(s) 库函数实现的。

调用方法为：[ev,ed] = eig(s)，其中 ev 为矩阵 s 的特征向量矩阵；而 ed 为该矩阵的特征值矩阵，特征值矩阵的主对角元素为 s 矩阵的特征值。求得的特征向量矩阵的每一列对应与特征值矩阵同一列的特征值。但是，应该注意的是特征值的排列顺序不一定按从小到大的顺序排列。

对于第三章图 3-7 所示的三自由度振动系统，已知质量矩阵 $[M]$ 和刚度矩阵 $[K]$，可以构造一个标准特征矩阵 $[P]=[M]^{-1}[K]$，将振动特征方程式(3-55)换算成标准特征方程式(3-54)，而频率值 ω_n^2 相当于特征值 λ。

首先输入质量矩阵 $[M]$ 为

```
>> M =[1 0 0;0 2 0;0 0 3]——输入质量矩阵
M =
       1   0   0
       0   2   0
       0   0   3
```

再输入刚度矩阵 $[K]$ 为

```
>> K =[3 -2 0;-2 5 -3;0 -3 3]——输入刚度矩阵
```

K =

    3   -2   0
    -2   5   -3
    0   -3   3

\>\>P = inv(M) * K——形成标准特征矩阵 [P]

P =

    1.0000   -2.0000   -5.0000
    -2.5000   1.0000   -6.5000
    -0.3333   -0.6667   1.0000

\>\>[ev,ed] = eig(w)——求解特征向量 {u} 和特征值 ω_n^2

ev =

    -0.8105   -0.8165   0.4176
    0.5617   -0.4082   0.6026
    -0.1659   0.4082   0.6801

ed =

    4.3860   0   0
    0   2.0000   0
    0   0   0.1440

以上仅仅介绍了 MATLAB 的基本操作。由此可见,MATLAB 的矩阵运算非常简便,此外还有强大的三维绘图与动态仿真功能。注意,以上特征值(频率)显示结果由大到小排列,对应的特征向量(振型)也是由高阶到低阶排列,振型阶数等于节点数加一。

9.4 模态分析法求解多自由度振动方程

例 9-1 如图 3-13 所示一个有阻尼的三自由度受迫振动系统,已知质量 m_1、m_2、m_3,刚度 k_1、k_2、k_3,阻尼 ξ_1、ξ_2、ξ_3,参考表 1 取值。初始条件取 $x_{30} = 0.01$,$x_{10} = x_{20} = 0$,$\dot{x}_{20} = 0.2$,$\dot{x}_{10} = \dot{x}_{30} = 0$。试求:(a)无阻尼系统的固有频率、振型和自由振动响应;(b)假设中间质量 m_2 上作用简谐激振力 $f_2 = 10.0\sin\omega t$,取激振频率 $\omega = 1.25\sqrt{k_2 m_2}$,求无阻尼系统的受迫振动响应和位移总响应函数;(c)求有阻尼系统的受迫振动响应和位移总响应函数。

表 9-1 三自由度振动系统参数表(每人选取一组,不重复)

序号	m_1	m_2	m_3	k_1	k_2	k_3	ξ_1	ξ_2	ξ_3	说明
1#	1	2	3	1	2	3	0.02	0.02	0.02	示 范
自选	1	2	3	1	2	3	0.02	0.02	0.02	计算参数

MATLAB 编译程序(一)

```
function shili02(m1,m2,m3,k1,k2,k3,x10,x20,x30,f1,f2,f3,w,x100,x200,x300)
    m1=1;m2=2;m3=3;
    k1=1;k2=2;k3=3;
    x10=0;x20=0;x30=0.01;
    x100=0;x200=0.2;x300=0;
    M=[m1,0,0;0,m2,0;0,0,m3]    % 质量矩阵 M
    K=[k1+k2,-k2,0;-k2,k2+k3,-k3;0,-k3,k3]    % 刚度矩阵 K
    A=inv(K) % 柔度矩阵 A
    [u,wn2]=eig(inv(M)*K);    % 解特征向量矩阵和特征值矩阵
    u11(:,1)=u(:,3);
    u11(:,2)=u(:,2);
    u11(:,3)=u(:,1);    % 矩阵的重新排列
    U(:,1)=u11(:,1)/u11(1,1);
    U(:,2)=u11(:,2)/u11(1,2);
    U(:,3)=u11(:,3)/u11(1,3)    % 振型矩阵的归一化
    wn21=wn2(3,3)
    wn22=wn2(2,2)
    wn23=wn2(1,1)
    data=wn2^0.5;% 固有频率
    wn1=data(3,3);
    wn2=data(2,2);
    wn3=data(1,1);
    wn=[wn1 0 0;0 wn2 0;0 0 wn3]
    U1=inv(U);
    y0=U1*[x10,x20,x30]'
    y00=U1*[x100,x200,x300]'
    M1=U'*M*U    % 主质量矩阵
    K1=U'*K*U    % 主刚度矩阵
    j=1:3;
    uz(:,j)=U(:,j)/(M1(j,j))^0.5    % 正则振型矩阵
```

```
f1=0;f2=2;f3=0;
f=[f1;f2;f3]
Fz=uz'*f    % 激振力的正则化
w=1.25*sqrt(k2/m2)
b1=1/abs(1-w^2/wn1^2)
b2=1/abs(1-w^2/wn2^2)
b3=1/abs(1-w^2/wn3^2)
n1=Fz(1)/K1(1,1)*b1
n2=Fz(2)/K1(2,2)*b1
n3=Fz(3)/K1(3,3)*b1  % 受迫振动的幅值
t=0:0.001:150;
Y1=y0(1)*cos(wn1*t)+((y00(1)/wn1)-n1*(w/wn1))*sin(wn1*t)+n1*sin(w*t);
Y2=y0(2)*cos(wn2*t)+((y00(2)/wn2)-n2*(w/wn2))*sin(wn2*t)+n2*sin(w*t);
Y3=y0(3)*cos(wn3*t)+((y00(3)/wn3)-n3*(w/wn3))*sin(wn3*t)+n3*sin(w*t);   % 正则坐标下的振动响应
X1=Y1*uz(1,1)+Y2*uz(1,2)+Y3*uz(1,3);
X2=Y1*uz(2,1)+Y2*uz(2,2)+Y3*uz(2,3);
X3=Y1*uz(3,1)+Y2*uz(3,2)+Y3*uz(3,3);   % 原坐标下总振动响应
figure(1)
plot(t,X1,'k:',t,X2,'b',t,X3,'r--');
xlabel('t(s)')
set(get(gca,'xlabel'),'fontsize',20)
ylabel('X(m)')
set(get(gca,'ylabel'),'fontsize',20)
set(gca,'fontsize',20)
title('名字','fontsize',35)
legend('虚线 X1','实线 X2','点划线 X3')
grid on
hold on
t=0:0.001:100;
r1=w/wn1;
r2=w/wn2;
r3=w/wn3;
Yz1=Fz(1)*sin(w*t)/(wn1^2*(1-r1^2));
Yz2=Fz(2)*sin(w*t)/(wn2^2*(1-r2^2));
```

```
Yz3=Fz(3)*sin(w*t)/(wn3^2*(1-r3^2));
Xz1=Yz1*uz(1,1)+Yz2*uz(1,2)+Yz3*uz(1,3);
Xz2=Yz1*uz(2,1)+Yz2*uz(2,2)+Yz3*uz(2,3);
Xz3=Yz1*uz(3,1)+Yz2*uz(3,2)+Yz3*uz(3,3);
figure(2)
plot(t,Xz1,'k:',t,Xz2,'b',t,Xz3,'r--');
xlabel('t(s)')
set(get(gca,'xlabel'),'fontsize',20)
ylabel('X(m)')
set(get(gca,'ylabel'),'fontsize',20)
set(gca,'fontsize',20)
title('名字','fontsize',35)
legend('虚线 X1','实线 X2','点划线 X3')
grid on
hold on
s=0.1;
c1=2*m1*s;
c2=2*m2*s;
c3=2*m3*s;
c=[c1+c2,-c2,0;-c2,c2+c3,-c3;0,-c3,c3];
cz=uz'*c*uz;
Cn=diag(cz)
wd1=wn1*sqrt(1-s^2);
wd2=wn2*sqrt(1-s^2);
wd3=wn3*sqrt(1-s^2);
nz1=y0(1)*cos(wd1*t)+(y00(1)+s*wn1*y0(1))*sin(wd1*t)/wd1;
nz2=y0(2)*cos(wd2*t)+(y00(2)+s*wn1*y0(2))*sin(wd2*t)/wd2;
nz3=y0(3)*cos(wd3*t)+(y00(3)+s*wn1*y0(3))*sin(wd3*t)/wd3;
bs1=Fz(1,1)/K(1,1);
bs2=Fz(2,1)/K(2,2);
bs3=Fz(3,1)/K(3,3);
bn1=bs1/sqrt((1-r1^2)^2+(2*s*r1)^2);
bn2=bs2/sqrt((1-r2^2)^2+(2*s*r2)^2);
bn3=bs3/sqrt((1-r3^2)^2+(2*s*r3)^2);
v1=atan((2*s*r1)/(1-(r1)^2));
v2=atan((2*s*r2)/(1-(r2)^2));
v3=atan((2*s*r3)/(1-(r3)^2));
```

```
z1=sin(v1)*cos(wd1*t)+(s*wn1*sin(v1)-w*cos(v1))*sin(wd1*t)/wd1;
z2=sin(v2)*cos(wd2*t)+(s*wn2*sin(v1)-w*cos(v2))*sin(wd2*t)/wd2;
z3=sin(v3)*cos(wd3*t)+(s*wn3*sin(v1)-w*cos(v3))*sin(wd3*t)/wd3;
q1=bn1*sin(w*t-v1);
q2=bn2*sin(w*t-v2);
q3=bn3*sin(w*t-v3);
y1=exp(-s*wn1*t).*nz1+bn1.*exp(-s*wn1*t).*z1+q1;
y2=exp(-s*wn2*t).*nz2+bn2.*exp(-s*wn2*t).*z2+q2;
y3=exp(-s*wn3*t).*nz3+bn3.*exp(-s*wn3*t).*z3+q3;
x1=y1*uz(1,1)+y2*uz(1,2)+y3*uz(1,3);
x2=y1*uz(2,1)+y2*uz(2,2)+y3*uz(2,3);
x3=y1*uz(3,1)+y2*uz(3,2)+y3*uz(3,3);
figure(3)% 总响应曲线
plot(t,x1,'k:',t,x2,'b',t,x3,'r--');
xlabel('t(s)')
set(get(gca,'xlabel'),'fontsize',20)
ylabel('X(m)')
set(get(gca,'ylabel'),'fontsize',20)
set(gca,'fontsize',20)
title('名字','fontsize',35)
legend('虚线 X1','实线 X2','点划线 X3')
grid on
hold on
bs1=1/((1-r1^2)^2+(2*s*r1)^2)^0.5;
bs2=1/((1-r2^2)^2+(2*s*r2)^2)^0.5;
bs3=1/((1-r3^2)^2+(2*s*r3)^2)^0.5;
vs1=atan(2*s*r1/(1-r1^2));
vs2=atan(2*s*r2/(1-r2^2));
vs3=atan(2*s*r3/(1-r3^2));
ys1=Fz(1)*bs1*sin(w*t-vs1)/wn1^2;
ys2=Fz(2)*bs2*sin(w*t-vs2)/wn2^2;
ys3=Fz(3)*bs3*sin(w*t-vs3)/wn3^2;
Xs1=ys1*uz(1,1)+ys2*uz(1,2)+ys3*uz(1,3);
Xs2=ys1*uz(2,1)+ys2*uz(2,2)+ys3*uz(2,3);
```

```
Xs3=ys1*uz(3,1)+ys2*uz(3,2)+ys3*uz(3,3);
figure(4)%受迫振动响应
plot(t,Xs1,'k:',t,Xs2,'b',t,Xs3,'r--');
xlabel('t(s)')
set(get(gca,'xlabel'),'fontsize',20)
ylabel('X(m)')
set(get(gca,'ylabel'),'fontsize',20)
set(gca,'fontsize',20)
title('学生名字','fontsize',35)
legend('虚线 X1','实线 X2','点画线 X3')
grid on
hold on
g1=(2*s*wn1*1.25)/(wn1^2-1.25^2);%以下为有阻尼稳态响应求解
g2=(2*s*wn2*1.25)/(wn2^2-1.25^2);
g3=(2*s*wn3*1.25)/(wn3^2-1.25^2);
Q1=atan(g1)
Q2=atan(g2)
Q3=atan(g3)%位移响应与激振力之间的相位差
B1=f1/k1;
B2=f2/k2;
B3=f3/k3;%固有角频率
XB1=B1/((1-r1^2)-(2*s*r1)^2)^0.5
XB2=B2/((1-r2^2)-(2*s*r2)^2)^0.5
XB3=B3/((1-r3^2)-(2*s*r3)^2)^0.5%受迫振动的幅值
```

9.5 传递矩阵法求柔性转子弯曲振动

例 9-2 如图 8-21 所示的一个五跨汽轮机转子系统,参数见例题 8-4,采用 Riccati 传递矩阵法求转子系统的前四阶临界转速。

MATLAB 编译程序(二)

(1) 调用函数:function y=q(w);

```
A=[1,1.3;0,1];
m1=2940;
m=5880;
L=1.3;
G=2.9592*10^(-9);
```

```
kj=1.96*10^9;
kbj=2.7048*10^9;
mbj=3577;
ksj=kj*(kbj-mbj*w*w)/(kj+kbj-mbj*w*w);
B1=[L*(m1*w*w-ksj),0;m1*w*w-ksj,0];
C=[L*G/2,L^2*G/6;G,L*G/2];
D1=[1+(L^2*G/6)*(m1*w*w-ksj),L;(L*G/2)*(m1*w*w-ksj),1];
S1=[0,0;0,0];
S2=(A*S1+B1)*inv(C*S1+D1);
B2=[L*m*w*w,0;m*w*w,0];
D2=[1+(L^2*G/6)*(m*w*w),L;(L*G/2)*(m*w*w),1];
S=S2;
for i=1:2
    S=(A*S+B2)*inv(C*S+D2);
end
S4=S;
B3=[L*(m*w*w-ksj),0;m*w*w-ksj,0];
D3=[1+(L^2*G/6)*(m*w*w-ksj),L;(L*G/2)*(m*w*w-ksj),1];
S5=(A*S4+B3)*inv(C*S4+D3);
S=S5;
for i=1:2
    S=(A*S+B2)*inv(C*S+D2);
end
S7=S;
S8=(A*S7+B3)*inv(C*S7+D3);
S=S8;
for i=1:2
    S=(A*S+B2)*inv(C*S+D2);
end
S10=S;
S11=(A*S10+B3)*inv(C*S10+D3);
S=S11;
for i=1:2
    S=(A*S+B2)*inv(C*S+D2);
end
S13=S;
A1=[1,0;0,1];
```

```
B4=[0,0;m1*w*w-ksj,0];
C1=[0,0;0,0];
D4=[1,0;0,1];
S14=(A1*S13+B4)*inv(C1*S13+D4);
y=det(S14)
```

(2) 主程序

```
a=ones(1,401);
b=a;
for w=190:0.1:230;
    a(round((w-190)*10+1))=w
    b(round((w-190)*10+1))=q(w)
end
plot(a,b);
title('姓名','fontsize',35)
hold on
plot(a,zeros(size(a)))
axis([190 230 -5*10^17 5*10^17])
zoom on
[aa yy]=ginput(4);zoom off
aa
[a1,y1,exitflag]=fzero('q',aa(1),[])
[a2,y2,exitflag]=fzero('q',aa(2),[])
[a3,y3,exitflag]=fzero('q',aa(3),[])
[a4,y4,exitflag]=fzero('q',aa(4),[])
xlabel('w');ylabel('y(w)');
title('姓名','fontsize',35)
hold off
grid on
```

9.6 有限元法求解悬臂梁的弯曲振动

例 9-3 如图 9-1 所示均质矩形截面悬臂梁,长度为 l,宽度 $b=0.02$m,高度 $h=0.05$m,弹性模量 $E=210$GPa,泊松比 $\mu=0.3$,密度 $\rho=7800$kg/m³。参考表 9-2 参数(不允许重复选数),

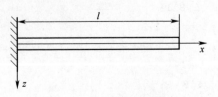

图 9-1 矩形截面悬臂梁

选取梁长度 $l=3\sim10$m,等长单元数分别取 $n=4$ 和 10。试应用 MATLAB 求解：(1)单元质量矩阵$[M^e]$、单元刚度矩阵$[K^e]$；(2)总质量矩阵和刚度矩阵,写出振动微分方程；(3)固有频率 ω_{ni},由小到大排列；(4)振型列矩阵 $\{u_i\}$,与固有频率一一对应；(5)振型示意图,绘图包括左端**固定节点**；(6)将固有频率与理论解析解或 ANSYS 软件计算结果比较,说明计算误差及其来源。

悬臂梁弯曲振动前 4~5 阶振型的有限元计算结果如图 9-2 所示。

表 9-2 悬臂梁有限元参数分组选取表

组别	l(m)	n(个)	b(m)	h(m)
1	3.0	4、10	0.02	0.05
2	4.5	4、10	0.02	0.05
自选	5	4、10	0.02	0.05

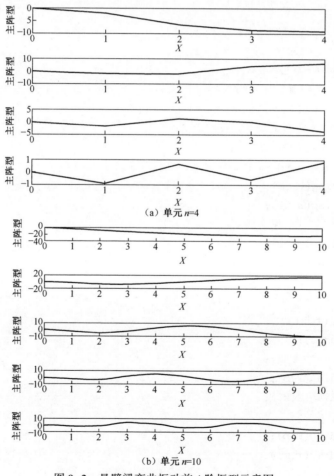

图 9-2 悬臂梁弯曲振动前 4 阶振型示意图

MATLAB 编译程序(三)

```
e=210000000000;
f=0.05;
h=0.02;
i=(f*h^3)/12;
ei=e*i;
L=5;
p=7800;
A=f*h;
pa=p*A;
n=4;                          % 此处n取两次值,分别为4和10
b=zeros(2); r=zeros(2);
l=L/n;
k1=(ei/1.^3)*[12 6*l -12 6*l;
    6*l 4*l*l -6*l 2*l*l;
    -12 -6*l 12 -6*l;
    6*l 2*l*l -6*l 4*l*l]
m1=(pa*l/420)*[156 22*l 54 -13*l;
    22*l 4*l*l 13*l -3*l*l;
    54 13*l 156 -22*l;
    -13*l -3*l*l -22*l 4*l*l]
c=blkdiag(k1,b);
d=blkdiag(r,k1);
k=c+d;
e=blkdiag(m1,b);
f=blkdiag(r,m1);
m=e+f;
t=3;
while (t<n+1)
b=zeros(2);
r=zeros(2*t-2);
c=blkdiag(k,b);
d=blkdiag(r,k1);
k=c+d;
e=blkdiag(m,b);
f=blkdiag(r,m1);
m=e+f;
```

```
t=t+1;
end
K=k
M=m
k(:,1)=[];k(:,2)=[];
k(1,:)=[];k(2,:)=[];
m(:,1)=[];m(:,2)=[];
m(1,:)=[];m(2,:)=[];
p=m\k;
[A,w2]=eig(p);
w=sqrt(w2);
n=1:1:8;
Wn=w(9-n,9-n)                    % 矩阵的重新排列
p=[];
H=m\k;
[u,d]=eig(H);
n=size(H);
for i=1:n
p(i)=d(i,i);
u(:,i)=u(:,i)/u(1,i);
end
for j=1:n-1
for i=j+1:n
if p(j)>p(i);
t=p(i);
p(i)=p(j);
p(j)=t;
q=u(:,i);
u(:,i)=u(:,j);
u(:,j)=q;
end
end
end
V=u;
t=1:1:8;
V(t,t)=V(9-t,9-t)
for i=1:n
```

```
j=2;
f=1;
while j<n+1
b(f,i)=u(j,i);
f=f+1;
j=j+2;
end
end
s=size(b,2)
q=zeros(1,s);
b=[q;b]
for i=1:4                                    %n取10时,此处取值为i=1:5,n取
                                             4时为i=1:4
figure(1)
xlabel('x')
subplot(4,1,i)                               %n取4时,此处为(4,1,i),n取10
                                             时,此处为(5,1,i)
plot(b(:,i))
set(gca,'xticklabel',{'0','1','2','3','4'})  %n取4时,此处取值为{'0','1','2','3',
                                             '4'},n取10时,此处取值为{'0','1','2
                                             ','3','4','5','6','7','8','9','10'}
ylabel('主阵型')
grid on
hold on
figure(2)
xlabel('x')
subplot(4,1,i)                               %n取4时,此处为(4,1,i),n取10
                                             时,此处为(5,1,i)
plot(b(:,i+4))                               %n取4时,此处取值为i+4,n取10
                                             时,此处取值为i+5
ylabel('主阵型')
set(gca,'xticklabel',{'0','1','2','3','4'})  %n取4时,此处取值为{'0','1','2','3',
                                             '4'},n取10时,此处取值为{'0','1','2
                                             ','3','4','5','6','7','8','9','10'}
grid on
hold on
end
```

第 9 章　MATLAB 在振动分析中的应用

```
i=1;
while  i<4                              % n 取 10 时,此处取值为 i<5,n 取 4
                                        时,此处取值为 i<4
V(:,i)=u(:,1)*((m(i,i)).^-0.5);
i=i+1;
end
```

附录　习题与参考答案

习题二

2-1 如图 t2-1 所示系统，设悬臂梁的自由端等效刚度分别为 k_1 和 k_3，弹簧的刚度分别为 k_2 和 k_4。试求系统的等效质量和等效刚度。

答：$m_e = m$；

$$k_e = \frac{k_{1,2,3} k_4}{k_{1,2,3} + k_4} = \frac{k_1 k_2 k_4 + k_1 k_3 k_4 + k_2 k_3 k_4}{k_1 k_2 + k_1 k_3 + k_1 k_4 + k_2 k_3 + k_2 k_4}$$

2-2 如图 t2-2 所示的系统，设集中质量 m 只作上下运动，m 位于弹簧 k_3 与 k_4 中央，弹簧 k_3 位于弹簧 k_1 与 k_2 中央，忽略刚棒的质量与惯性矩。试求系统微幅振动微分方程和固有角频率。

答：$\omega_n = \sqrt{\dfrac{k_e}{m}} = \sqrt{\dfrac{k_3(k_1 + k_2)x + k_4(k_1 + k_2 + k_3)}{m(k_1 + k_2 + k_3)}}$；

$$\ddot{x} + \frac{(k_1 + k_2)k_3 + (k_1 + k_2 + k_3)k_4}{(k_1 + k_2 + k_3)m} x = 0$$

2-3 如图 t2-3 所示系统，已知均匀刚杆质量为 m、长度为 l，在距左端 o 为 a 处设一支承点。试求刚杆对 o 点的等效质量。

答：$m_e = \dfrac{m(l^2 - 3al + 3a^2)}{3a^2}$

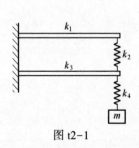

图 t2-1

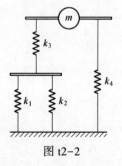

图 t2-2

2-4 如图 t2-4 所示系统，已知悬臂梁长度为 l，弯曲刚度为 EI。忽略梁的质量，试求该系统等效质量和等效刚度。

答：$k_e = \dfrac{k_1 k}{k_1 + k} = \dfrac{3EI \cdot k}{3EI + kl^3}$；$m_e = m$

2-5 如图 t2-5 所示一个固定滑轮起重系统。已知质量 m，弹簧刚度 k，滑轮绕中心 o 的转动惯量

246

J_o。假设绳索与滑轮间无摩擦,试写出系统微幅振动微分方程、等效质量和等效刚度。

答案:$\left(m + \dfrac{J_0}{r^2}\right)\ddot{x} + kx = 0$;$m_e = m + \dfrac{J_0}{r^2}$;$k_e = k$

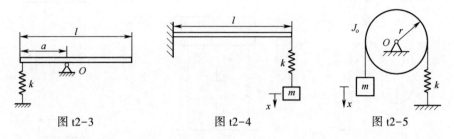

图 t2-3　　　　　　图 t2-4　　　　　　图 t2-5

2-6　如图 t2-6 所示系统,质体 m 由无质量刚杆连接,刚杆与弹簧 k 连接,且有三种不同支撑方式。刚杆以 θ 转角作微幅振动,试求系统的固有频率。

答案:(a) $\ddot{\theta} + \dfrac{mgl + a^2 k}{ml^2}\theta = 0$;$f = \dfrac{1}{2\pi}\sqrt{\dfrac{mgl + a^2 k}{ml^2}}$;(b) $\ddot{\theta} + \dfrac{a^2 k - mgl}{ml^2}\theta = 0$;$f = \dfrac{1}{2\pi}\sqrt{\dfrac{ka^2 - mgl}{ml^2}}$;

(c) $\ddot{\theta} + \dfrac{a^2 k}{ml^2}\theta = 0$;$f = \dfrac{1}{2\pi}\sqrt{\dfrac{ka^2}{ml^2}}$

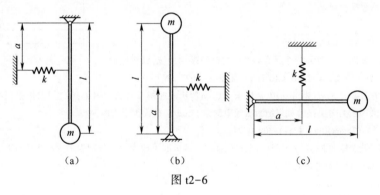

图 t2-6

2-7　如图 t2-7 所示系统,已知质量 m,弹簧的刚度 k_1 和 k_2。忽略两个圆盘的质量,试求该系统在 x 轴方向上的振动微分方程。

答案:$m\ddot{x} + \dfrac{4k_1 k_2}{4k_2 + k_1} x = 0$

2-8　如图 t2-8 所示系统,已知物块质量为 20kg,每个弹簧的刚度为 8.5kN/m,阻尼系数为 300N·s/m。试求在下列初始条件下的运动方程:(1) $x_0 = 20$mm,$\dot{x}_0 = 0$;(2) $x_0 = 25$mm,$\dot{x}_0 = 300$mm/s;(3) $x_0 = 0$,$\dot{x}_0 = 300$mm/s。

答案:$x(t) = 20.7e^{-7.6t}\sin(28.15t + 74.936)$mm;$x(t) = 30.5e^{-7.6t}\sin(28.15t + 55.18)$;$x(t) = 10.7e^{-7.6t}\sin(28.15t)$

2-9　如图 t2-9 所示的有阻尼自由振动系统,已知弹簧刚度 32.14 kN/m,物块质量 150 kg,阻尼系数 0.685 kN·s/m。试求:(1)临界阻尼系数和阻尼系数;(2)固有频率和振幅衰减率;(3)经过多长时间后振幅衰减到10%？(4)衰减振动的周期是多少？

答案：$c_c = 4.391\text{kN}\cdot\text{s/m}, \zeta = 0156, \omega_n = 4.638\text{rad/s}, \delta = 0.992; t = 1.305\text{s}; T = 0.435\text{s}$

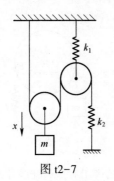
图 t2-7

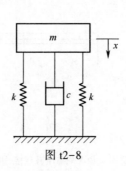
图 t2-8

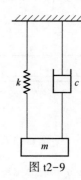
图 t2-9

2-10 如图 t2-9 所示一个具有黏性阻尼的自由振动系统，已知它的振幅在 5 个周期后衰减到 60%，试求该系统的阻尼比。

答案：0.016

2-11 如图 t2-10 所示质量—钢杆—弹簧系统。已知质量 m，弹簧的刚度 k，杆长 a 和 b，位移激励 $y = Y_0\cos\omega t$。忽略刚杆的质量，试求系统的稳态振动响应。

答案：$\theta(t) = \dfrac{Y_0\cos\omega t}{mb^2\omega^2 - ka^2}$

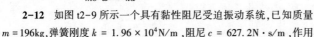

图 t2-10

2-12 如图 t2-9 所示一个具有黏性阻尼受迫振动系统，已知质量 $m = 196\text{kg}$，弹簧刚度 $k = 1.96 \times 10^4 \text{N/m}$，阻尼 $c = 627.2\text{N}\cdot\text{s/m}$，作用在质体上的激振力 $F = 156.8\sin10t$。试求：(1)质量块的振幅及其放大因子；(2)如果把激振频率调为 5rad/s，放大因子为多少；(3)如果把激振频率调为 15rad/s，放大因子为多少？

答案：$X = 25\text{mm}, \beta = 3.125; 1.300; 0.747$。

2-13 若忽略题 2-12 中的阻尼，则在同样的三种情况下放大因子分别为多少？并且与上题的结果进行比较，说明阻尼对振幅的影响。

答案：0.113, 0.0114

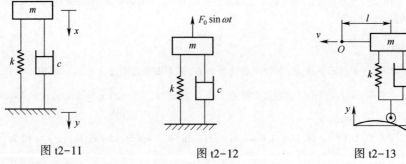

图 t2-11　　　　图 t2-12　　　　图 t2-13

2-14 如图 t2-11 所示一个单自由度振动系统。质量为 m 的精密仪器通过橡胶衬垫 k 安装在基础上，基础受到频率为 20Hz，振幅为 0.1524m/s² 的加速度激励。已知 $m = 113\text{kg}, k = 280.2\text{kN/m}, \zeta = 0.10$。

试求基础传给精密仪器的加速度传递率和加速度幅值。

答案：0.20774，0.03166

2-15 如图 t2-12 所示一个具有黏性阻尼的单自由度振动系统。已知机器重 $W=2500$kN，弹簧刚度 $k=800$kN/m，阻尼比 $\zeta=0.1$，干扰力频率与发动机转速相等。试问：(1)在多大转速下，传递给基础的力幅大于激振力幅；(2)传递力幅为激振力幅20%时的转速是多大？

答案：23.917 r/min；43.463r/min

2-16 如图 t2-13 所示拖车以匀速 v 在不平路面上行驶，路面的形状变化为 $y = y_0[1-\cos(2\pi vt/b)]$，路面形状变化幅度 y_0 远小于 l，可以认为 O 点无垂直位移。已知系统的质量、刚度和阻尼参数，拖车对汽车连接点 O 的转动惯量为 J，不计拖车轮子的质量。试采用动量矩方程，求拖车振幅达到最大值时汽车的速度。

答案：$v = \dfrac{b\omega_0}{4\pi\xi}\sqrt{\sqrt{1+8\xi^2}-1}$

2-17 如图 t2-12 所示隔振系统，已知机器质量为 100 kg，刚度 $k=9\times10^4$ N/m，阻尼 $c=2.4\times10^3$ N·s/m，铅垂激振力 $f(t) = 90\sin\omega t$ (N)。试求：(1)当 $\omega = \omega_n$ 时的稳态振幅 X；(2)振幅具有最大值时的激振频率 ω；(3)最大振幅 $\max\{X\}$ 与 X 的比值。

答案：0.00125m，24.74rad/s，1.088

2-18 如图 t2-12 所示隔振系统，已知某电机的质量为 22kg，转速为 3000r/min，通过 4 个同样的弹簧对称地支承在基础上。欲使传到基础上的力为偏心质量惯性力的 10%，求每个弹簧的刚度系数。

答案：4.92×10^4 N/m

2-19 如图 t2-12 所示隔振系统，已知发动机的工作转速为 1500~2000r/min，要隔离发动机引起的电子设备 90%以上的振动，若不计阻尼，试求隔振器在设备自重下的静变形 δ_s。

答案：$k\delta_s = mg$，$0.0025 \leqslant \delta_s \leqslant 0.0044$

2-20 如图 t2-14(a)所示质量—弹簧系统，在图 t2-14(b)所示周期力作用下振动，$T=2\pi/\omega$，试求系统的稳态响应。

答案：$x = \dfrac{8F_0}{\pi^2 k}\sum_{n=1,3,\cdots}^{\infty}\dfrac{(-1)^{\frac{n-1}{2}}\sin n\omega t}{n^2[1-(n\omega/\omega_0)^2]}$，$x = \dfrac{8F_0}{\pi^2 k}\dfrac{\sin\omega t}{1-(\omega/\omega_0)^2}$

（a）系统图　　　　　　　　（b）F-t曲线图

图 t2-14

2-21 如图 t2-15(a)所示有阻尼质量—弹簧系统，已知 x_s 的变化规律如图 t2-15(b)所示。试求系统的稳态响应。

答案：$m\ddot{x} + c\dot{x} + 2kx = kx_s$，$x = \dfrac{a}{4} - \dfrac{ka}{\pi}\sum_{n=1}^{\infty}\dfrac{1}{n}\dfrac{\sin(n\omega t - \phi_n)}{\sqrt{[2k-m(n\omega)^2]^2 + (cn\omega)^2}}$，$\phi_n = \arctan\dfrac{cn\omega}{2k - mn^2\omega^2}$

2-22 如图 t2-15(a)所示系统，初始条件为零。试求在图 t2-16 所示外力作用下的系统响应。

答案：$0 \leqslant t < t_1, x = \dfrac{F_0}{m\omega_0}\displaystyle\int_0^t \sin\omega_0(t-\tau)\mathrm{d}\tau = \dfrac{F_0}{k}(1-\cos\omega_0 t)$

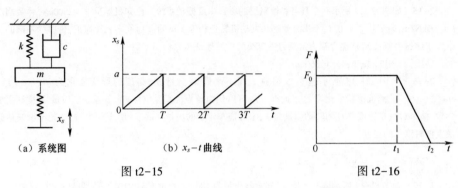

（a）系统图　　　　　（b）x_s-t 曲线

图 t2-15　　　　　　　　　　　　　　图 t2-16

2-23 如图 t2-14(a)所示质量—弹簧系统，设初始条件等于零。试用杜哈梅积分求激振力 $F(t) = F_0\sin\omega t$ 作用下的振动响应。

答案：$x(t) = \mathrm{e}^{-\xi\omega_0 t}(C\cos\omega_d t + D\sin\omega_d t) + A\sin(\omega t - \theta), A = \dfrac{F_0}{\sqrt{(k-m\omega^2)^2 + (c\omega)^2}}, \theta = \arctan\dfrac{c\omega}{k-m\omega^2}, C = A\sin\theta, D = \dfrac{A}{\omega_d}(\xi\omega_0\sin\theta - \omega\cos\theta)$

习题三

3-1 如图 t3-1 所示一个二自由度振动系统，试用拉格朗日方程法求系统运动微分方程。
答案：$c\dot{x}_1 + (k_1+k_2)x_1 - k_2 x_2 = 0, m\ddot{x}_2 - k_2 x_1 + k_2 x_2 = 0$

3-2 如图 t3-2 所示一个二自由度振动系统。已知质量为 M 的小车搁置在光滑平面上，小车用弹簧 k_1 与固定基础联系。质量为 m 的圆柱体可在小车上作无滑动的纯滚动，在圆心处用弹簧 k_2 与小车架联接。试用拉格朗日方程法求系统运动微分方程。

答案：$\begin{bmatrix} \dfrac{3}{2}m & -\dfrac{1}{2}m \\ -\dfrac{1}{2}m & M+\dfrac{1}{2}m \end{bmatrix}\begin{Bmatrix}\ddot{x}_1 \\ \ddot{x}_2\end{Bmatrix} + \begin{bmatrix} k_2 & -k_1 \\ -k_2 & k_1+k_2 \end{bmatrix}\begin{Bmatrix}x_1 \\ x_2\end{Bmatrix} = \begin{Bmatrix}0 \\ 0\end{Bmatrix}$

3-3 如图 t3-3 所示一个载重行车的动力学模型。已知小车质量 m_1，约束弹簧刚度 $k_1 = k_2 = k$，悬挂重物质量 m_2，悬挂绳索长度 l。假设摆角 θ 很小，试求系统作微幅振动的运动微分方程。
答案：$(m_1+m_2)\ddot{x} + m_2 l\ddot{\theta} + 2kx = 0, m_2 l^2\ddot{\theta} + m_2 l\ddot{x} + m_2 gl\theta = 0$

3-4 如图 t3-4 所示复式摆，两个摆球串接在一起。已知质量 $m_1 = m_2 = m$，摆长 $l_1 = l_2 = l$。试求系统作微幅摆动的运动微分方程、固有频率和振型。

答案：$2l\ddot{\theta}_1 + l\ddot{\theta}_2 + 2g\theta_1 = 0, l\ddot{\theta}_2 + l\ddot{\theta}_1 + g\theta_2 = 0; \omega_{n1} = 0.7654\sqrt{\dfrac{g}{l}}, \omega_{n2} = 1.8478\sqrt{\dfrac{g}{l}}; u_1 = \begin{Bmatrix}1 \\ 1.414\end{Bmatrix}; u_2 = \begin{Bmatrix}1 \\ -1.414\end{Bmatrix}; U = \begin{bmatrix}1 & 1 \\ 1.414 & -1.414\end{bmatrix}$

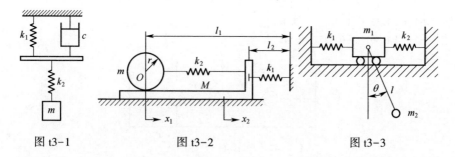

图 t3-1　　　　　图 t3-2　　　　　图 t3-3

3-5 如图 t3-5 所示一个质量—绳索—圆盘振动系统。已知重物质量 m，圆盘转动惯量 J_0，圆盘半径 R，绳索刚度 $k_1 = k_2 = k$。假设绳索与圆盘之间无滑动，试求系统运动微分方程与固有频率。

答案：$\begin{bmatrix} m & 0 \\ 0 & J \end{bmatrix} \begin{Bmatrix} \ddot{x} \\ \ddot{\theta}_2 \end{Bmatrix} + \begin{bmatrix} k & -kR \\ -kR & 2kR^2 \end{bmatrix} \begin{Bmatrix} x \\ \theta \end{Bmatrix} = \begin{Bmatrix} 0 \\ 0 \end{Bmatrix}$；$\omega_{n1} \approx 0.66\sqrt{\dfrac{k}{m}}$，$\omega_{n2} \approx 2.14\sqrt{\dfrac{k}{m}}$

3-6 如图 t3-6 所示一个由质量—悬索—弹簧构成的双摆振动系统。已知摆球质量 m_1、m_2，悬索长度 l，二摆球连接弹簧刚度 k。忽略系统阻尼，试求系统运动微分方程、固有频率和振型。

答案：$\begin{bmatrix} m_1 l^2 & 0 \\ 0 & m_2 l^2 \end{bmatrix} \begin{Bmatrix} \ddot{\theta}_1 \\ \ddot{\theta}_2 \end{Bmatrix} + \begin{bmatrix} m_1 g l + k l^2 & -k l^2 \\ -k l^2 & m_2 g l + k l^2 \end{bmatrix} \begin{Bmatrix} \theta_1 \\ \theta_2 \end{Bmatrix} = \begin{Bmatrix} 0 \\ 0 \end{Bmatrix}$；$\omega_{n1} = \sqrt{\dfrac{g}{l}}$，$\omega_{n2} =$ $\sqrt{\dfrac{g}{l} + \dfrac{k}{m_1} + \dfrac{k}{m_2}}$；$\boldsymbol{u}_1 = \begin{Bmatrix} 1 \\ 1 \end{Bmatrix}$，$\boldsymbol{u}_2 = \begin{Bmatrix} 1 \\ -m_1/m_2 \end{Bmatrix}$，$\boldsymbol{U} = \begin{bmatrix} 1 & 1 \\ 1 & -m_1/m_2 \end{bmatrix}$

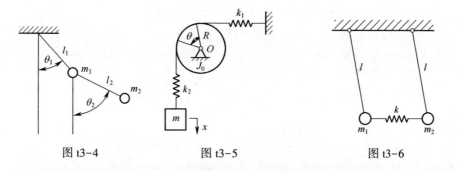

图 t3-4　　　　　图 t3-5　　　　　图 t3-6

3-7 如图 t3-7 所示一个质量—绳索振动系统。已知质点的质量 $m_1 = 2m$、$m_2 = m$、$m_3 = 3m$，各段绳索中的张力 T 相同，绳索长度 l。忽略绳索质量，假设系统作横向微幅振动，试求：(1) 分别采用牛顿法和柔度影响系数法列出运动微分方程；(2) 固有频率和振型，画出振型图。

答案：$\omega_{n1} = 0.5626\sqrt{\dfrac{T}{ml}}$，$\omega_{n2} = 0.9185\sqrt{\dfrac{T}{ml}}$，$\omega_{n3} = 1.5848\sqrt{\dfrac{T}{ml}}$；

$m \begin{bmatrix} 2 & 0 & 0 \\ 0 & 1 & 0 \\ 0 & 0 & 3 \end{bmatrix} \begin{Bmatrix} \ddot{x}_1 \\ \ddot{x}_2 \\ \ddot{x}_3 \end{Bmatrix} + \dfrac{T}{l} \begin{bmatrix} 2 & -1 & 0 \\ -1 & 2 & -1 \\ 0 & -1 & 2 \end{bmatrix} \begin{Bmatrix} x_1 \\ x_2 \\ x_3 \end{Bmatrix} = \begin{Bmatrix} 0 \\ 0 \\ 0 \end{Bmatrix}$；

$$[U] = \begin{bmatrix} 1 & 1 & 1 \\ 1.137 & 0.323 & -3.023 \\ 1.301 & -0.625 & 0.543 \end{bmatrix}$$

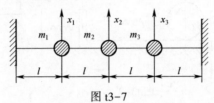

图 t3-7

3-8 如图 t3-8 所示一个均匀简支梁的离散化动力学模型。已知梁的弯曲刚度为 EI，梁的长度 $4l$，集中质量 $m_1 = m_2 = m_3 = m$。忽略梁的质量，假设系统作横向微幅振动，试求：采用柔度影响系数法求运动微分方程；(2)固有频率和振型，画出振型图。

答案：$\omega_1 = 0.6167\sqrt{\dfrac{EI}{ml^3}}$，$\omega_2 = 2.4495\sqrt{\dfrac{EI}{ml^3}}$，$\omega_3 = 5.2008\sqrt{\dfrac{EI}{ml^3}}$；

$$[D] = \frac{l^3}{12EI}\begin{bmatrix} 9 & 11 & 7 \\ 11 & 16 & 11 \\ 7 & 11 & 9 \end{bmatrix}, \quad [U] = \begin{bmatrix} 1 & 1 & 1 \\ 1.142 & 0 & -1.142 \\ 1 & -1 & 1 \end{bmatrix}$$

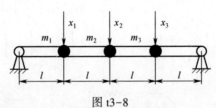

图 t3-8

3-9 如图 t3-9 所示质量—刚杆—弹簧振动系统。已知质量 $m_1 = m$、$m_2 = 2m$，刚度 $k_1 = k_2 = k$，刚杆长度 $3l$。试求系统运动微分方程、固有频率和振型。

答案：$\delta_1 = 2x_1 - x_2$，$\delta_2 = 2x_2 - x_1$，$\omega_{n1} = 0.811\sqrt{\dfrac{k}{m}}$，$\omega_{n2} = 2.6158\sqrt{\dfrac{k}{m}}$，

$$\begin{bmatrix} m & 0 \\ 0 & 2m \end{bmatrix}\begin{Bmatrix} \ddot{x}_1 \\ \ddot{x}_2 \end{Bmatrix} + \begin{bmatrix} 5k & -4k \\ -4k & 5k \end{bmatrix}\begin{Bmatrix} x_1 \\ x_2 \end{Bmatrix} = \begin{Bmatrix} 0 \\ 0 \end{Bmatrix}, \quad U = \begin{bmatrix} 1 & 1 \\ 1.0855 & -0.4609 \end{bmatrix}$$

3-10 如图 t3-10 所示刚杆—弹簧振动系统。已知弹簧刚度 $k_1 = k_2 = k$，刚杆质量 m，杆长 l，质心 C。试求系统运动微分方程、固有频率和振型。

答案：$m\ddot{x} + 2kx - \dfrac{1}{4}kl\theta = 0$，$J\ddot{\theta} + \dfrac{5}{16}kl^2\theta - \dfrac{1}{4}klx = 0$，其中 $J = \dfrac{ml^2}{12}$；

$\omega_{n1} = 1.28\sqrt{\dfrac{k}{m}}$，$\omega_{n2} = 2.03\sqrt{\dfrac{k}{m}}$；$u_1 = \begin{Bmatrix} 1 \\ 1.416/l \end{Bmatrix}$，$u_2 = \begin{Bmatrix} 1 \\ -8.403/l \end{Bmatrix}$

3-11 如图 t3-11 所示一个二自由度振动系统。已知 $m_1 = m_2 = m$，$k_1 = k_2 = k_3 = k$。初始条件 $x_{10} = 1$，$x_{20} = 0$，$\dot{x}_{10} = \dot{x}_{20} = 0$。试求：(1)运动微分方程；(2)固有频率和振型(3)自由振动响应。

答案：$\begin{bmatrix} m & 0 \\ 0 & m \end{bmatrix}\begin{Bmatrix} \ddot{x}_1 \\ \ddot{x}_2 \end{Bmatrix} + \begin{bmatrix} 2k & -k \\ -k & 2k \end{bmatrix}\begin{Bmatrix} x_1 \\ x_2 \end{Bmatrix} = \begin{Bmatrix} 0 \\ 0 \end{Bmatrix}$；$\omega_{n1} = \sqrt{\dfrac{k}{m}}$，$\omega_{n2} = \sqrt{\dfrac{3k}{m}}$；$U =$

$$[\boldsymbol{u}_1 \quad \boldsymbol{u}_2] = \begin{bmatrix} 1 & 1 \\ 1 & -1 \end{bmatrix};$$

$$\boldsymbol{x} = \begin{Bmatrix} x_1 \\ x_2 \end{Bmatrix} = \overline{\boldsymbol{U}} \boldsymbol{y} = \overline{y}_1 \begin{Bmatrix} \overline{U}_{11} \\ \overline{U}_{21} \end{Bmatrix} + \overline{y}_2 \begin{Bmatrix} \overline{U}_{21} \\ \overline{U}_{22} \end{Bmatrix} = \begin{Bmatrix} \dfrac{1}{2}\cos\sqrt{\dfrac{k}{m}}t + \dfrac{1}{2}\cos\sqrt{\dfrac{3k}{m}}t \\ \dfrac{1}{2}\cos\sqrt{\dfrac{k}{m}}t - \dfrac{1}{2}\cos\sqrt{\dfrac{3k}{m}}t \end{Bmatrix}$$

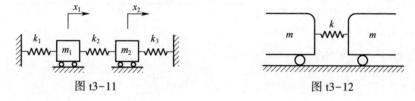

图 t3-9 图 t3-10

3-12 如图 t3-12 所示一个电车动力学模型，由两节质量均为 2.28×10^4 kg 的车厢组成，中间连接器的刚度为 2.86×10^6 N/m。试求系统运动微分方程、固有频率和振型。

答案：$\begin{bmatrix} m & 0 \\ 0 & m \end{bmatrix} \begin{Bmatrix} \ddot{x}_1 \\ \ddot{x}_2 \end{Bmatrix} + \begin{bmatrix} k & -k \\ -k & k \end{bmatrix} \begin{Bmatrix} x_1 \\ x_2 \end{Bmatrix} = \begin{Bmatrix} 0 \\ 0 \end{Bmatrix}$, $\omega_{n1} = 0$, $\omega_{n2} = \sqrt{\dfrac{2k}{m}}$, $\boldsymbol{U} = [\boldsymbol{u}_1 \quad \boldsymbol{u}_2] = \begin{bmatrix} 1 & 1 \\ 1 & -1 \end{bmatrix}$

图 t3-11 图 t3-12

3-13 如图 t3-13 所示一个三自由度振动系统。已知 $m_1 = m_2 = m_3 = m$，$k_1 = k_2 = k_3 = k_4 = k$。试求系统运动微分方程、固有频率和振型。

答案：$\omega_{n1} = 0.7654\sqrt{\dfrac{k}{m}}$，$\omega_{n2} = 1.4142\sqrt{\dfrac{k}{m}}$，$\omega_{n3} = 1.8478\sqrt{\dfrac{k}{m}}$，

$$\begin{bmatrix} 1 & 0 & 0 \\ 0 & 1 & 0 \\ 0 & 0 & 1 \end{bmatrix} \begin{Bmatrix} \ddot{x}_1 \\ \ddot{x}_2 \\ \ddot{x}_3 \end{Bmatrix} + \begin{bmatrix} 2 & -1 & 0 \\ -1 & 2 & -1 \\ 0 & -1 & 2 \end{bmatrix} \begin{Bmatrix} x_1 \\ x_2 \\ x_3 \end{Bmatrix} = \begin{Bmatrix} 0 \\ 0 \\ 0 \end{Bmatrix}, \begin{cases} \omega_{n1} = \sqrt{2-\sqrt{2}}\ \text{rad/s} \\ \omega_{n2} = \sqrt{2}\ \text{rad/s} \\ \omega_{n3} = \sqrt{2+\sqrt{2}}\ \text{rad/s} \end{cases},$$

$$\boldsymbol{U} = \begin{bmatrix} 1 & 1 & 1 \\ \sqrt{2} & 0 & -\sqrt{2} \\ 1 & -1 & 1 \end{bmatrix}$$

3-14 如图 t3-14 所示一个三自由度振动系统。已知 $m_1 = m_2 = m_3 = m$，$k_1 = k_2 = k_3 = k$，试求系统运动微分方程、刚度矩阵与柔度矩阵、固有频率和振型。

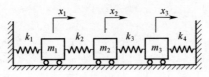

图 t3-13

答案:$\begin{bmatrix} m & 0 & 0 \\ 0 & m & 0 \\ 0 & 0 & m \end{bmatrix} \begin{Bmatrix} \ddot{x}_1 \\ \ddot{x}_2 \\ \ddot{x}_3 \end{Bmatrix} + \begin{bmatrix} 2k & -k & 0 \\ -k & 2k & -k \\ 0 & -k & k \end{bmatrix} \begin{Bmatrix} x_1 \\ x_2 \\ x_3 \end{Bmatrix} = \begin{Bmatrix} 0 \\ 0 \\ 0 \end{Bmatrix}$,

$U = \begin{bmatrix} 1.0000 & 1.0000 & 1.0000 \\ 1.8019 & 0.4450 & -1.2470 \\ 2.2470 & -0.8019 & 0.5550 \end{bmatrix}$;

$\omega_{n1} = 0.445\sqrt{\dfrac{k}{m}}$, $\omega_{n2} = 1.247\sqrt{\dfrac{k}{m}}$, $\omega_{n3} = 1.802\sqrt{\dfrac{k}{m}}$

3-15 如图 t3-14 所示一个三自由度振动系统。已知质量 $m_1 = m_2 = m$, $m_3 = 2m$; 刚度 $k_1 = k_2 = k$, $k_3 = 2k$。试求系统运动微分方程、固有频率与主振型。

答案:$\begin{bmatrix} m & 0 & 0 \\ 0 & m & 0 \\ 0 & 0 & 2m \end{bmatrix} \begin{Bmatrix} \ddot{x}_1 \\ \ddot{x}_2 \\ \ddot{x}_3 \end{Bmatrix} + \begin{bmatrix} 2k & -k & 0 \\ -k & 3k & -2k \\ 0 & -2k & 2k \end{bmatrix} \begin{Bmatrix} x_1 \\ x_2 \\ x_3 \end{Bmatrix} = \begin{Bmatrix} 0 \\ 0 \\ 0 \end{Bmatrix}$;

$U = \begin{bmatrix} 1.0000 & 1.0000 & 1.0000 \\ 1.8608 & 0.2541 & -2.1149 \\ 2.1617 & -0.3407 & 0.6790 \end{bmatrix}$;

$\omega_{n1} = 0.3731\sqrt{\dfrac{k}{m}}$, $\omega_{n2} = 1.3213\sqrt{\dfrac{k}{m}}$, $\omega_{n3} = 2.0285\sqrt{\dfrac{k}{m}}$

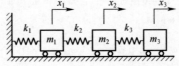

图 t3-14

3-16 如图 t3-15 所示一个三自由度振动系统。已知质量 $m_1 = m_2 = m_3 = m$,刚度 $k_1 = k_2 = k$。试求系统运动微分方程、固有频率及主振型。

答案:$\omega_{n1} = 0$, $\omega_{n2} = \sqrt{\dfrac{k}{m}}$, $\omega_{n3} = \sqrt{\dfrac{3k}{m}}$;

$\begin{bmatrix} m & 0 & 0 \\ 0 & m & 0 \\ 0 & 0 & m \end{bmatrix} \begin{Bmatrix} \ddot{x}_1 \\ \ddot{x}_2 \\ \ddot{x}_3 \end{Bmatrix} + \begin{bmatrix} k & -k & 0 \\ -k & 2k & -k \\ 0 & -k & k \end{bmatrix} \begin{Bmatrix} x_1 \\ x_2 \\ x_3 \end{Bmatrix} = \begin{Bmatrix} 0 \\ 0 \\ 0 \end{Bmatrix}$;

$$U = [u_1 \quad u_2 \quad u_3] = \begin{bmatrix} 1 & 1 & 1 \\ 1 & 0 & -\sqrt{2} \\ 1 & -1 & 1 \end{bmatrix}$$

图 t3-15

3-17 如图 t3-14 所示三自由度振动系统,若初始条件为 $x_{10} = x_{20} = x_{30} = 1, \dot{x}_{10} = \dot{x}_{20} = \dot{x}_{30} = 0$,试求系统自由振动响应。

答案:$\overline{U} = \dfrac{1}{\sqrt{m}} \begin{bmatrix} 0.328 & 0.737 & 0.591 \\ 0.591 & 0.328 & -0.737 \\ 0.737 & -0.591 & 0.328 \end{bmatrix}$,

$$x = \begin{Bmatrix} x_1 \\ x_2 \\ x_3 \end{Bmatrix} = \begin{Bmatrix} 0.543\cos 0.445\sqrt{\dfrac{k}{m}}t + 0.349\cos 1.247\sqrt{\dfrac{k}{m}}t + 0.108\cos 1.802\sqrt{\dfrac{k}{m}}t \\ 0.979\cos 0.445\sqrt{\dfrac{k}{m}}t + 0.155\cos 1.247\sqrt{\dfrac{k}{m}}t - 0.134\cos 1.802\sqrt{\dfrac{k}{m}}t \\ 1.220\cos 0.445\sqrt{\dfrac{k}{m}}t - 0.280\cos 1.247\sqrt{\dfrac{k}{m}}t + 0.060\cos 1.802\sqrt{\dfrac{k}{m}}t \end{Bmatrix}$$

3-18 如图 t3-14 所示三自由度振动系统。假设力 F_0 沿 x 方向作用在第三质体 m_3 上,在 $t = 0$ 时刻突然释放力,试求系统自由振动响应。

答案:$\begin{bmatrix} m & 0 & 0 \\ 0 & m & 0 \\ 0 & 0 & m \end{bmatrix} \begin{Bmatrix} \ddot{x}_1 \\ \ddot{x}_2 \\ \ddot{x}_3 \end{Bmatrix} + \begin{bmatrix} 2k & -k & 0 \\ -k & 2k & -k \\ 0 & -k & k \end{bmatrix} \begin{Bmatrix} x_1 \\ x_2 \\ x_3 \end{Bmatrix} = \begin{Bmatrix} 0 \\ 0 \\ 0 \end{Bmatrix}$,

$x_1(t) = \dfrac{F_0}{k}(1.22\cos\omega_{n1}t - 0.28\cos\omega_{n2}t + 0.06\cos\omega_{n3}t)$,

$x_2(t) = \dfrac{F_0}{k}(2.20\cos\omega_{n1}t - 0.13\cos\omega_{n2}t - 0.07\cos\omega_{n3}t)$,

$x_3(t) = \dfrac{F_0}{k}(2.75\cos\omega_{n1}t + 0.23\cos\omega_{n2}t + 0.03\cos\omega_{n3}t)$。

3-19 如图 t3-16 所示的无阻尼三自由度振动系统。已知质量 m,刚度 k,激振力 $f_2 = F_{20}\sin\omega t$ 施加到中间质体上。试求系统稳态受迫振动响应。

答案:$x_1 = \dfrac{F_{20}\sin\omega t}{2m}\left(\dfrac{1}{(2\sqrt{2}-2)\dfrac{k}{m}-\omega^2} + \dfrac{1}{(2\sqrt{2}+2)\dfrac{k}{m}-\omega^2}\right)$,

$$x = \frac{F_{20}\sin\omega t}{2m} \begin{bmatrix} \dfrac{1}{(2\sqrt{2}-2)\dfrac{k}{m}-\omega^2} + \dfrac{1}{(2\sqrt{2}+2)\dfrac{k}{m}-\omega^2} \\ \dfrac{1}{(2-\sqrt{2})\dfrac{k}{m}-\omega^2} - \dfrac{1}{(2+\sqrt{2})\dfrac{k}{m}-\omega^2} \\ \dfrac{1}{(2\sqrt{2}-2)\dfrac{k}{m}-\omega^2} + \dfrac{1}{(2\sqrt{2}+2)\dfrac{k}{m}-\omega^2} \end{bmatrix}$$

图 t3-16

3-20 如图 t3-17 所示一个有阻尼三自由度振动系统。已知 $m_1 = m_2 = m_3 = m$，$k_1 = k_2 = k_3 = k$，各质体上作用外力 $f_1 = f_2 = f_3 = F_0\sin\omega t$，激振频率 $\omega = 1.25\sqrt{k/m}$，各阶正则振型的相对阻尼系数 $\xi_1 = \xi_2 = \xi_3 = 0.01$。试求系统稳态受迫振动响应。

答案：$x = \begin{Bmatrix} x_1 \\ x_2 \\ x_3 \end{Bmatrix} = \dfrac{F_0}{k}$

$$\begin{Bmatrix} 0.398\sin(\omega t - 179°32') + 10.895\sin(\omega t - 103°31') + 0.064\sin(\omega t - 1°32') \\ 0.717\sin(\omega t - 179°32') + 4.849\sin(\omega t - 103°31') - 0.080\sin(\omega t - 1°32') \\ 0.894\sin(\omega t - 179°32') - 8.737\sin(\omega t - 103°31') + 0.035\sin(\omega t - 1°32') \end{Bmatrix}$$

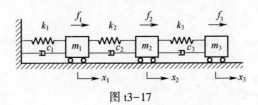

图 t3-17

3-21 如图 t3-18 所示一个二自由度受迫振动系统。已知质量 $m_1 = m$，$m_2 = 2m$；刚度 $k_1 = k$，$k_2 = 3k$，$k_3 = 2k$；激振力 $f_1 = F_{10}\sin\omega t$，$f_2 = 0$。假设稳态响应 $x_1(t)$ 的振幅 X_1 取最小值，试求激振频率 ω 和稳态响应 $x_2(t)$。

答案：$\omega_{\min} = \sqrt{\dfrac{5k}{2m}}$，$x_2(t) = -\dfrac{F_{10}}{3k}\sin\sqrt{\dfrac{5k}{2m}}t$

3-22 如图 t3-19 所示一个筛煤机减振系统。已知筛子以 600r/min 的频率作往复运动，机器重为 500kN，机器的基频为 400r/min。若安装一个重为 125 kN 的动力吸振器以限制机架的振动，试求吸振器弹簧刚度 k_2 以及该系统的两个固有频率。

答案：$k_2 = m\omega^2 = 5.04 \times 10^7(\text{N/m})$，$\omega_{n1} = 35.807\text{rad/s}$，$\omega_{n2} = 73.592\text{rad/s}$

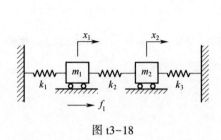

图 t3-18

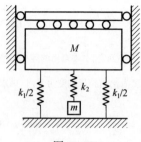

图 t3-19

3-23 如图 t3-20 所示,为了消除某管道个机器转速为 232r/min 的强烈振动,在管道上安装弹簧—质量系统吸振器。某次实验用调谐于 232r/min 的质量为 2kg,吸振器使系统产生了 198r/min 和 272r/min 两个固有频率。若要使该系统的固有频率在 160~320r/min 之外,问吸振器的弹簧刚度应为多少?

答案:$\omega_1 = \sqrt{\dfrac{k_1}{m_1}}$,$\omega_2 = \sqrt{\dfrac{k_2}{m_2}}$,$k_2 = 6.7088 \times 10^3 (\mathrm{N/m})$

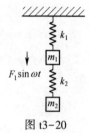

图 t3-20

习题四

4-1 一端固定、另一端自由均匀直杆,长度为 l,截面面积为 A,质量密度为 ρ,杨氏模量为 E。试求直杆纵向振动固有频率和振型函数。

答案:$\omega_i = \dfrac{(2i-1)a\pi}{2l}$,$U_i(x) = \sin\dfrac{(2i-1)\pi}{2l}x$,$a = \sqrt{\dfrac{E}{\rho}}$

4-2 如图 t4-1 所示阶梯杆,两杆质量密度均为 ρ,杨氏模量均为 E。试求系统纵向振动频率方程。

答案:$\dfrac{A_2}{A_1} = \tan\omega l_1\sqrt{\dfrac{\rho}{E}} \tan\omega l_2\sqrt{\dfrac{\rho}{E}}$

4-3 如图 t4-2 所示系统,已知杆的刚度 EA,单位长度质量 ρA。试求系统纵向振动频率方程。

答案:$\tan\dfrac{\omega \cdot l}{a} = \dfrac{EA\omega}{a(m\omega^2 - k)}$,$a = \sqrt{\dfrac{E}{\rho}}$

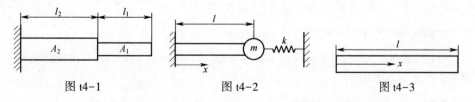

图 t4-1   图 t4-2   图 t4-3

4-4 如图 t4-3 所示两端自由的等截面均匀直杆。已知杆的长度为 l,截面面积为 A,密度为 ρ,抗拉压刚度为 EA。杆以速度 v_0 向右运动,若杆的左端突然抓住不动,试求杆的纵向振动频率函数和振型函数。

答案：$c = \sqrt{\dfrac{E}{\rho}}; EAu'(0,t) = EAu'(l,t) = 0; \omega_j = \dfrac{(2j-1)\pi c}{2l}, U(x) = \sin\left[\dfrac{(2j-1)\pi c}{2l}\right]$

4-5 左端固定、右端自由的等截面均匀直杆,作用轴向分布力 $\dfrac{p_0}{l}\sin\omega t$。已知杆的长度为 l,截面面积为 A,密度为 ρ,抗拉压刚度为 EA。试求杆的纵向振动微分方程和振型函数。

答案：$EA\dfrac{\partial^2 u}{\partial x^2} - \rho A\dfrac{\partial^2 u}{\partial t^2} + \dfrac{p_0}{l}\sin\omega t = 0, \ U(x) = \dfrac{p_0}{l\rho A\omega^2}\left[\dfrac{\cos\dfrac{\omega}{c}(l-x)}{\cos\dfrac{\omega}{c}l}\right]$

4-6 如图 t4-4 所示均匀直杆,拉压刚度 EA,单位长度质量 ρA。设在 $x = l/4$ 处作用有静力 $-P_0$,$x = 3l/4$ 处作用有静力 P,试求两个力突然移去后直杆的自由振动。

答案：$u(x,t) = \dfrac{4P_0 l}{\pi^2 EA}\sum_{j=2,6,10\cdots}^{\infty}(-1)^{\frac{j-2}{4}}\dfrac{1}{j^2}\sin\dfrac{j\pi x}{l}\cos\dfrac{jc\pi}{l}t, \ c = \sqrt{E/\rho}$

4-7 如图 t4-5 所示均匀梁,弯曲刚度 EI,单位长度质量为 ρA,弹簧刚度为 k。试求系统的频率方程。

答案：$\dfrac{\sin\lambda b}{\sin\lambda l}\sin\lambda a - \dfrac{\sinh\lambda b}{\sinh\lambda l}\sinh\lambda a + \dfrac{2EI\lambda^3}{k} = 0, \ \lambda^2 = \omega\sqrt{\dfrac{\rho A}{EI}}, \ b = l-a$

4-8 如图 t4-6 所示均匀梁,弯曲刚度 EI,单位长度质量 ρA,集中质量为 m。试求系统的频率方程。

答案：$\dfrac{\sin\beta(l-a)}{\sin\beta l}\sin\beta\alpha - \dfrac{\sinh\beta(l-a)}{\sinh\beta l}\sinh\eta\alpha - \dfrac{2\rho A}{m\beta} = 0, \beta^4 = \rho A\omega^2/EI$

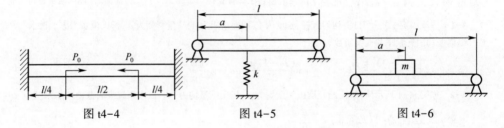

图 t4-4　　　　图 t4-5　　　　图 t4-6

习题五

5-1 如图 t5-1 所示系统,试用瑞利法计算系统的基频。

答案：$\omega_1 = \sqrt{R(X_1)} = 0.378\sqrt{\dfrac{k}{m}}, \ \omega_{1精} = 0.373\sqrt{\dfrac{k}{m}}$

5-2 如图 t5-2 所示系统,设 $m_1 = m_2 = m_3 = m, k_1 = k_2 = k_3 = k_4 = k_5 = k_6 = k$ 试用瑞利法求系统的基频,并与精确解比较。

答案：$1.126\sqrt{\dfrac{k}{m}}$

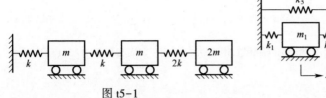
图 t5-1

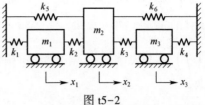
图 t5-2

5-3 如图 t5-3 所示简支梁,质量不计,其弯曲刚度为 EI。试用瑞利法求系统的基频。

答案:$\omega_1 = 0.6167\sqrt{\dfrac{EI}{ml^3}}$

5-4 如图 t5-4 所示外伸梁,质量不计,其弯曲刚度为 EI。试用瑞利法求系统的基频。

答案:$\omega_1 = \sqrt{\dfrac{432EI}{5ml^3}}$

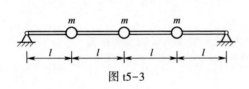
图 t5-3

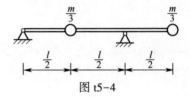
图 t5-4

5-5 如图 t5-5 所示两端弹性支承的梁,弯曲刚度为 EI,单位长度的质量为 ρA,长度为 l,取近似位移函数 $W(x) = b + \sin(\pi x/l)$。试求:(1) 写出瑞利法计算基频的表达式;(2) b 取何值时,瑞利商最接近梁基频的精确值?

答案:$\beta = \dfrac{kl^3}{EI}$,

$\omega^2 = \dfrac{\dfrac{\pi^4}{2} + 2b^2\beta}{b^2 + \dfrac{4b}{\pi} + \dfrac{1}{2}}\left(\dfrac{EI}{\rho A l^4}\right)$;$b = -\dfrac{\pi}{8}\left(1 - \dfrac{\pi^4}{2\beta}\right) \mp \dfrac{1}{2}\sqrt{\dfrac{\pi^2}{16}\left(1 - \dfrac{\pi^4}{2\beta}\right)^2 + \dfrac{\pi^4}{\beta}}$

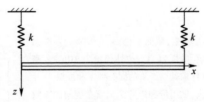
图 t5-5

5-6 试用瑞利—里兹法求解题 5-1 系统的前两阶固有频率和固有振型。

答案:$w_{n1} = 0.1392\sqrt{\dfrac{k}{m}}$,$w_{n2} = 1.7459\sqrt{\dfrac{k}{m}}$,$X_1 = \begin{bmatrix} 0.3309 \\ 0.6156 \\ 0.7152 \end{bmatrix}$,$X_2 = \begin{bmatrix} -0.9203 \\ -0.2339 \\ 0.3135 \end{bmatrix}$

5-7 试用瑞利—里兹法求解图 t5-2 系统的前两阶固有频率和固有振型。

259

5-8 如图 t5-6 所示的均匀悬臂梁,弯曲刚度为 EI,单位长度的质量为 ρA。试求:(1)用瑞利—里兹法计算前两阶固有频率,选用的近似位移函数为 $W(x) = a_1\left(\dfrac{x}{l}\right)^2 + a_2\dfrac{x^2}{l^3}(2l-x)$;(2)分别以 $W(x) = \left(\dfrac{x}{l}\right)^2$ 和 $W(x) = \dfrac{x^2(2l-x)}{l^3}$ 作为近似位移函数,用瑞利法计算第一阶固有频率,并与(1)的结果作比较。

答案:$\omega_1 = 3.5327\sqrt{\dfrac{EI}{\rho Al^4}}$,$\omega_{1精} = 3.5156\sqrt{\dfrac{EI}{\rho Al^4}}$;$\omega_2 = 34.8069\sqrt{\dfrac{EI}{\rho Al^4}}$,

$\omega_{2精} = 34.8069\sqrt{\dfrac{EI}{\rho Al^4}}$。$\omega_3 = 4.4721\sqrt{\dfrac{EI}{\rho Al^4}}$,$\omega_{3精} = 3.8056\sqrt{\dfrac{EI}{\rho Al^4}}$

图 t5-6

5-9 如图 t5-3 所示系统,试用瑞利—里兹法计算系统前两阶固有频率和固有振型。

5-10 如图 t5-1 所示系统,试用子空间迭代法求系统的前两阶固有频率和振型。

答案:$\omega_1 = 0.373\sqrt{\dfrac{k}{m}}$,$\omega_2 = 1.321\sqrt{\dfrac{k}{m}}$;$\boldsymbol{u}_1 = \begin{bmatrix} 1 \\ 1.861 \\ 2.162 \end{bmatrix}$,$\boldsymbol{u}_2 = \begin{bmatrix} 1 \\ 0.255 \\ -0.342 \end{bmatrix}$

5-11 把一个两端固支的均匀直杆等分为三个单元,用等应变杆单元计算杆的前两阶固有频率和振型函数。杆的拉压刚度为 EA,长度为 l,单位长度质量为 ρA。

答案:$\omega_1 = 1.0954\dfrac{c}{l}$,$\omega_2 = 2.4495\dfrac{c}{l}$,$c = \sqrt{\dfrac{E}{\rho}}$,$\{A_1\} = [0 \ 1 \ 1 \ 0]^T$,$\{A_2\} = [0 \ -1 \ 1 \ 0]^T$

5-12 长度为 2m 的杆,左端固定,右端附有集中质量块,质量为 1kg,弹性模量为 210GPa,密度为 7800 kg/m³,用 ANSYS 软件求其前 5 阶的固有频率和振型。

答案:$\varphi_1 = [1 \ 1]^T$,$\varphi_2 = [1 \ -J_2/J_1]^T$,$\omega_1 = 0$,

$\omega_2 = \sqrt{\dfrac{k(J_1+J_2)}{J_1 J_2}}$,$k = \dfrac{GI_1 I_2}{l_1 I_2 + l_2 I_1}$

5-13 长度为 2m 的圆形截面梁,截面半径为 $r = 0.04$m,左端固定,右端自由且附有集中质量块,质量为 1kg,弹性模量为 210GPa,密度为 7800 kg/m³,用 ANSYS 软件求其前 5 阶的固有频率和振型。

5-14 如图 t5-7 所示系统,试用传递矩阵法求解系统的固有频率和振型向量。

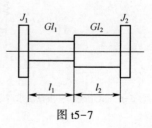

图 t5-7

答案:$\omega_1 = 0$,$\omega_2 = \sqrt{\dfrac{k(J_1+J_2)}{J_1 J_2}}$,$\varphi_1 = \begin{bmatrix} 1 \\ 1 \end{bmatrix}$,$\varphi_2 = \begin{bmatrix} 1 \\ -J_1 \\ J_2 \end{bmatrix}$

习题六

6-1 在平面波声场中,已知媒质质点的位移振幅为 5×10^{-6} cm,试计算声波频率为 10^3 Hz 及 10^5 Hz 时,空气中及水中的声压振幅、振速幅值及声强。

答案:103Hz,空气 0.13Pa,3.14×10^{-4} m/s,2.04×10^{-5} W/m²;水 465Pa,3.14×10^{-4} m/s,0.073W/m²。
105Hz,空气 13Pa,3.14×10^{-2} m/s,0.2W/m²;水 4.65×10^{-4} Pa,3.14×10^{-2} m/s,730W/m²

6-2 某声源在空气中的振动频率为 320Hz,求在 25℃ 时此声源的波长。

答案:1.08m

6-3 某声源均匀辐射球面波,在距离声源 5m 处测得有效声压 1.5Pa,空气密度为 1.21kg/m³,试计算测点处的声强、质点振动速度有效值和声源的声功率。

答案:5.47×10^{-3} W/m²,2.58×10^{-3} m/s,1.72W

6-4 某测点处的声压为 3Pa,计算相应的声压级。

答案:103.5dB

6-5 某空压机的声功率为 0.02W,求其声功率级。

答案:103dB

6-6 假设一个人在房间内讲话时平均声强级为 40dB,若房间内有 10 人同时讲话,假设每人的声强级相同,总声强级为多少?

答案:50dB

6-7 车间内有 4 台机床,当开启一台时,室内平均声压级为 70dB,若 4 台同时开启,室内平均声压级为多少。

答案:76.0dB

6-8 在车间中心处测得几台车床单独运行的声压级分别为 52dB、61dB、58dB、55dB、52dB、64dB、57dB,求总声压级。

答案:67.4dB

6-9 某生产车间 20 台机器同时开动时噪声级为 60dB,如果夜间允许的噪声级为 45dB,夜间最多同时开几台机器?

答案:夜间不能开机器

6-10 某生产车间同时存在三个独立噪声源,在某监测点测得总声压级为 102dB。已知前两个声源的声压级分别为 95dB 和 97dB,试求该监测点第三个声源的声压级。

答案:98.9dB

6-11 频率为 1000Hz 的点声源在半自由场中辐射声波,不考虑空气的吸声衰减,在距离声源 10m 处测得声压级为 90dB,40m 处声压级为多少?

答案:78.0dB

6-12 一束声波由空气垂直入射到某流体表面,测得声压的反射系数为 0.7,已知流体的特性阻抗大于空气的特性阻抗,求流体的阻抗。

答案:2.35×10^3 Pa·s/m

6-13 车间内一台机器开启时声压级为 95dB,第二台机器同时开启声压级为 98dB,问第二台机器单独开启时声压级为多少?

答案:95.0dB

6-14 甲每天在 80dB 的噪声环境下工作 8 小时,乙每天在 78dB 的环境下工作 3 小时,在 80dB 的环境下工作 2 小时,在 83dB 的环境下工作 3 小时,谁接受到的噪声污染大?

答案:乙 80.9dB

6-15 某混响室容积为 80m³,各壁面都为混凝土,总面积为 120m²,估算 300Hz 声波的混响时间。

答案:10.73s

6-16 某房间长 10m,宽 8m,高 3.5m,房间为水泥地面(吸声系数为 0.02),墙壁与天花板都贴上吸声系数为 0.4 的吸声材料,求房间总吸声量。

答案:84m²

6-17 在半自由声场空间中,离点声源 2m 处测得声压级的平均值为 85dB。求距声源 10m 远处的声压级。

答案:71.0dB

6-18 某一点声源,位于室内中央,距地面 1m,1kHz 时的声功率为 106dB,车间的房间常数为 400,求 2.5m 处的声压级。

答案:89.6dB

6-19 在车间内测得某机器运转时距机器 2m 处的声压级为 91dB,该机器不运转时的环境本底噪声为 85dB,求距机器 2m 处机器噪声的声压级,并预测机器运转时距机器 10m 处的总声压级。假设环境本底噪声没有变化。

答案:89.7dB,85.5dB

6-20 某车间几何尺寸为 6m×7m×3m,室内中央有一无指向性声源,测得 1000Hz 时室内混响时间为 2s,距声源 10m 的接收点处该频率的声压级为 87dB,现拟采用吸声处理,使该噪声降为 81dB,试问该车间 1000Hz 的混响时间应降为多少?并计算室内达到的平均吸声系数。

答案:0.5s,0.25

6-21 测量某机器噪声,测得 8 个倍频带 63、125、250、500、1000、2000、4000、8000(Hz)处的声压级,分别为 83.2、88.6、85.5、85.0、81.9、78.0、73.0、72.4(dB)。求 A 计权声压级 L_A 和线性声压级 L_p。(答案:85.4dB,92.7dB)

习题七

7-1 穿孔板厚 4mm,孔径 8mm,穿孔按正方形排列,孔距 20mm,穿孔板后留有厚 10cm 的空气层,试求穿孔率和共振频率。

答案:12.6%,595Hz

7-2 某房间大小为 6m×7m×3m,墙壁、天花板和地板在 1kHz 的吸声系数分别为 0.06、0.07、0.07,若在天花板上安装一种 1kHz 吸声系数为 0.8 的吸声贴面天花板,求该频带在吸声处理前后的混响时间及处理后的吸声降噪量。

答案:1.87s,0.44s,41.22m²,6.8dB

7-3 某尺寸为 4.4m×4.5m×4.6m 的隔声罩,在 2000Hz 倍频程的插入损失为 30dB,罩顶、底部和壁面的吸声系数分别为 0.9,0.1 和 0.5,试求罩壳的平均隔声量。

答案:33.0dB

7-4 某隔声间有一面积为 20m² 的墙与噪声源相隔,此墙透射系数为 10^{-5},在此墙上开一面积为 2m² 的门,其透射系数为 10^{-3},并开一面积为 3m² 的窗,透射系数也为 10^{-3},求此组合墙的平均隔声量。

答案:36.8dB

7-5 一单管式消声器,有效通道为 ϕ200mm,用超细玻璃棉制成吸声衬里,其吸声系数如下表所列,消声器长度为 1m。试求消声量。

答案:6~24dB

7-6 某声源排气噪声在125Hz有一峰值,排气管直径为100mm,长度为2m,试设计一单腔扩张室消声器,要求在200Hz上有20dB的消声量。

答案:长度0.68m,扩张比33,扩张室直径0.575m

7-7 某空压机进气管直径为150mm,气流速度$u=5m/s$,进气噪声在125Hz有一明显峰值。试设计一个进气口扩张式消声器,要求125Hz处消声量15dB。

答案:长度0.68m,扩张比12,扩张室直径0.517m,有气流时消声量15dB

7-8 在截面尺寸为400mm×600mm的矩形管道内壁,衬贴厚度为50mm的吸声材料,该材料250Hz的消声系数为0.75,如果该频率所需的消声量为8dB,那么这样的消声管道需多长?该消声器的高频失效频率是多少?

答案:长度1.0m,频率约1625Hz

7-9 某隔声罩在2000Hz时要求具有36dB的插入损失,罩壳材料在该频带的透射系数为0.0002,求隔声罩内壁所需的平均吸声系数。

(答案:0.79)

7-10 某隔声罩用厚度2mm的钢板制作,$\rho=7800kg/m^3$,除地板外,内壁面全部铺设吸声系数为0.5的材料,容积的长×宽×高为2m×1m×1m,若在一壁面上开一面积为$0.6m^2$的隔声门,门的构造与罩壁结构相同,假设缝隙不漏声,分别求关门与开门时隔声罩的插入损失。

(答案:关门27dB,开门9.2dB)

习题八

8-1 如图t8-1所示盘状滚子上有两个不平衡量$m_1=1.5kg$,$m_2=0.8kg$,其回转半径$r_1=140mm$,$r_2=180mm$。质量m_1方位90°,质量m_2方位210°。试求所需挖去的质量的大小和方位(设挖去质量半径$r_b=140mm$)。

答案:不平衡质径积$m_1r_1=210$,$m_2r_2=144$,挖去质量1kg,m_b、r_b向量反方向140mm处

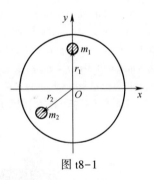

图 t8-1

8-2 如图t8-2所示的回转轴上刚性固定四个部件A、B、C、D,它们质心至回转轴线的平均距离分别为125mm、150mm、162.5mm和137.5mm。A、C和D的质量分别为15kg、10kg和8kg。A与B、B与C所在回转面间的距离分别为1600mm和2000mm。A与C偏心方向线间夹角为90°。当回转轴达到动平衡时,试求:(1)C与D回转面间的轴向距离l_{CD};(2)B的质量m_B;(3)B、D偏心方向线的位置(只需说明在图(b)中所处的象限)。

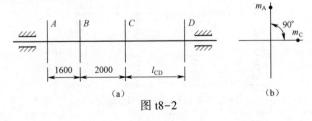

图 t8-2

答案:$l_{CD}=2020mm$;$m_B=18.29kg$;m_D偏心于第二象限,m_B偏心于第三象限

8-3 如图 t8-3 所示 4 个不平衡质量：$m_1 = m_2 = m_3 = m_4 = 1\text{kg}$，绕 z 轴等角速度旋转 $r_1 = r_2 = r_3 = r_4 = 100\text{mm}$，$a = 80\text{mm}$，$b = 50\text{mm}$，$c = 110\text{mm}$，$d = 50\text{mm}$，$e = 40\text{mm}$，$f = g = 30\text{mm}$。求应在平面 I 和 II 上加多大平衡质量（半径 $r_{bI} = r_{bII} = 100\text{mm}$），才能得到动平衡。

答案：$m_{Ib} = 0.454\text{kg}$，与 y 轴夹角为 $-83°$；$m_{IIb} = 1.06\text{kg}$，与 x 轴夹角为 $195°$

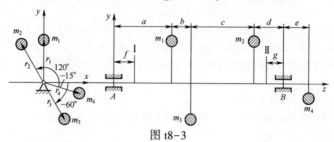

图 t8-3

8-4 某两支撑单跨转子系统的集总质量模型如图 t8-4 所示，两质点的质量为转轴的轴段长度为 0.2m，直径为 8mm，转轴与圆盘的材料均为低碳钢，圆盘质量为 0.6kg，支撑的质点质量均为 4.3kg，相关数据为 $G = 2.765 \times 10^{-9}$，$K_1 = K_2 = 0.95 \times 10^9 \text{N/m}$，$K_{b1} = K_{b2} = 1.765 \times 10^9 \text{N/m}$，求其前三阶临界转速。

答案：前三阶临界转速分别为 345.3rad/s；376.4rad/s；402.6rad/s

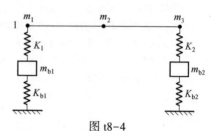

图 t8-4

8-5 如图 t8-5(a) 所示一个多功能转子实验台，其质量集总模型如图 t8-5(b) 所示。粗测得该转子实验台模型图中各质点的质量 $m_1 = 41.98\text{g}$，$m_2 = 564.45\text{g}$，$m_3 = 60.94\text{g}$，$m_4 = 87.75\text{g}$，$m_5 = 59.58\text{g}$，$m_6 = 543.27\text{g}$，$m_7 = 731.46\text{g}$，$m_8 = 121.3\text{g}$。各轴段长度分别为 $l_1 = 9.3\text{cm}$，$l_2 = 8.9\text{cm}$，$l_3 = 4.6\text{cm}$，$l_3 = 4.6\text{cm}$，$l_4 = 2.9\text{cm}$，$l_5 = 10.3\text{cm}$，$l_6 = 2.1\text{cm}$，$l_7 = 3.8\text{cm}$，$G = 4.65 \times 10^7 (\text{N/m})^{-1}$，$K_j = 1.36 \times 10^7 \text{N/m}$，$Kb_j = 2.45 \times 10^7 \text{N/m}$，$m_{bj} = 1030\text{g}$。试采用 Riccati 传递矩阵法求其前三阶临界转速。

答案：前三阶临界转速分别为 1130.34 rad/s；1320.86 rad/s；1436.36 rad/s

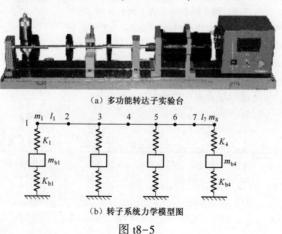

(a) 多功能转达子实验台

(b) 转子系统力学模型图

图 t8-5

参 考 文 献

[1] 闻邦椿,刘树英,张纯宇. 机械振动学(2 版). 北京:冶金工业出版社,2011.
[2] 胡海岩. 机械振动基础. 北京:北京航空航天大学出版社,2005.
[3] 陈端石,赵玫,周海亭. 动力机械振动噪声学. 上海:上海交通大学出版社,1996.
[4] 诸德超,邢誉峰. 工程振动基础. 北京:北京航空航天大学出版社,2004.
[5] 朱石坚,何琳. 船舶机械振动控制. 北京:国防工业出版社,2006.
[6] 刘习军,贾启芬,张素侠. 振动理论及工程应用. 北京:机械工业出版社,2016.
[7] 盛美萍,王敏庆,孙进才. 噪声与振动控制技术基础(2 版). 北京:科学出版社,2007.
[8] 羊拯民,高玉华. 机械振动与噪声. 北京:高等教育出版社,2011.
[9] 周新祥. 噪声控制及应用实例. 北京:海洋出版社,1999.
[10] 李增光. 机械振动噪声设计入门. 北京:化学工业出版社,2013.
[11] 刘正士,高荣慧,陈恩伟. 机械动力学基础. 北京:高等教育出版社,2011.
[12] 石端伟. 机械动力学(2 版). 北京:中国电力出版社,2012.
[13] 李德葆,陆秋海. 工程振动试验分析. 北京:清华大学出版社,2004.
[14] 张令弥. 振动测试与动态分析. 北京:航空工业出版社,1992.
[15] 许本文,焦群英. 机械振动与模态分析基础. 北京:机械工业出版社,1998.
[16] 曹树谦,张文德,肖龙翔. 振动结构模态分析——理论、实验与应用. 天津:天津大学出版社,2001.
[17] 吕玉恒,王庭佛. 噪声与振动控制设备及材料选用手册(2 版). 北京:机械工业出版社,1999.
[18] 陆颂元. 汽轮发电机组振动. 北京:中国电力出版社,2000.
[19] 施维新. 汽轮发电机组振动及事故. 北京:中国电力出版社,1999.
[20] 顾晃. 汽轮发电机组的振动与平衡(2 版). 北京:中国电力出版社,1998.
[21] 程林. 换热器内流体诱发振动. 北京:科学出版社,1995.
[22] 周仁睦. 转子动平衡-原理、方法和标准. 北京:化学工业出版社,1992.
[23] 李润方. 齿轮系统动力学-振动、冲击、噪声. 北京:科学出版社,1997.
[24] 施引,朱石坚,何琳. 舰船动力机械噪声及其控制. 北京:国防工业出版社,1990
[25] 赵松岭. 噪声的降低与隔离. 上海:同济大学出版社,1985.
[26] 杨玉致. 机械噪声控制技术. 北京:中国农业机械出版社,1983.
[27] (美)Singiresu S. Rao. 机械振动(4 版). 李欣业,张明路编译. 北京:清华大学出版社,2010.
[28] Francis S. Tse, et al. Mechanical Vibrations Theory and Applications. Second Edition. Allyn and Bacon, Inc. 1978.
[29] Merovitch Leonard. Elements of Vibration Analysis. New York: McGraw-Hill Book Company. 1986.
[30] J. C. Snowdon. Vibration and Shock in Damped Mechanical Systems. John Wiley & Sons, Inc. 1968.
[31] 谷口修[日]. 振动工程大全. 北京:机械工业出版社,1983.
[32] [澳]M.P.诺顿. 工程噪声和振动分析基础. 北京:航空工业出版社,1993.